应用型人才培养产教融合创新教材

建设工程
招投标与合同管理

张 磊 史瑞英 谷洪雁 主编

JIANSHE GONGCHENG
ZHAOTOUBIAO
YU HETONG GUANLI

 化学工业出版社

·北京·

内 容 简 介

为反映我国招投标与合同管理领域的新业态，顺应招投标事业的发展，更好地切合建筑类高校人才培养的需求，本书以国家相关部委颁布的最新法律法规为依据，结合真实项目案例，系统地阐述了建筑市场和建设项目、建设工程招标投标、建设工程合同管理、政府采购等基础知识。

本书在编写中力求学习过程与工作过程相一致，理论与实际操作相结合。为支持"立体化"教学，本书附有大量工程案例和思政案例，并编排了知识拓展模块，配套了丰富的数字资源，大大增强了本书的信息量和可读性，可使读者在愉快的阅读体验中获得相关领域的知识。通过对本书的学习，读者可以掌握建设工程招投标、合同管理与索赔管理的基本理论知识和操作技能，具备自行编制工程招投标文件和拟定相关的合同文件并进行合同管理的能力。

本书可作为高等职业院校的房地产专业、建筑工程管理专业、建筑经济专业、工程造价专业的教学用书，也可供房地产开发企业、建筑施工企业、招标代理机构、工程造价和监理等咨询机构的社会在职人员学习和参考。

图书在版编目（CIP）数据

建设工程招投标与合同管理 / 张磊，史瑞英，谷洪雁主编 . —北京：化学工业出版社，2022.5
ISBN 978-7-122-40834-1

Ⅰ.①建… Ⅱ.①张… ②史… ③谷… Ⅲ.①建筑工程–招标②建筑工程–投标③建筑工程–经济合同–管理 Ⅳ.①TU723

中国版本图书馆CIP数据核字（2022）第029009号

责任编辑：邢启壮　李仙华　　　　　　　装帧设计：史利平
责任校对：刘曦阳

出版发行：化学工业出版社（北京市东城区青年湖南街 13 号　邮政编码 100011）
印　　装：河北鑫兆源印刷有限公司
787mm×1092mm　1/16　印张 14　字数 336 千字　2022 年 5 月北京第 1 版第 1 次印刷

购书咨询：010-64518888　　　　　　　售后服务：010-64518899
网　　址：http://www.cip.com.cn
凡购买本书，如有缺损质量问题，本社销售中心负责调换。

定　　价：45.00元　　　　　　　　　　　　　　　　　版权所有　违者必究

本书编写人员名单

主　编　张　磊（河北工业职业技术大学）

　　　　史瑞英（河北工业职业技术大学）

　　　　谷洪雁（河北工业职业技术大学）

副 主 编　郑宝成（河北工业职业技术大学）

　　　　杜思聪（河北工业职业技术大学）

　　　　王　峰（石家庄金澜装饰工程有限责任公司）

参　编　张瑶瑶（河北工业职业技术大学）

　　　　冯　悦（广联达科技股份有限公司）

主　审　杨　平（成都大学）

序

　　国务院印发的《国家职业教育改革实施方案》中指出："建设一大批校企'双元'合作开发的国家规划教材，倡导使用新型活页式、工作手册式教材并配套开发信息化资源。每3年修订1次教材，其中专业教材随信息技术发展和产业升级情况及时动态更新。适应'互联网+职业教育'发展需求，运用现代信息技术改进教学方式方法，推进虚拟工厂等网络学习空间建设和普遍应用。"河北工业职业技术大学为落实方案精神，并推动"中国特色高水平高职学校和专业建设计划""双高"项目建设，联合河北建工集团、广联达科技股份有限公司等业内知名企业共同开发了基于"工学结合"，服务于建筑业产业升级的系列产教融合创新教材。

　　该丛书的编者多年从事建筑类专业的教学研究和实践工作，重视培养学生的实践技能。他们在总结现有文献的基础上，坚持"立德树人、德技并修、理论够用、应用为主"的原则，基于"岗课赛证"综合育人机制，对接"1+X"职业技能等级证书内容和国家注册建造师、注册监理工程师、注册造价工程师、建筑室内设计师等职业资格考试内容，按照生产实际和岗位需求设计开发教材，并将建筑业向数字化设计、工厂化制造、智能化管理转型升级过程中的新技术、新工艺、新理念等纳入教材内容。书中二维码嵌入了大量的数字资源，融入了教育信息化和建筑信息化技术，包含了最新的建筑业规范、规程、图集、标准等文件，丰富的施工现场图片，虚拟仿真模型，教师微课知识讲解、软件操作、施工现场施工工艺模拟等视频音频文件，以大量的实际案例启发学生举一反三、触类旁通，同时随着国家政策调整和新规范的出台实时进行调整与更新。不仅为初学人员的业务实践提供了参考依据，也为建筑业从业人员学习建筑业新技术、新工艺提供了良好的平台。因此，本丛书既可作为职业院校和应用型本科院校建筑类专业学生用书，也可作为工程技术人员的参考资料或一线技术工人上岗培训的教材。

　　"十四五"时期，面对高质量发展新形势、新使命、新要求，建筑业从要素驱动、投资驱动转向创新驱动，以质量、安全、环保、效率为核心，向绿色化、工业化、智能化的新型建造方式转变，实现全过程、全要素、全参与方的升级，这就需要我们建筑专业人员更好地去探索和研究。

　　衷心希望各位专家和同行在阅读此丛书时提出宝贵的意见和建议，在全面建设社会主义现代化国家新征程中，共同将建筑行业发展推向新高，为实现建筑业产业转型升级做出贡献。

全国工程勘察设计大师　梁金国

2021年12月

前　言

根据我国建筑业面临的新形势和新要求以及高职高专"十四五"建筑及工程管理类职业教育国家规划教材的编写要求，本书立足于建筑及工程管理应用型专业人才的培养，内容力求紧跟建设工程发展形势，依据《中华人民共和国建筑法》《中华人民共和国招标投标法》《中华人民共和国民法典》《中华人民共和国政府采购法》和国家有关部门最新颁布的招标投标、政府采购及合同管理方面的法律、法规的规定，全面反映了招标投标、政府采购及合同管理的理论、法律知识和操作方法。

全书通过招投标实例和案例分析的方式，对建设工程领域中招标投标与合同管理的相关知识、理论等作了诠释和分析，以求提高相关从业人员综合运用理论知识解决实际问题的能力。招标投标与合同管理涉及的知识面很广，包括工程技术、经济、工程造价、法律和管理等领域，是一项综合性很强的经济活动。本书分为建筑市场与建设项目，建设工程发包承包与招标投标概述，建设工程招标，建设工程投标，开标、评标与定标，建设工程合同管理，建设工程施工索赔，政府采购等八个模块。本书力求全面贯彻高职高专"十四五"建筑及工程管理类职业教育教材的编写原则和要求，以适应建筑及工程管理应用型专业教育的要求，使学生能掌握工程招标投标与合同管理的相关知识，具有从事工程项目招标投标和合同管理的能力。

本书由河北工业职业技术大学张磊、史瑞英、谷洪雁担任主编；河北工业职业技术大学郑宝成、杜思聪和石家庄金澜装饰工程有限责任公司王峰担任副主编；河北工业职业技术大学张瑶瑶和广联达科技股份有限公司冯悦参编；成都大学杨平主审。全书由张磊负责统稿，编写分工如下：模块一由谷洪雁执笔，模块二、模块七由张磊执笔，模块三由史瑞英执笔，模块四由郑宝成执笔，模块五由杜思聪执笔，模块六、模块八由王峰执笔，数字资源的编辑处理由张瑶瑶、冯悦等负责。

本书在编写过程中进行了系统的资料检索，参考了国家有关部门最新颁布的相关法律、法规，同时参考和引用了相关内容，在此表示深切谢意。

限于编者水平，书中难免存在不足和疏漏之处，敬请专家和同行批评指正。

编者
2021 年 10 月

目 录

模块5　开标、评标与定标　　　　　　　　　117

模块**6**　建设工程合同管理　　　　135

模块 **7**　建设工程施工索赔　　174

二维码资源目录

① 建筑市场与建设项目

学习目标

知识要点	能力目标	驱动问题	权重
1.熟悉建筑市场的主体与客体； 2.掌握建设工程交易中心的性质与作用； 3.熟悉建设工程招标代理机构的权利和义务； 4.了解建设工程招投标行政监管机关及行政机关对招投标的监管	1.能够在建筑市场中完成各种建设手续申报工作； 2.能够组织企业备案； 3.能够结合具体项目界定招标人、投标人及建设工程招标代理机构的权利和义务	1.什么是广义的建筑市场？ 2.承包商从事建设生产一般需要具备哪些方面的条件？ 3.是否了解建设工程交易中心？	60%
1.了解建设项目的基本概念、特征、类型和组成； 2.熟悉项目建设的程序	能够进行建设工程项目的备案和登记工作	1.什么叫作建设项目？ 2.建设项目由什么组成？ 3.项目建设的完整程序是什么？	40%

思政元素

内容引导	思考问题	课程思政元素
经典案例（鲁布革水电站）对比港珠澳大桥项目	1.中国工人为大成公司创造的历史记录是什么？ 2.你所了解的我国在哪些领域取得了辉煌成就？	工匠精神、大国风范、民族自豪感
建筑市场资质管理案例分析	1.事故原因是什么？ 2.对你的启示是什么？	法治意识、职业道德

导入案例

《住房和城乡建设部关于印发建设工程企业资质管理制度改革方案的通知》（建市〔2020〕94号）。

1.1 建筑市场概述

1.1.1 建筑市场的概念

建筑市场是指进行建筑商品及相关要素交换的市场，是市场体系中的重要组成部分，它是以建筑产品发承包交易活动为主要内容的市场，是建筑产品和有关服务的交换关系的总和，一般称作建筑市场或建筑工程市场。

建筑市场有广义的市场和狭义的市场之分。狭义的市场一般指有形建筑市场，有固定交易场所。广义的市场包括有形市场和无形市场，与工程建设有关的技术、租赁、劳务等各种要素市场，为工程建设提供专业服务的中介组织，靠广告、通信、中介机构或经纪人等媒介沟通买卖双方或通过招标投标等多种方式成交的各种交易活动；还包括建筑商品生产过程及流通过程中的经济联系和经济关系。可以说，广义的建筑市场是工程建设生产和交易关系的总和。

由于建筑产品具有生产周期长、价值量大、生产过程的不同阶段对承包方的能力要求不同等特点，决定了建筑市场交易贯穿于建筑产品生产从工程建设的决策、设计、施工的整个过程，一直到工程竣工、保修期结束，发包人与承包商、分包商进行的各种交易以及相关的商品混凝土供应、构配件生产、建筑机械租赁等活动，都是在建筑市场中进行的。生产活动和交易活动交织在一起，使得建筑市场在许多方面不同于其他产品市场。

建筑市场经过近几年来的发展已形成由发包方、承包方、为双方服务的咨询服务者和市场组织管理者组成的市场主体，由建筑产品和建筑生产过程为对象组成的市场客体，由招投标为主要交易形式的市场竞争机制，由资质管理为主要内容的市场监督管理体系以及我国特有的有形建筑市场等，这些共同构成了完整的建筑市场体系，如图 1.1 所示。

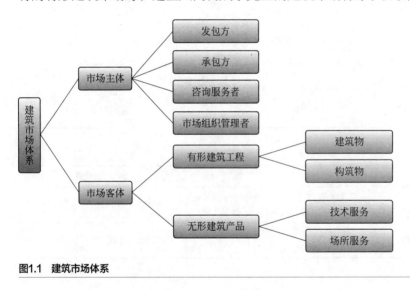

图1.1 建筑市场体系

1.1.2 建筑市场的主体

建筑市场的主体是指参与建筑生产交易过程的各方，主要有业主（建设单位或发包人）、承包商、工程咨询服务机构等。建筑市场的客体则为有形的建筑产品（建筑物、构筑物）和无形的建筑产品（咨询、监理等智力型服务）。

1.1.2.1 业主

业主是指既有某项工程建设需求，又具有该项工程的建筑资金和各种准建手续，在建筑市场中发包工程项目建设的勘察、设计、施工任务,并最终得到建筑产品,达到其经营使用目的的政府部门、企事业单位和个人。

在我国,业主也称之为建设单位,只有在发包工程或组织工程建设时才成为市场主体,故又称为发包人或招标人。因此,业主方作为市场主体具有不确定性。我国的工程项目大多数是政府投资建设的,业主大多属于政府部门。为了规范业主行为,建立了投资责任约束机制,即项目法人责任制,又称业主责任制,由项目业主对项目建设全过程负责。

项目业主的产生,主要有三种方式:业主为原企业或单位,企业或机关、事业单位投资的新建、扩建、改建工程,则该企业或单位即为项目业主;业主是联合投资董事会,由不同投资方参股或共同投资的项目,则业主是共同投资方组成的董事会或管理委员会;业主也是各类开发公司,开发公司自行融资或由投资方协商组建或委托开发的工程管理公司也可成为业主。

业主在项目建设过程中的主要职能是:建设项目立项决策;建设项目的资金筹措与管理;办理建设项目的有关手续(如征地、建筑许可等);建设项目的招标与合同管理;建设项目的施工与质量管理;建设项目的竣工验收和试运行;建设项目的统计及文档管理。

1.1.2.2　承包商

承包商是指拥有一定数量的建筑装备、流动资金、工程技术经济管理人员及一定数量的工人,取得建设行业相应资质证书和营业执照的,能够按照业主的要求提供不同形态的建筑产品并最终得到相应工程价款的建筑施工企业。

相对于业主,承包商作为建筑市场主体,是长期和持续存在的。因此,无论是国内还是按国际惯例,对承包商一般都要实行从业资格管理。承包商从事建设生产,一般须具备四个方面的条件:拥有符合国家规定的注册资本;拥有与其资质等级相适应且具有注册执业资格的专业技术和管理人员;有从事相应建筑活动所应有的技术装备;经资格审查合格,已取得资质证书和营业执照。

承包商可按其所从事的专业分为土建、水电、道路、港口、铁路、市政工程等专业公司。在市场经济条件下,承包商需要通过市场竞争(投标)取得施工项目,需要依靠自身的实力去赢得市场,承包商的实力主要包括四个方面:

(1)技术方面的实力　有精通本行业的工程师、造价工程师、经济师、会计师、建造师(项目经理)、合同管理等专业人员队伍;有施工专业装备;有承揽不同类型项目施工的经验。

(2)经济方面的实力　具有相当的周转资金用于工程准备,具有一定的融资和垫付资金的能力;具有相当的固定资产和为完成项目需购入大型设备所需的资金;具有支付各种担保和保险的能力;有承担相应风险的能力;承担国际工程尚需具备筹集外汇的能力。

(3)管理方面的实力　建筑承包市场属于买方市场,承包商为打开局面,往往需要低利润报价取得项目。必须在成本控制上下功夫,向管理要效益,并采用先进的施工方法提高工作效率和技术水平,因此必须具有一批高水平的项目经理和管理专家。

(4)信誉方面的实力　承包商一定要有良好的信誉,它将直接影响企业的生存与发展。要建立良好的信誉,就必须遵守法律法规,承担国外工程能按国际惯例办事,保证工程质量、安全、工期,文明施工,能认真履约。承包商招揽工程,必须根据本企业的施工力量、机械装备、技术力量、施工经验等方面的条件选择适合发挥自己优势的项目，避开企业不擅长或缺乏经验的项目，做到扬长避短，避免给企业带来不必要的风险和损失。

1.1.2.3　工程咨询服务机构

工程咨询服务机构是指具有一定注册资金，具有一定数量的工程技术、经济管理人员，取得建设咨询证书和营业执照，能为工程建设提供估算测量、管理咨询、建设监理等智力型服务并获取相应费用的企业。

工程咨询服务企业包括勘察设计机构、工程造价（测量）咨询单位、招标代理机构、工程监理公司、工程管理公司等。这类企业主要是向业主提供工程咨询和管理服务，弥补业主对工程建设过程不熟悉的缺陷，在国际上一般称为咨询公司。在我国，目前数量最多并有明确资质标准的是勘察设计机构、工程监理公司、工程造价（测量）咨询单位、招标代理机构。工程管理和其他咨询类企业近年来也有发展。

工程咨询服务虽然不是工程发承包的当事人，但其受业主委托或聘用，与业主订有协议书或合同，因而对项目的实施负有相当重要的责任。

1.1.3　建筑市场的客体

建筑市场的客体，一般称作建筑产品，是建筑市场的交易对象，既包括有形建筑产品，也包括无形产品，如各类智力型服务。

建设产品不同于一般工业产品，因为建设产品本身及其生产过程具有不同于其他工业产品的特点。在不同的生产交易阶段，建筑产品表现为不同的形态。它可以是咨询公司提供的咨询报告、咨询意见或其他服务，也可以是勘察设计单位提供的设计方案、施工图纸、勘察报告，还可以是生产厂家提供的混凝土构件，当然也包括承包商生产的各类建筑物和构筑物。

（1）建筑产品的特点

① 建筑产品的固定性和生产过程的流动性。建筑物与土地相连，不可移动，这就要求施工人员和施工机械只能随建筑物不断流动，从而带来施工管理的多变性和复杂性。

② 建筑产品的单件性。由于业主对建筑产品的用途、性能要求不同以及建设地点的差异，决定了多数建筑产品都需要单独进行设计，不能批量生产。

③ 建筑产品的整体性和分部分项工程的相对独立性。这个特点决定了总包和分包相结合的特殊承包形式。随着经济的发展和建筑技术的进步，施工生产的专业性越来越强。在建筑生产中，由各种专业施工企业分别承担工程的土建、安装、装饰、劳务分包，有利于施工生产技术和效率的提高。

④ 建筑生产的不可逆性。建筑产品一旦进入生产阶段，其产品不可能退换，也难以重新建造，否则双方都将承受极大的损失。所以，建筑生产的最终产品质量是由各阶段成果的质量决定的。设计、施工必须按照规范和标准进行，才能保证生产出合格的建筑产品。

⑤ 建筑产品的社会性。绝大部分建筑产品都具有相当广泛的社会性，涉及公众的利益和生命财产的安全，即使是私人住宅，也会影响到进入或靠近它的人员的生活和安全。政府

作为公众利益的代表，加强对建筑产品的规划、设计、交易、建造的管理是非常必要的，有关工程建设的市场行为都应受到管理部门的监督和审查。

（2）建筑产品的商品属性　长期以来，受计划经济体制影响，工程建设由工程指挥部管理，工程任务由行政部门分配，建筑产品价格由国家规定，抹杀了建筑产品的商品属性。

改革开放以后，由于推行了一系列以市场为导向的改革措施，建筑企业成为独立的生产单位，建设投资由国家拨款改为多种渠道筹措，市场竞争代替行政分配任务，建筑产品价格也逐步走向以市场形成价格的价格机制，建筑产品的商品属性的观念已为大家所认识，这成为建筑市场发展的基础，并推动了建筑市场的价格机制、竞争机制和供求机制的形成，使实力强、素质高、经营好的企业在市场上更具竞争力，能够更快的发展，实现资源的优化配置，提高了全社会的生产水平。

（3）工程建设标准的法定性　建筑产品的质量不仅关系到发承包双方的利益，也关系到国家和社会的公共利益，正是由于建筑产品的这种特殊性，其质量标准是以国家标准、国家规范等形式颁布实施的。从事建筑产品生产必须遵守这些标准规范的规定，违反这些标准规范的将受到国家法律的制裁。

工程建设标准涉及面很宽，包括房屋建筑、交通运输、水利、电力、通信、采矿冶炼、石油化工、市政公用设施等方面。

工程建设标准是指对工程勘察、设计、施工、验收、质量检验等各个环节的技术要求。它包括五个方面的内容：工程建设勘察、设计、施工及验收等的质量要求和方法；与工程建设有关的安全、卫生、环境保护的技术要求；工程建设的术语、符号、代号、量与单位、建筑模数和制图方法；工程建设的试验、检验和评定方法；工程建设的信息技术要求。

在具体形式上，工程建设标准包括了标准、规范、规程等。工程建设标准的独特作用就在于，一方面通过有关的标准规范为相应的专业技术人员提供了需要遵循的技术要求和方法；另一方面，由于标准的法律属性和权威属性，保证了从事工程建设有关人员必须按照规定去执行，从而为保证工程质量打下了基础。

1.2　建筑市场的资质管理

建筑活动的专业性及技术性都很强，而且建设工程投资大、周期长，一旦发生问题，将给社会和人民的生命财产安全造成极大损失。因此，为保证建设工程的质量和安全，对从事建设活动的单位和专业技术人员必须实行从业资格管理，即资质管理制度。

建筑市场中的资质管理包括两类：一类是对从业企业的资质管理，另一类是对专业人士的资格管理。

1.2.1　从业企业资质管理

在建筑市场中，围绕工程建设活动的主体主要是业主方、承包方（包括供应商）、勘察设计单位和工程咨询机构。我国《中华人民共和国建筑法》（以下简称《建筑法》）规定，对从事建筑活动的施工企业、勘察单位、设计单位和工程咨询机构（含监理单位）实行资质管理。

1.2.1.1 工程勘察设计企业资质管理

我国建设工程勘察设计资质分为工程勘察资质、工程设计资质。工程勘察资质分为工程勘察综合资质、工程勘察专业资质和工程勘察劳务资质；工程设计资质分为工程设计综合资质、工程设计行业资质和工程设计专项资质。

建设工程勘察、设计企业应当按照其拥有的注册资本、专业技术人员、技术装备和勘察设计业绩等条件申请资质，经审查合格，取得建设工程勘察、设计资质证书后，方可在资质等级许可的范围内从事建设工程勘察设计活动。我国勘察设计企业的业务范围见表1.1。国务院建设行政主管部门及各地建设行政主管部门负责工程勘察设计企业资质的审批、晋升和处罚。

表1.1 我国勘察设计企业的业务范围

企业类别	资质分类	等级	承担业务范围
勘察企业	综合资质	甲级	承担工程勘察业务范围和地区不受限制
	专业资质（分专业设立）	甲级	承担本专业工程勘察业务范围和地区不受限制
		乙级	可承担本专业工程勘察中、小型工程项目，承担工程勘察业务的地区不受限制
		丙级	可承担本专业工程勘察中、小型工程项目，承担工程勘察业务限定在省、自治区、直辖市行政区范围内
	劳务资质	不分级	承担岩石工程治理、工程钻探凿井等工程勘察劳务工程，承担工程勘察劳务工作的地区不受限制
设计企业	综合资质	甲级	承担工程设计业务范围和地区不受限制
	行业资质（分行业设立）	甲级	承担相应行业建设项目的工程设计业务范围和地区不受限制
		乙级	承担相应行业的中、小型建设项目的工程设计业务范围和地区不受限制
		丙级	承担相应行业的小型建设项目的工程设计业务范围和地区限制在省、自治区、直辖市行政区范围内
	专项资质	不分级	可承担规定的专项工程设计业务，具体规定见有关专项资质标准

1.2.1.2 建筑业企业（承包商）资质管理

建筑业企业（承包商）是指从事土木工程、建筑工程、线路管道及设备安装、装修工程等的新建、扩建、改建活动的企业。我国的建筑业企业分为施工总承包企业、专业承包企业和劳务分包企业。施工总承包企业又按工程性质分为房屋、公路、铁路、港口、水利、电力、矿山、冶金、化工石油、市政公用、通信、机电等12个类别；专业承包企业又根据工程性质和技术特点划分为60个类别；劳务分包企业按技术特点划分为13个类别。

工程施工总承包企业资质等级分为特、一、二、三级；施工专业承包企业资质等级分为一、二、三级；劳务分包企业资质不分级。这三类企业的资质等级标准，由国家住房和城乡建设部统一组织制定和发布。工程施工总承包企业和施工专业承包企业的资质实行分级审批。特级、一级资质由住建部审批；二级以下资质，由企业注册所在地省、自治区、直辖市人民政府建设主管部门审批。劳务分包企业资质由企业所在地省、自治区、直辖市人民政府建设主管部门审批。经审查合格的，由有权的资质管理部门颁发相应等级的建筑业企业（施工企业）资质证书。建筑业企业资质证书由国务院建设行政主管部门统一印制，分为正文（一本）和副本（若干本），正本和副本具有同等的法律效力。任何单位和个人不得涂改、伪造、出借、转让资质证书，复印的资质证书无效。我国建筑业企业承包工程范围如表1.2所示。

表1.2　建筑业企业承包工程范围

企业类别	等级	承包工程范围
施工总承包企业（12类）	特级	可承担本类别各等级工程施工总承包、设计及开展工程总承包和项目管理业务
	一级	可承担下列建筑工程的施工： （1）高度200m以下的工业、民用建筑工程； （2）高度240m以下的构筑物工程； （3）建筑面积20万平方米及以下的住宅小区或建筑群体
	二级	可承担下列建筑工程的施工： （1）高度100m以下的工业、民用建筑工程； （2）高度120m以下的构筑物工程； （3）建筑面积40000m2及以下的单体工业、民用建筑工程； （4）单跨跨度39m以下的建筑工程
	三级	可承担下列建筑工程的施工： （1）高度50m以下的工业、民用建筑工程； （2）高度70m以下的构筑物工程； （3）建筑面积12000m2及以下的单体工业、民用建筑工程； （4）单跨跨度27m以下的建筑工程
专业承包企业（60类）（以地基与基础工程为例）	一级	可承担各类地基与基础工程的施工
	二级	可承担下列建筑工程的施工： （1）高度100m以下的工业、民用建筑工程和高度120m以下构筑物的地基基础工程； （2）深度不超过24m的刚性复合地基处理和深度不超过10m的其他地基处理工程； （3）单桩承受设计荷载5000kN以下的桩基础工程； （4）开挖深度不超过15m的基坑围护工程
	三级	可承担下列建筑工程的施工： （1）高度50m以下的工业、民用建筑工程和高度70m以下构筑物的地基基础工程； （2）深度不超过18m的刚性桩复合地基处理和深度不超过8m的其他地基处理工程； （3）单桩承受设计荷载3000kN以下的桩基础工程； （4）开挖深度不超过12m的基坑围护工程
劳务分包企业（13类）	不分级	可承担各类劳务作业

1.2.1.3　工程咨询单位资质管理

我国对工程咨询单位也实行资质管理。目前，已有明确资质等级评定条件的有工程监管、招标代理、工程造价等咨询机构。

（1）工程监理企业　其资质等级划分为综合资质、专业资质和事务所资质三个序列。专业资质一般分为甲级和乙级，按照工程性质和技术特点划分为若干工程类别。其中，房屋建筑、水利水电、公路与市政公用专业资质可设立丙级。综合资质和事务所资质不分级别。

（2）工程招标代理机构　招标代理机构是指依法设立、受招标人委托代为组织招标活动并提供相关服务的社会中介组织。2017 年 12 月 27 日，第十二届全国人民代表大会常务委员会第三十一次会议通过了《中华人民共和国招标投标法》（以下简称《招标投标法》）第十四条修订案，删去了第十四条第一款，取消了政府对工程建设项目招标代理机构的资格认定。招标代理机构是提供招标业务咨询和代理服务的中介机构，不对招标项目承担主体责任。招标人自主选择招标代理机构属于市场行为，招标代理机构通过市场竞争、行业自律作用来规范代理行为。

（3）工程造价咨询机构　是指接受委托，对建设项目投资、工程造价的确定与控制提供专业咨询服务的企业。工程造价咨询机构资质等级分为甲级、乙级两级。工程造价咨询企业可以对建设项目的组织实施进行全过程或者若干阶段的管理和服务。

1.2.2　专业人员资质管理

在建筑市场中，把具有从事工程咨询资格的专业工程师称为专业人士。建设行业尽管有完善的建筑法规，但没有专业人士的知识与技能的支持，政府难以对建筑市场进行有效的管理。由于他们的工作水平对工程项目建设成败具有重要的影响，所以对专业人士的资格条件有很高要求，许多国家或地区对专业人士均进行资格管理。我国香港特别行政区将经过注册的专业人士称作"注册授权人"，英国、德国、日本、新加坡等国家的法规甚至规定，业主和承包商向政府申报建设许可、施工许可、使用许可等手续，必须由专业人士提出，申报手续除应符合有关法律规定外，还要有相应资格的专业人士签章。由此可见，专业人士在建筑市场运作中起着非常重要的作用。

对专业人士的资质管理，各国情况不同。专业人士的资格有的国家由学会或协会负责（以欧洲一些国家为代表）授予和管理，有的国家由政府负责确认和管理。

英国、德国政府不负责专业人士的资质管理，咨询工程师的执业资格由专业学会考试颁发并由学会进行管理。美国有专门的全国注册考试委员会，负责组织专业人士的考试，通过基础考试并经过数年专业实践后再通过专业考试，即可取得注册工程师资格。法国和日本由政府管理专业人士的执业资格。法国在建设部内设有一个审查咨询工程师资格的"技术监督委员会"，该委员会首先审查申请人的资格和经验，申请人必须在高等学院毕业，并有十年以上的工作经验。资格审查通过后可参加全国考试，考试合格者，予以确认公布。一次确认的资格，有效期为两年。在日本，对参加统一考试的专业人士的学历、工作经历也都有明确的规定，执业资格的取得与法国类似。

我国专业人士制度经过近年来的不断完善和发展，目前已经确定专业人士的种类有注册建造师、注册建筑师、注册结构工程师、注册监理工程师和注册造价工程师等。资格和注册条件为：大专以上的专业学历，参加全国统一考试，成绩合格，具有相关专业的实践经验。

值得注意的是近几年随着国家深化简政放权、放管结合，取消了一些职业资格许可和认定事项，这是降低制度性交易成本、推进供给侧结构改革的重要措施，也是为大中专毕业生就业创业提供支持。

1.3　建设工程交易中心

建设工程从投资性质上可分为两大类：一类是国家投资项目，另一类是私人投资项目。在西方发达国家中，私人投资占了绝大多数，工程项目管理是业主自己的事情，政府只是监督他们是否依法建设。对国有投资项目，一般设置专门的管理部门，代为行使业主的职能。

1.1　建设工程交易中心

我国是以社会主义公有制为主体的国家，政府部门、国有企业、事业单位投资在社会投资中占有主导地位。建设单位使用的大都是国有投资，由于国有资产管理体制的不完善和建设单位内部管理制度的薄弱，很容易造成工程发包中的不正之风和腐败现象。针对上述情况，近几年我国出现了建设工程交易中心。把所有代表国家或国有企事业单位投资的业主请进建设工程交易中心进行招标，设置专门的监督机构，这是我国解决国有建设项目交易透明度差的问题和加强建筑市场管理的一种独特方式。

1.3.1　建设工程交易中心的性质

建设工程交易中心是服务性机构，不是政府管理部门，也不是政府授权的监督机构，本身并不具备监督管理职能。但建设工程交易中心又不是一般意义上的服务机构，其设立须得到政府或政府授权主管部门的批准，并非任何单位和个人可随意成立；它不以营利为目的，旨在为建立公开、公正、平等竞争的招投标制度服务，只可经批准收取一定的服务费，工程交易行为不能在场外发生。

1.3.2　建设工程交易中心的作用

按照我国有关规定，所有建设项目都要在建设工程交易中心内报建、发布招标信息、合同授予、申领施工许可证。招投标活动都需在场内进行，并接受政府有关管理部门的监督。应该说建设工程交易中心的设立，对国有投资的监督制约机制的建立、规范建设工程发承包行为、将建设市场纳入法制化的管理轨道有着重要的作用，是符合我国特点的一种形式。

建设工程交易中心建立以来，由于实行集中办公、公开办事制度和程序以及一条龙的"窗口"服务，不仅有力地促进了工程招投标制度的推行，而且遏制了违法违规行为，对于防止腐败、提高管理透明度起到了显著的效果。

1.3.3　建设工程交易中心的基本功能

我国的建设工程交易中心是按照以下三大功能进行构建的。

（1）信息服务功能　包括收集、存储和发布各类工程信息、法律法规、造价信息、建材价格、承包商信息、咨询单位和专业人士信息等。在设施上配备有大型电子墙、计算机网络工作站，为发承包交易提供广泛的信息服务。

（2）场所服务功能　对于政府部门、国有企业、事业单位的投资项目，我国明确规定，一般情况下都必须进行公开招标，只有特殊情况下才允许采用邀请招标。所有建设项目进行招标投标必须在有形建筑市场内进行，必须由有关管理部门进行监督。按照这个要求，工程建设交易中心必须为工程发承包交易双方包括建设工程的招标、评标、定标、合同谈判等提供设施和场所服务。住房和城乡建设部《建设工程交易中心管理办法》规定，建设工程交易中心应具备信息发布大厅、洽谈室、开标室、会议室及相关设施以满足业主和承包商、分包商、设备材料供应商之间的交易需要。同时，要为政府有关管理部门进驻集中办公，办理有关手续和依法监督招标投标活动提供场所服务。

（3）集中办公功能　由于众多建设项目要进入有形建筑市场进行报建、招标投标交易和办理有关批准手续，这样就要求政府有关建设管理部门进驻工程交易中心，集中办理有关审批手续和进行管理，建设行政主管部门的各职能机构也进驻建设工程交易中心。受理申报的内容一般包括工程报建、招标登记、承包商资质审查、合同登记、质量报监、施工许可证发放等。进驻建筑工程交易中心的相关管理部门集中办公，公布各自的办事制度和程序，既能按照各自的职责依法对建设工程交易活动实施有力监督，又方便当事人办事，有利于提高办公效率。

1.3.4　建设工程交易中心的运行原则

为了保证建设工程交易中心能够有良好的运行秩序和市场功能的充分发挥，必须坚持市场运行的一些基本原则，主要包括：

（1）信息公开原则　建设工程交易中心必须充分掌握政策法规，工程发包、承包商和咨询单位的资质、造价指数、招标规则、评标标准、专家评委库等各项信息，并保证市场各方主体都能及时获得所需要的信息资料。

（2）依法管理原则　建设工程交易中心应严格按照法律、法规开展工作，尊重建设单位依照法律规定选择投标单位和选定中标单位的权利，尊重符合资质条件的建筑业企业提出的招标要求和接受邀请参加投标的权利。任何单位和个人不得非法干预交易活动的正常进行。监察机关应当进驻建设工程交易中心实施监督。

（3）公平竞争原则　建设公平竞争的市场秩序是建设工程交易中心的一项重要原则。进驻的有关行政监督管理部门应严格监督招标、投标单位的行为，防止地方保护、行业和部门垄断等各种不正当竞争，不得侵犯交易活动各方的合法权益。

（4）属地进入原则　按照我国有形建筑市场的管理规定，建设工程交易实行属地进入。每个城市原则上只能设立一个建设工程交易中心，特大城市可以根据需要，设立区域性分中心，在业务上受中心领导。对于跨省、自治区、直辖市的铁路、公路、水利等工程，可在政府有关部门的监督下，通过公告由项目法人组织招标、投标。

（5）办事公正原则　建设工程交易中心是政府建设行政主管部门批准建设的服务性机构，须配合进场各行政管理部门做好相应的工程交易活动管理和服务工作。要建立监督制约机制，公开办事规则和程序，制定完善的规章制度和工作人员守则，一旦发现建设工程交易活动中的违法违章行为，应当向政府有关管理部门报告，并协助进行处理。

1.3.5　建设工程交易中心的运行程序

按照有关规定，建设项目进入建设工程交易中心后，一般按图1.2所示程序运行。

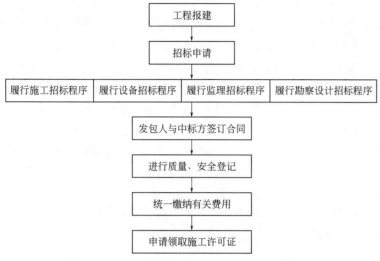

图1.2　建设工程交易中心建设项目程序运行图

1.4　建设项目

1.4.1　建设项目概念及特征

1.4.1.1　项目

项目是指在一定的约束条件下（主要是限定标准、限定时间、限定资源），具有明确目标的一次性活动或任务。项目的种类应当按照其最终成果或专业特征为标志进行划分，包括投资项目、科研项目、开发项目、工程项目、航天项目、维修项目、咨询项目等。分类的目的是有针对性地进行管理，以提升完成任务的水平。对于每类项目还可以进一步的分类。

项目具有三个特点。

第一，项目的一次性，又称项目的单件性，即不可能有与此完全相同的项目，这是项目最主要的特点。

第二，项目目标的明确性，包括成果目标与约束目标。它必须在签订的项目承包合同工期内按照规定的预算数量和质量标准等约束条件完成。没有一个明确的目标就称不上项目。

第三，项目管理的整体性，即一个完整的项目系统是由空间、时间、物资、机具、人员等多要素构成的整体管理对象。一个项目必须同时具备以上三个特点。

1.4.1.2　建设项目

建设项目是一个建设单位在一个或几个建设区域内，根据上级下达的计划任务书及批准的总体设计和总概算书，经济上实行独立核算，行政上具有独立的组织形式，严格按基建程序实施的基本建设工程。一般指符合国家总体建设规划，能独立发挥生产功能或满足生活需要，其项目建议书经批准立项和可行性研究报告经批准的建设任务。如工业建设中的一座工厂、一个矿山，民用建设中的一个居民区、一幢住宅、一所学校等均为一个建设项目。

建设项目除具有项目的一般特征外，还具有以下特征：

① 投资额巨大，建设周期长。因为建设项目规模大，综合性强，技术复杂，涉及的专业面宽，所以建设周期少则需要一年半载，多则需要数十年，从而相应的投资额也巨大。

② 整体性强。建设项目是按照一个总体目标设计进行建设，由相互配套的若干个单项工程组合而成的项目，如一所学校是由教学楼、办公楼、文体活动场馆、宿舍楼等单项工程配套组成。

③ 固定性和庞体性。建设项目具有地点固定以及体积庞大的特点。不同地点的地质条件是不相同的，周边环境也千差万别。而且建设项目体积庞大，几乎不可搬运和挪动，所以建设项目只能单件设计、单件建设，不能批量生产。

1.4.2　建设项目的类型

（1）按投资建设的用途　建设项目可分为生产性建设项目和非生产性建设项目。

生产性建设项目是指直接用于物质资料生产或直接为物质资料生产服务的工程建设项目。主要包括：工业建设，包括工业、国防和能源建设；农业建设，包括农、林、牧、渔、水利建设；基础设施建设，包括交通、邮电、通信建设、地质普查、勘探建设等；商业建设，包括商业、饮食、仓储、综合技术服务事业的建设。

非生产性建设项目是指用于满足人民物质和文化、福利需要的建设和非物质资料生产部门的建设。主要包括：办公用房，如国家各级党政机关、社会团体、企业管理机关的办公用房；居住建筑，如住宅、公寓、别墅等；公共建筑，如科学、教育、文化艺术、广播电视、卫生、博览、体育、社会福利事业、公共事业、咨询服务、宗教、金融、保险等；其他建设。非生产性建设项目又可分为经营性项目和非经营性项目。

（2）按性质分类　分为基本建设项目和更新改造项目。基本建设项目又分为新建、扩建、迁建、恢复项目等。

新建项目是指根据国民经济和社会发展的近远期规划，按照规定的程序立项，从无到有、"平地起家"的建设项目。现有企、事业和行政单位一般不应有新建项目。有的单位如果原有基础薄弱需要再新建的项目，其新增的固定资产价值超过原有全部固定资产价值（原值）3倍以上时，才可算新建项目。

扩建项目是指现有企业、事业单位在原有场地内或其他地点，为扩大产品的生产能力或增加经济效益而增建的生产车间、独立的生产线或分厂的项目；事业和行政单位在原有业务系统的基础上扩充规模而进行的新增固定资产投资项目。

迁建项目是指原有企业、事业单位，根据自身生产经营和事业发展的要求，按照国家调整生产力布局的经济发展战略的需要或出于环境保护等其他特殊要求，搬迁到异地而建设的项目。

恢复项目是指原有企业、事业和行政单位，因在自然灾害或战争中使原有固定资产遭受全部或部分破坏，需要进行投资重建来恢复生产能力和业务工作条件、生活福利设施等的建设项目。这类项目，不论是按原有规模恢复建设，还是在恢复过程中同时进行扩建，都属于恢复项目。但对尚未建成投产或交付使用的项目，受到破坏后，若仍按原设计重建的，原建设性质不变；如果按新设计重建，则根据新设计内容来确定其性质。

基本建设项目按其性质分为上述四类，一个基本建设项目只能有一种性质，在项目按总体设计全部建成以前，其建设性质是始终不变的。

更新改造项目包括挖潜工程、节能工程、安全工程、环境保护工程等。更新改造项目是指对原有设施进行固定资产更新和技术改造相应配套的工程及有关工作。更新改造项目一般以提高现有固定资产的生产效率为目的，土建工程量的投资占整个项目投资的比例按照现行管理规定应在 30% 以下，如技术改造、技术引进、设备更新等。

（3）按建设规模划分　建设项目分为大型、中型、小型三类项目。

生产单一产品的建设项目按产品的设计能力划分；生产多种产品的建设项目按其主要产品的设计能力划分；产品分类较多，不易分清主次、难以按产品的设计能力划分时，可按投资总额划分，划分标准以国家颁布的《基本建设项目大中小型划分标准》为依据。

（4）按投资效益划分　可分为竞争性项目、基础性项目和公益性项目。

竞争性项目主要是指投资效益比较高、竞争性比较强的一般性建设项目。这类建设项目应以企业作为基本投资主体，由企业自主决策、自担投资风险。

基础性项目主要是指具有自然垄断性、建设周期长、投资额大而收益低的基础设施和需要政府重点扶持的一部分基础工业项目，以及直接增强国力的符合经济规模的支柱产业项目。对于这类项目，主要应由政府集中必要的财力、物力，通过经济实体进行投资。同时，还应广泛吸收地方、企业参与投资，有时还可吸收外商直接投资。

公益性项目主要包括科技、文教、卫生、体育和环保等设施，公、检、法等政权机关以及政府机关、社会团体办公设施，国防建设等。公益性项目的投资主要由政府用财政资金安排。

（5）按建设阶段划分　可分为筹建项目、前期工作项目、施工（在施）项目、建成投产项目和竣工项目，以及续建项目和停建项目。

1.4.3　建设项目的组成

根据建设项目的组成内容和层次不同，按照分解管理的需要从大至小依次可分为建设项目、单项工程、单位工程、分部工程和分项工程。

（1）建设项目　建设项目是指按一个总体规划或设计进行建设的，由一个或若干个互有内在联系的单项工程组成的工程总和。

工程建设项目的总体规划或设计是对拟建工程的建设规模、主要建筑物及构筑物、交通运输路网、各种场地、绿化设施等进行合理规划与布置所作的文字说明和图纸文件。如新建一座工厂，它应该包括厂房车间、办公大楼、食堂、库房、烟囱、水塔等建筑物、构筑物以及它们之间相联系的道路；又如新建一所学校，它应该包括办公行政楼、一栋或几栋教学大楼、实验楼、图书馆、学生宿舍等建筑物。这些建筑物或构筑物都应包括在一个总体规划或设计之中，并反映它们之间的内在联系和区别，将其称为一个建设项目或工程建设项目。

（2）单项工程　单项工程是指具有独立的设计文件，建成后能够独立发挥生产能力或使用功能的工程项目。

单项工程是建设项目的组成部分，一个建设项目可以包括多个单项工程，也可以仅有一个单项工程。工业建筑中一座工厂的各个生产车间、办公大楼、食堂、库房、烟囱、水塔等，非工业建筑中一所学校的教学大楼、图书馆、实验室、学生宿舍等都是具体的单项工程。

单项工程是具有独立存在意义的一个完整工程，由多个单位工程组成。

（3）单位工程　单位工程是指具有独立的设计文件，能够独立组织施工，但不能独立发挥生产能力或使用功能的工程项目。

单位工程是单项工程的组成部分。在工业与民用建筑中，如一幢教学大楼或写字楼，总是可以划分为建筑工程、装饰工程、电气工程、给排水工程等，它们分别是单项工程所包含的不同性质的单位工程。

（4）分部工程　分部工程是单位工程的组成部分，是按结构部位、路段长度及施工特点或施工任务将单位工程划分为若干个项目单元。

上述土石方工程、地基基础工程、砌筑工程等就是房屋建筑工程的分部工程，楼地面工程、墙柱面工程、天棚工程、门窗工程等就是装饰工程的分部工程。

在每一个分部工程中，因为构造、使用材料规格或施工方法等不同，完成同一计量单位的工程所需要消耗的人工、材料和机械台班数量及其价值的差别也很大，因此，还需要把分部工程进一步划分为分项工程。

（5）分项工程　分项工程是分部工程的组成部分，是按不同施工方法、材料、工序及路段长度等将分部工程划分为若干个项目单元。

分项工程是可以通过较为简单的施工过程生产出来，并可用适当的计量单位测算或计算其消耗量和单价的建筑或安装单元。如土石方工程，可以划分为平整场地、挖沟槽土方、挖基坑土方等；砌筑工程可以划分为砖基础、砖墙等；混凝土及钢筋混凝土工程可划分为现浇混凝土基础、现浇混凝土柱、预制混凝土梁等。分项工程不是单项工程那样的完整产品，一般来说，它的独立存在是没有意义的，它只是单项工程组成部分中一种基本的构成要素，是为了确定建设工程造价和计算人工、材料、机械等消耗量而划分出来的一种基本项目单元，它既是工程质量形成的直接过程，又是建设项目的基本计价单元。

1.4.4　项目建设的程序

工程项目建设程序是指工程项目从策划、评估、决策、设计、施工到竣工验收、投入生产或交付使用的整个建设过程中，各项工作必须遵循的先后工作次序。工程项目建设程序是工程建设过程客观规律的反映，是建设工程项目科学决策和顺利进行的重要保证。工程项目建设程序是人们长期在工程项目建设实践中得出来的经验总结，不能任意颠倒，但可以合理交叉。

依据我国现行建设法规的相关规定，我国建设项目程序如图1.3所示。

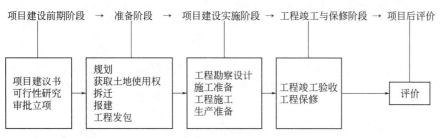

图1.3　建设项目程序

从图1.3可知，我国建设项目程序分五个阶段，每个阶段又包含若干环节。各阶段、各环节的工作应按规定顺序进行。当然，建设项目的性质不同、规模不一，同一阶段内各个环节的工作会有一些交叉，有些环节可以根据本行业、本项目的特点，在遵守建设项目程序的前提下，灵活开展各项工作。

1.4.4.1　项目建设前期阶段

（1）项目建议书　项目建议书是建设单位向国家提出的要求建设某一建设项目的建议文件，是投资机会分析结果所形成的书面文件，是对建设项目的轮廓设想，以便决策者分析、决策。大中型和限额以上项目的投资项目建议书，由行业归口主管部门初审后，再由国家发展和改革委员会审批。小型项目的项目建议书，按隶属关系，由主管部门或地方计委审批。

> **知识小贴士**
>
> 项目建议书经批准后，可进行可行性研究，但不表明项目非上不可，项目建议书不是项目的最终决策。

（2）可行性研究　可行性研究是指项目建议书被批准后，对拟建项目在技术上是否可行、经济上是否合理等内容所进行的科学分析和论证。可行性研究报告必须经有资格的咨询机构评估确认后，才能作为投资决策的依据。

（3）审批立项　审批立项是有关部门对可行性研究报告的审查批准程序，审查通过后即予以立项，批准后的可行性研究报告是初步设计的依据，不得随意修改或变更。项目立项后正式进入建设项目的建设准备阶段。

1.4.4.2　准备阶段

（1）规划　在规划区内建设的项目，必须符合城市规划或村庄、集镇规划的要求。其项目选址和布局，必须取得城市规划行政主管部门或村、镇规划主管部门的同意、批准，依法先后领取城市规划行政主管部门核发的"选址意见书""建设用地规划许可证""建设工程规划许可证"，方能进行获取土地使用权、设计、施工等相关建设活动。

（2）获取土地使用权　建设项目用地必须通过国家对土地使用权的出让或划拨而取得。取得土地使用权的，应向国家支付出让金，并与县、市人民政府土地管理部门签订书面出让合同，然后按合同规定的年限与要求进行项目建设。

（3）拆迁　任何单位和个人需要拆迁房屋的，都必须持国家规定的批准文件、拆迁计划和拆迁方案，向房屋拆迁主管部门提出申请，经批准并取得房屋拆迁许可证后，方可拆迁。

（4）报建　建设项目被批准立项后，建设单位或其代理机构必须持建设项目批准文件、银行出具的资信证明、建设用地的批准文件等资料，向当地建设行政主管部门或其授权机构进行报建。凡未报建的建设项目，不得办理招标手续和发放施工许可证，设计、施工单位不得承接该项目的设计、施工任务。

（5）工程发包　建设单位或其代理机构在上述准备工作完成后，须对拟建项目进行发包，择优选定工程勘察设计单位、施工单位或总承包单位。工程发包有招标投标和直接发包两种方式。为鼓励公平竞争，建立公正的竞争秩序，国家提倡采用招标投标方式，并对符合条件的工程进行强制招标。

1.4.4.3　项目建设实施阶段

（1）工程勘察设计　设计是建设项目的重要环节，设计文件是制定建设计划、组织工程施工和控制建设投资的依据。

设计与勘察是密不可分的，设计必须在进行工程勘察，取得足够的地质、水文等基础资料后才能进行。勘察工作也是服务于项目建设的全过程，在项目选址、可行性研究、工程施工等各阶段，也必须进行必要的勘察。

（2）施工准备　施工准备包括施工单位在技术、物资方面的准备和建设单位取得开工许可证两方面内容。

工程施工涉及的因素很多，过程也十分复杂，施工单位在接到施工图后，必须做好细致的施工准备工作，以确保工程顺利建成。它包括熟悉审查图纸，编制施工组织设计，计划、技术、质量、安全、经济责任的交底，下达施工任务书，准备工程施工所需的设备、材料等活动。

建设项目必须取得施工许可证才能开工，取得施工许可证的条件是：已经办好该工程用地批准手续；在城市规划区的施工，已取得规划许可证；需要拆迁的，拆迁进度满足施工要求；施工企业已确定；有满足施工需要的施工图纸和技术资料；有保证工程质量和安全的具体措施；建设资金已落实并满足有关法律、法规规定的其他条件。施工许可证需向工程所在地县级以上人民政府建设行政主管部门申请领取。未取得施工许可证的建设单位不得擅自组织开工。

（3）工程施工　施工是投入劳动量最大，所费时间较长的工作。其管理水平的高低、工作质量的好坏对建设项目的质量和所产生的效益起着十分重要的作用。工程施工管理具体包括施工调度、施工安全、文明施工、环境保护等几方面的内容。

（4）生产准备　生产准备是指工程施工临近结束时，为保证建设项目能及时投产使用所进行的准备活动，包括机构设置、人员培训、设备安装调试、原材料、燃料及其他配合条件等。建设单位要根据建设项目或主要单项工程的生产技术特点，有计划地做好这一工作。

1.4.4.4　工程竣工验收与保修阶段

（1）工程竣工验收　建设项目按设计文件规定的内容和标准全部建成，并按规定将工程内外全部清理完毕称为竣工。工程竣工验收是全面考核建设成果、检验设计和施工质量的重要步骤，也是建设项目转入生产和使用的标志。验收合格后，建设单位编制竣工决算，项目正式投入使用。

（2）工程保修　工程竣工验收交付使用后，根据《建筑法》及相关法规的规定，承包单位要对工程中出现的质量缺陷承担保修与赔偿责任。工程保修一般通过保修金作为维修的保证。国务院 2000 年颁布《建设工程质量管理条例》（2019 年第二次修订），对建设工程的质量责任、保修期限、保修办法作出了明确的规定。

1.4.4.5　项目后评价

项目后评价是指对已经完成项目的目的、执行过程、效益、作用和影响进行系统、客观的分析，通过项目获得的检查总结，确定项目预期的目标是否达到、项目是否合理有效、项目的主要指标是否实现。通过分析评价找出成败的原因，总结经验教训，为未来新项目决策和提高及完善投资决策管理水平提出建议，为后评价项目实施运营中出现的问题提出改进建议，从而达到提高投资效益的目的。

基础考核

一、填空题

1. 建筑市场的客体即建筑产品，是建筑市场交易的对象，它既包括_____产品，也包括_____产品。

2. 建设工程交易中心三项基本功能是：_____功能、_____功能和_____功能。

3. 为了保证建设工程交易中心能够有良好的运行秩序，充分发挥市场功能，必须坚持市场运行的一些基本原则，包括：信息公开原则、_____原则、_____原则、属地进入原则、办事公正原则。

4. 建筑市场的资质管理包括两个方面的内容，一是_____的资质管理，二是对_____的资格管理。

5. 建筑业企业申请资质，应当按照_____原则，向_____所在地县级以上地方人民政府建设行政主管部门申请。

6. 建筑业企业是指从事_____工程、建筑工程、线路管道及设备安装工程、_____工程等的新建、扩建、改建活动的企业。

二、单选题

1. 有关投标主体资格说法正确的是（　　）。
   A. 招标主体的不具有独立法人资格的附属单位可以参与投标
   B. 为招标项目的前期准备提供咨询服务的单位可以参与投标
   C. 甲单位与乙单位的单位负责人是同一人，乙单位可以参加甲单位招标项目的投标
   D. 招标代理机构不得在所代理的招标项目中投标

2.应当招标的工程建设项目，根据招标人是否具有（   ），可以将组织招标分为自行招标和委托招标两种情况。

A.招标资质   B.招标许可

C.招标的条件与能力   D.评标专家

3.有关建设工程交易中心说法正确的是（   ）。

A.建设工程交易中心具备行政监督管理职能

B.建设工程交易中心不以营利为目的

C.一个地区可以根据建设工程的实际情况，设立两个建设工程交易中心

D.只有省级城市能够设立建设工程交易中心

4.建设工程项目总承包招投标是指（   ）阶段的招投标。

A.从项目建议书开始到竣工验收

B.从可行性研究开始到竣工验收

C.从项目立项开始到竣工验收

D.从破土动工开始到竣工验收

5.公开招标是指招标人以（   ）的方式邀请不特定的法人或者其他组织投标。

A.投标邀请书   B.合同谈判

C.行政命令   D.招标公告

6.下列不属于《工程建设项目招标范围和规模标准规定》的关系社会公共利益、公众安全的公用事业项目的是（   ）。

A.邮政、电信枢纽、通信、信息网络等邮电通信项目

B.供水、供电、供气、供热等市政工程项目

C.商品住宅，包括经济适用住房

D.科技、教育、文化等项目

三、多选题

1.有关建设工程市场特征说法正确的有（   ）。

A.建设工程市场采取现货的方式进行交易

B.建设工程市场采取资质认定的方式进行管理

C.建设工程市场采取整件一次性的方式进行定价

D.建设工程市场采取订立书面合同的方式进行风险分配

E.建设工程市场采取订立书面合同与口头合同并存的方式进行风险分配

2.建设工程市场服务咨询机构包括（   ）。

A.招投标代理机构   B.承包单位

C.造价服务机构   D.监理单位

E.设计单位

3.投标资格审查主要是对投标人的情况进行审查，其审查的主要内容包括（   ）。

A.法人资格和资质等级   B.施工能力和企业信誉

C.队伍素质和施工装备   D.管理能力和工程经验

E.财务状况

4.招标人的权益包括（　　　）。

A.自行组织招标或委托招标代理机构进行招标

B.自由选择招标代理机构并核验其资质证明

C.要求投标人提供有关资质情况的资料

D.确定评标委员会，并根据评标委员会推荐的候选人确定中标人

E.自主确定中标单位

四、简答题

1.建筑市场的特点是什么？

2.建设工程交易中心的性质是什么？

3.什么是建设工程交易中心的三项基本功能？

4.建设项目的含义是什么？

5.建设项目是怎样分类的？

6.基本建设项目包括哪几个方面？

五、案例分析题

某建筑公司与某学校签订一建设工程施工合同，明确承包方（建筑公司）保质、保量、保工期完成发包方（学校）的教学楼施工任务。工程竣工后，承包方向发包方提交了竣工报告，发包方认为双方合作愉快，为不影响学生上课，还没有组织验收，便直接使用了。使用中学校发现教学楼存在质量问题，遂要求承包方修理。承包方则认为工程未经验收，发包方提前使用，出现质量问题，承包商不再承担责任。请问此案例有何不妥之处，请加以说明。

模块 ②

建设工程发包承包与招标投标概述

学习目标

知识要点	能力目标	驱动问题	权重
1.熟悉建设工程发包承包的概念和内容； 2.掌握建设工程发包承包的主要方式	能够结合项目的具体背景资料进行招标条件和招标方式的界定	1.常见的建设工程发承包模式及特点是什么？ 2.工程发承包的管理有哪些方面？	20%
1.了解建设工程招标投标概念及发展历史； 2.掌握建设工程招标投标的类型及其特点； 3.了解建设工程招标代理机构； 4.熟悉建设工程招标投标法律体系	1.能够为某一招标的项目进行合理的标段划分、编制招标计划； 2.能够通过角色分工完成招标文件及投标文件的编制工作	1.什么叫作建设工程招标投标？ 2.建设工程招标投标应当遵循的基本原则有哪些？ 3.常见的招标投标类型有哪些？ 4.现阶段我国有关招标投标的法律有哪些？	80%

思政元素

内容引导	思考问题	课程思政元素
典型案例（湖南恒利建筑公司违法承转包工程致重大安全事故）	1.如何进行施工发包范围的划分？ 2.事故的责任如何认定？	工匠精神、职业精神
典型案例（全国查处5起工程建设招投标违纪违法案例）	1.项目在招标过程中有哪些违法行为？ 2.对你的启示是什么？	法治意识、职业道德

导入案例

在某改造工程招投标工程中，被告人吴某挂靠 A 公司参加投标。他通过向某工程招投标公司职员郭某索取的投标单位报名名单，向其他二十余家投标单位"买标"，遭到其中挂靠 B 公司包工头李某的拒绝后，吴某向李某出价人民币 60 万元，愿意串通所有投标单位，帮助吴某拿下此工程，李某同意了，并拉合伙投标的陈某共同出资。随即，吴某再次找郭某取得通过资格预审的投标单位名单，按名单上联系人及电话串通各投标单位配合"围标"。7 月 28 日，吴某、陈某交给李某 60 万元，由李某分发给各配合"围标"的单位 2 万元至 4 万元不等的补偿金（共计 50 万元），各单位按要求将投标报价控制在该工程控制价 540 万元以下降 3 万元以内。同时，确定吴某挂靠的 A 公司为中标第一候选人（投标报价为 535.77 万元），B 公司为第二候选人（投标报价为约定 540 万元以下降 3.3 万元以内）。

7 月 29 日，吴某等发现"围标"中漏掉通过资格预审的 C 公司，就赶紧与该公司负责人联系让标，但没有结果。当晚，五名被告人到茶馆商量对策，五人想了两个方案：第一，次日开标前付钱给 C 公司，向他们买标；第二，让被告人无业的傅某雇人将该公司参加投标人员强行带离投标现场。

7 月 30 日上午，吴某等人联系不到 C 公司的负责人，就到他家里纠缠、威胁，但最后也没有结果。当天下午临近 3 点开标前，吴某唆使傅某雇来的两人当打手，把 C 公司参加投标的一名主要人员绑架并带离投标现场，争执中打手还对该公司其他投标人员大打出手，导致 C 公司无法竞标，整个工程投标程序十分混乱。吴某从 60 万元围标款中非法获利 10 万元，用于还债等，其余 50 万元赃款已追回 37.5 万元。

公安机关接到报警后，于 8 月 5 日下午抓获被告人李某，其余犯罪嫌疑人也在几天内陆续被抓获。

请大家思考何谓"围标"？其社会危害有哪些？

2.1　建设工程发承包概述

2.1.1　建设工程发承包的概念

建设工程发承包是一种商业交易行为，是指交易的一方负责为交易的另一方完成某项工作或供应一批货物，并按一定的价格取得相应报酬的一种交易。委托任务并负责支付报酬的一方称为发包人；接受任务并负责按时完成而取得报酬的一方称为承包人。发承包双方通过签订合同或协议，予以明确发包人和承包人之间的经济上的权利与义务等关系，且具有法律效力。

工程发承包是指建筑企业（承包商）作为承包人（称乙方），建设单位（业主）作为发包人（称甲方），由甲方把建筑安装工程任务委托给乙方，且双方在平等互利的基础上签订工程合同，明确各自的经济责任、权利和义务，以保证工程任务在合同造价内按期按质按量地全面完成。工程发承包是一种经营方式。

2.1.2　建设工程发承包的内容

根据建设项目的程序和基本内容，建设工程发承包的内容可以分为以下几类：

（1）项目建议书　项目建议书是由项目投资方向其主管部门上报的文件，主要从宏观上论述项目设立的必要性和可能性，把项目投资的设想变为概略的投资建议。项目建议书的呈报以供项目审批机关作出初步决策。它可以减少项目选择的盲目性，为下一步可行性研究打下基础。项目建议书可以由建设单位自行编制或委托工程咨询机构代理。

（2）可行性研究　可行性研究是指从系统总体出发，对技术、经济、财务、商业、环境保护、法律等多个方面进行分析和论证，以确定建设项目是否可行，为正确进行投资决策提供科学依据。项目的可行性研究是对多因素、多目标系统进行不断的分析研究、评价和决策的过程。可行性研究报告可以自行编制或委托工程咨询机构代理。

（3）勘察、设计　勘察和设计是两个阶段的两项不同工作任务。勘察是指根据建设工程的要求，查明、分析、评价建设场地的地质、地理环境特征和岩土工程条件，编制建设工程勘察文件的活动。建设工程设计是指根据建设工程的要求，对建设工程所需的技术、经济、资源、环境等条件进行综合分析、论证，编制建设工程设计文件的活动，即按照建设单位的建设目的和要求，预先定出工作方案和计划，并绘出图样的活动。勘察和设计都可以通过方案竞选或招投标的方式来完成。

（4）材料、设备的采购供应　根据设计方案的需要，材料采购供应可以通过公开招标、询价报价、直接采购等方式获得其承包权。

（5）建筑安装工程　建筑安装工程施工是工程建设过程中的一个重要环节，是把设计图纸付诸实施的决定性阶段。其任务是把设计图纸变成物质产品，如工厂、矿井、电站、桥梁、住宅、学校等，使预期的生产能力或使用功能得以实现。建筑安装施工内容包括施工现场的准备工作，永久性工程的建设施工、设备安装及工业管道安装工程等。此阶段主要采用招标投标的方式进行工程的发承包。

（6）生产职工培训　为了使新建项目建成后交付使用、投入生产，在建设期间就要准备合格的生产技术工人和配套的管理人员。因此，需要组织生产职工培训。这项工作通常委托培训公司或培训部门来完成。

（7）建设工程监理　建设工程监理即工程监理，是指具有相应资质的工程监理企业，接受建设单位的委托，承担其项目管理工作，并代表建设单位对承建单位的建设行为进行监控的专业化服务活动。建设工程监理发承包一般通过招标投标的形式进行。

2.1.3　建设工程发承包方式

工程发承包方式是多种多样的，其分类见图 2.1。

2.1.3.1　按发承包范围划分发承包方式

（1）建设全过程发承包　建设全过程发承包又称统包、一揽子承包、交钥匙合同。它是指发包人一般只要提出使用要求、竣工期限或对其他重大决策性问题做出决定，承包人就可对项目建议书、可行性研究、勘察设计、材料设备采购、建筑安装工程施工、职工培训、竣工验收，直到投产使用和建设后评估等全过程，实行全面总承包，并负责对各项分包任务和必要时被吸收参与工程建设有关工作的发包人的部分力量，进行统一组织、协调和管理。

建设全过程发承包，主要适用于大中型建设项目。大中型建设项目由于工程规模大、技术复杂，要求工程承包公司必须具有雄厚的技术经济实力和丰富的组织管理经验，通常由实力雄厚的工程总承包公司（集团）承担。这种承包方式的优点是由于是专职的工程承包公司承包，可以充分利用其丰富的经验，还可进一步积累建设经验，节约投资、缩短建设工期并保证建设项目的质量，提高投资效益。

（2）阶段发承包　它是指发包人、承包人就建设过程中某一阶段或某些阶段的工作（如勘察、设计或施工、材料设备供应等）进行发包承包。例如由设计机构承担勘察设计，由施工企业承担工业与民用建筑施工，由设备安装公司承担设备安装任务。其中，施工阶段发承包还可依发承包的具体内容，再细分为以下三种方式：

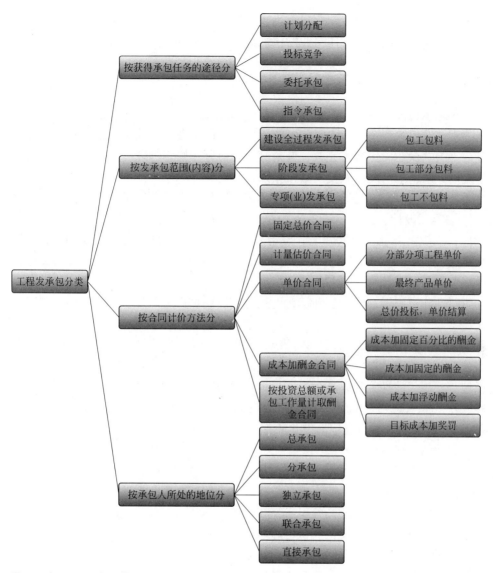

图2.1　建设工程发承包方式

　　包工包料，即工程施工所用的全部人工和材料由承包人负责。其优点是：便于调剂余缺，合理组织供应，加快建设速度，促进施工企业加强企业管理，精打细算，厉行节约，减少损失和浪费；有利于合理使用材料，降低工程造价，减轻建设单位的负担。

　　包工部分包料，即承包人只负责提供施工的全部人工和一部分材料，其余部分材料由发包人或承包人负责供应。

　　包工不包料，又称包清工，实质上是劳务承包，即承包人（大多是分包人）仅提供劳务而不承担任何材料供应的义务。

　　（3）专项发承包　它是指发包人、承包人就某建设阶段中的一个或几个专门项目进行发包承包。专项发承包主要适用于可行性研究阶段的辅助研究项目；勘察设计阶段的工程地质勘察、供水水源勘察，基础或结构工程设计、工艺设计，供电系统、空调系统及防灾系统的设计；施工阶段的深基础施工、金属结构制作和安装、通风设备和电梯安装等建设准备阶段的设备选购和生产技术人员培训等专门项目。由于专门项目专业性强，常常是由有关专业分包人承包，所以，专项发包承包也称作专业发包承包。

2.1.3.2　按承包人所处的地位划分发承包方式

（1）总承包　总承包简称总包，是指发包人将一个建设项目建设全过程或其中某个或某几个阶段的全部工作发包给一个承包人承包，该承包人可以将在自己承包范围内的若干专业性工作再分包给不同的专业承包人去完成，并对其统一协调和监督管理。各专业承包人只同总承包人发生直接关系，不与发包人发生直接关系。

总承包主要有两种情况：一是建设全过程总承包；二是建设阶段总承包。建设阶段总承包主要分为：①勘察、设计、施工、设备采购总承包；②勘察、设计、施工总承包；③勘察、设计总承包；④施工总承包；⑤施工、设备采购总承包；⑥投资、设计、施工总承包，即建设项目由承包商贷款垫资，并负责规划设计、施工，建成后再转让给发包人；⑦投资、设计、施工、经营一体化总承包，通称 BOT 方式，即发包人和承包人共同投资，承包人不仅负责项目的可行性研究、规划设计、施工，而且建成后还负责经营几年或几十年，然后再转让给发包人。

采用总承包方式时，可以根据工程具体情况，将工程总承包任务发包给有实力的具有相应资质的咨询公司、勘察设计单位、施工企业以及设计施工一体化的大建筑公司等承担。

（2）分承包　分承包简称分包，是相对于总承包而言的，是从总承包人承包范围内分包某一分项工程（如土方、模板、钢筋等）或某种专业工程（如钢结构制作和安装、电梯安装、卫生设备安装等）。分承包人不与发包人发生直接关系，而只对总承包人负责，在现场由总承包人统筹安排其活动。

分承包人承包的工程不能是总承包范围内的主体结构工程或主要部分（关键性部分），主体结构工程或主要部分必须由总承包人自行完成。分承包主要有两种形式：一是总承包合同约定的分包，总承包人可以直接选择分包人，经发包人同意后与分包人订立分包合同；二是总承包合同未约定的分包，须经发包人认可后总承包人方可选择分包人，并与之订立分包合同。可见，分包实际上都要经过发包人同意后才能进行。

（3）独立承包　它是指承包人依靠自身力量自行完成承包任务的发承包方式。此方式主要适用于技术要求比较简单、规模不大的工程项目。

（4）联合承包　联合承包是相对于独立承包而言的，指发包人将一项工程任务发包给两个以上承包人，由这些承包人联合共同承包。联合承包主要适用于大型或结构复杂的工程，参加联合的各方，通常是采用成立工程项目合营公司、合资公司、联合集团等联营体形式，推选承包代表人，协调承包人之间的关系，统一与发包人签订合同，共同对发包人承担连带责任。参加联营的各方仍都是各自独立经营的企业，只是就共同承包的工程项目必须事先达成联合协议，以明确各个联合承包人的权利和义务，包括投入的资金数额、人工和管理人员的派遣、机械设备种类、临时设施的费用分摊、利润的分享以及风险的分担等等。

在市场竞争日益激烈的形势下，采取联合承包方式的优越性十分明显，具体表现在：①可以有效地减弱多家承包商之间的竞争，化解和防范承包风险；②促进承包商在信息、资金、人员、技术和管理上互相取长补短，有助于充分发挥各自的优势；③增强共同承包大型或结构复杂的工程的能力，增加了中大标、中好标和共同获取更丰厚利润的机会。

（5）直接承包　它是指不同的承包人在同一工程项目上分别与发包人签订承包合同，各自直接对发包人负责。各承包商之间不存在总承包、分承包的关系，现场上的协调工作由发包人自己去做，或由发包人委托一个承包商牵头去做，也可聘请专门的项目经理（建造师）去做。

2.1.3.3　按合同计价方法划分发承包方式

（1）固定总价合同　固定总价合同又称总价合同，是指发包人要求承包人按商定的总价承包工程。这种方式通常适用于规模较小、风险不大、技术简单、工期较短的工程。其主要做法是，以图纸和工程说明书为依据，明确承包内容和计算承包价，总价一次包死，一般不予变更。这种方式的优点是，因为有图纸和工程说明书为依据，发包人、承包人都能较准确地估算工程造价，发包人容易选择最优承包人。其缺点是对承包商有一定的风险，因为如果设计图纸和说明书不太详细，未知数比较多，或者遇到材料突然涨价、地质条件变化和气候条件恶劣等意外情况，承包人承担的风险就会增大，风险费增大不利于降低工程造价，最终对发包人也不利。

（2）计量估价合同　它是以工程量清单和单价表为计算承包价依据的发承包方式。通常的做法是，由发包人或委托具有相应资质的中介咨询机构提出工程量清单，列出分部、分项工程量，由承包商根据发包人给出的工程量，经过复核并填上适当的单价，再算出总造价，发包人只要审核单价是否合理即可。这种发承包方式，结算时单价一般不能变化，但工程量可以按实际工程量计算，承包人承担的风险较小，操作起来也比较方便。

（3）单价合同　它是指以工程单价结算工程价款的发承包方式。其特点是，工程量实量实算，以实际完成的数量乘以单价结算。

具体包括以下两种类型：

① 按分部分项工程单价承包。即由发包人列出分部分项工程名称和计量单位，由承包人逐项填报单价，经双方磋商确定承包单价，然后签订合同，并根据实际完成的工程数量，按此单价结算工程价款。这种承包方式主要适应于没有施工图、工程量不明而且需要开工的工程。

② 按最终产品单价承包。即按每平方米住宅、每平方米道路等最终产品的单价承包。其报价方式与按分部分项工程单价承包相同。这种承包方式通常适用于采用标准设计的住宅、宿舍和通用厂房等房屋建筑工程。但对其中因条件不同而造价变化较大的基础工程，则大多数采用按计量估价承包或分部分项工程单价承包的方式。

（4）成本加酬金合同　成本加酬金合同又称成本补偿合同，是指按工程实际发生的成本结算外，发包人另加上商定好的一笔酬金（总管理费和利润）支付给承包人的一种发承包方式。工程实际发生的成本，主要包括人工费、材料费、施工机械使用费、其他直接费和现场经费以及各项独立费等。其主要的做法有：成本加固定酬金、成本加固定百分比酬金、成本加浮动酬金、目标成本加奖罚。

① 成本加固定酬金。这种承包方式工程成本实报实销，但酬金是事先商量好的一个固定数目。其计算式为：

$$C=C_\mathrm{d}+F$$

式中　C——工程总造价；

C_d——实际发生的工程成本；

　F——固定酬金。

这种承包方式，酬金不会因成本的变化而改变，它不能鼓励承包商降低成本，但可鼓励承包商为尽快取得酬金而缩短工期。有时，为鼓励承包人更好地完成任务，也可在固定酬金之外，再根据工程质量、工期和降低成本情况另加奖金，且奖金所占比例的上限可以大于固定酬金。

② 成本加固定百分比酬金。这种承包方式工程成本实报实销，但酬金是事先商量好的以工程成本为计算基础的一个百分比。其计算式为：

$$C=C_d\,(1+P)$$

式中　C——工程总造价；

　　　C_d——实际发生的工程成本；

　　　P——固定的百分数。

这种承包方式，对发包人不利，因为工程总造价 C 随工程成本 C_d 增大而相应增大，不能有效地鼓励承包商降低成本、缩短工期。现在这种承包方式已很少采用。

③ 成本加浮动酬金。这种承包方式的做法，通常是由双方事先商定工程成本和酬金的预期水平，然后将实际发生的工程成本与预期水平相比较，如果实际成本高于预期成本，则减少酬金。

采用这种承包方式，优点是对发包人、承包人双方都没有太大风险，同时也能促使承包商降低成本和缩短工期。缺点是在实践中估算预期成本比较困难，要求发承包双方具有丰富的经验。

④ 目标成本加奖罚。这种承包方式是在初步设计结束后，工程迫切开工的情况下，根据粗略估算的工程量和适当的概算单价表编制概算，作为目标成本，随着设计逐步具体化，目标成本可以调整。另外以目标成本为基础规定一个百分比作为酬金，最后结算时，如果实际成本低于目标成本（也有一个幅度界限），则增加酬金。

此外，还可另加工期奖罚。这种发承包方式的优点是可促使承包商关心降低成本和缩短工期；而且，由于目标成本是随设计的进展而加以调整才确定下来的，所以发包人、承包人双方都不会承担过大风险。缺点是目标成本的确定较困难，要求发包人、承包人都须具有比较丰富的经验。

2.2　建设工程招标投标概述

2.2.1　建设工程招标投标发展历程

工程招标投标是在发承包业的发展中产生的。随着工程发承包的产生，工程招标投标产生并逐步完善起来。中国的招标事业已经有 30 余年的发展历史，在这 30 多年里，我国不但在招标业绩和招标经验上有了丰富的积累，在招标队伍和人才建设上也有了长足的进步，我国的招标机构完成了从体制

2.1　招投标概述

到观念的革新，从市场环境到经营模式的改变。尤其是电子信息技术在招标活动和招标机构管理工作中的介入，更是为招标机构的加速发展创造了有利条件。

2.2.2　建设工程招标投标的概念

建设工程招标是指招标人在发包建设项目之前，公开招标或邀请投标人，根据招标人的意图和要求提出报价，择日当场开标，以便从中择优选定中标人的一种经济活动。

建设工程投标是工程招标的对称概念，指具有合法资格和一定能力的投标人根据招标条件，经过初步研究和估算，在指定期限内填写标书，提出报价并等候开标，决定能否中标的经济活动。

建设工程招标是要约邀请，而投标是要约，中标通知书是承诺。《中华人民共和国民法典》（以下简称《民法典》）明确规定，招标公告是要约邀请，也就是说，招标实际上是邀请投标人对其提出要约（即报价），属于要约邀请。投标则是一种要约，它符合要约的所有条件，如具有缔结合同的主观目的；一旦中标，投标人将受投标书约束；投标书的内容具有足以使合同成立的主要条件等。招标人向中标的投标人发出中标通知书，则是招标人同意接受中标的投标人的投标条件，即同意接受投标人的要约的意思表示，应属于承诺。

2.2.3　建设工程招标投标的范围

2.2.3.1　法律和行政法规规定必须招标的项目范围及规模标准

根据《招标投标法》第三条规定，在中华人民共和国境内进行下列工程建设项目包括项目的勘察、设计、施工、监理以及与工程建设有关的重要设备、材料等的采购，必须进行招标：

2.2　招投标范围资料

（1）大型基础设施、公用事业等关系社会公共利益、公众安全的项目；

（2）全部或者部分使用国有资金投资或者国家融资的项目；

（3）使用国际组织或者外国政府贷款、援助资金的项目。前款所列项目的具体范围和规模标准，由国务院发展计划部门会同国务院有关部门制订，报国务院批准。法律或者国务院对必须进行招标的其他项目的范围有规定的，依照其规定。

上述规定从项目性质和资金来源两个方面对必须招标的范围进行明确规范。

根据《必须招标的工程项目规定》的规定，必须招标的工程范围具体如下：

（1）全部或者部分使用国有资金投资或者国家融资的项目包括：

① 使用预算资金200万元人民币以上，并且该资金占投资额10%以上的项目；

② 使用国有企业事业单位资金，并且该资金占控股或者主导地位的项目。

（2）使用国际组织或者外国政府贷款、援助资金的项目包括：

① 使用世界银行、亚洲开发银行等国际组织贷款、援助资金的项目；

② 使用外国政府及其机构贷款、援助资金的项目。

（3）其他的大型基础设施、公用事业等关系社会公共利益、公众安全的项目，必须招标的具体范围由国务院发展改革部门会同国务院有关部门按照确有必要、严格限定的原则制订，报国务院批准。

本规定（1）至（3）规定范围内的项目，其勘察、设计、施工、监理以及与工程建设有关的重要设备、材料等的采购达到下列标准之一的，必须招标：

① 施工单项合同估算价在 400 万元人民币以上；

② 重要设备、材料等货物的采购，单项合同估算价在 200 万元人民币以上；

③ 勘察、设计、监理等服务的采购，单项合同估算价在 100 万元人民币以上。

同一项目中可以合并进行的勘察、设计、施工、监理以及与工程建设有关的重要设备、材料等的采购，合同估算价合计达到前款规定标准的，必须招标。

2.2.3.2　可以不进行招标的建设项目范围

根据《招标投标法》第六十六条：涉及国家安全、国家秘密、抢险救灾或者属于利用扶贫资金实行以工代赈、需要使用农民工等特殊情况，不适宜进行招标的项目，按照国家有关规定可以不进行招标。为此，国务院有关部委在规定必须招标项目的范围和规模标准的同时，对不可以进行招标的情况分别做出了如下规定：

（1）可以不进行招标的建设项目　根据《中华人民共和国招标投标法实施条例》第九条，除招标投标法第六十六条规定的可以不进行招标的特殊情况外，有下列情形之一的，可以不进行招标：

① 需要采用不可替代的专利或者专有技术；

② 采购人依法能够自行建设、生产或者提供；

③ 已通过招标方式选定的特许经营项目投资人依法能够自行建设、生产或者提供；

④ 需要向原中标人采购工程、货物或者服务，否则将影响施工或者功能配套要求；

⑤ 国家规定的其他特殊情形。

按照《建设项目可行性研究报告增加招标内容以及核准招标事项暂行规定》中第五条规定：属于下列情况之一的建设项目可以不进行招标，但必须在报送可行性研究报告中提出不招标申请，并说明不招标原因。

① 涉及国家安全、国家秘密的；

② 建设项目的勘察、设计、采用特定专利或者专有技术的，或者其建筑艺术造型有特殊要求的；

③ 承包商、供应商或者服务提供者少于三家，不能形成有效竞争的；

④ 其他原因不适宜招标的。

（2）可以不进行招标的施工项目　根据《工程建设项目施工招标投标办法》第十二条，需要审批的工程建设项目，有下列情形之一的，由本办法第十一条规定的审批部门批准，可以不进行施工招标：

① 涉及国家安全、国家秘密、抢险救灾或者属于利用扶贫资金实行以工代赈需要使用农民工等特殊情况，不适宜进行招标；

② 施工主要技术采用不可替代的专利或者专有技术；

③ 已通过招标方式选定的特许经营项目投资人依法能够自行建设；

④ 采购人依法能够自行建设；

⑤ 在建工程追加的附属小型工程或者主体加层工程，原中标人仍具备承包能力，并且其他人承担将影响施工或者功能配套要求；

⑥ 国家规定的其他情形。

2.2.4　建设工程招标投标的种类

建设工程招标投标按照不同的标准可以进行不同的分类，如图2.2所示。

2.3　建设工程招标种类

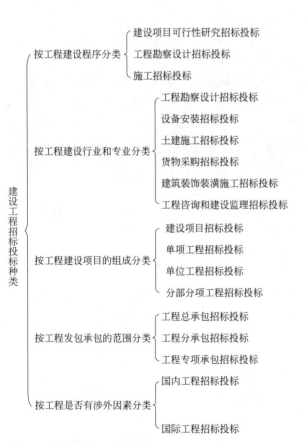

图2.2　建设工程招标投标的分类

> **注意**
>
> 　　为了防止任意肢解工程发包，我国一般不允许分部工程招标投标、分项工程招标投标，但允许特殊专业及劳务工程招标投标。

2.2.5 建设工程招标投标活动的主要形式

根据《招标投标法》第十条规定：招标分为公开招标和邀请招标。

（1）公开招标 是指招标人以招标公告的方式邀请不特定的法人或者其他组织投标。公开招标又称为无限竞争性招标，是一种由招标人按照法定程序，在公共媒体（指报刊、广播、网络等）上发布招标公告，所有符合条件的供应商或者承包商都可以平等参加投标竞争，招标人从中择优选择中标者的招标方式。

2.4 招投标方式

> **知识拓展**
>
> 依法必须招标项目的招标公告和公示信息应当在"中国招标投标公共服务平台"或者项目所在地省级电子招标投标公共服务平台（以下统一简称"发布媒介"）发布；省级电子招标投标公共服务平台应当与"中国招标投标公共服务平台"对接，按规定同步交互招标公告和公示信息。对依法必须招标项目的招标公告和公示信息，发布媒介应当与相应的公共资源交易平台实现信息共享；依法必须招标项目的招标公告和公示信息除在发布媒介发布外，招标人或其招标代理机构也可以同步在其他媒介公开，并确保内容一致，其他媒介可以依法全文转载必须招标项目的招标公告和公示信息，但不得改变其内容，同时必须注明信息来源；对制定媒介发布必须招标项目的招标公告，不得收取费用。

（2）邀请招标 是指招标人以投标邀请书的方式邀请特定的法人或者其他组织投标。邀请招标又称有限竞争性招标，是一种由招标人选择若干（3个以上）符合招标条件的供应商或承包商，向其发出投标邀请，由被邀请的供应商或承包商投标竞争，从中选定中标者的招标方式。

邀请招标能够按照项目需求特点和市场供应状态，有针对性地从已知了解的潜在投标人中，选择具有与招标项目需求匹配的资格能力、价值目标以及对项目重视程度均相近的投标人参与投标竞争，有利于投标人之间均衡竞争，并通过科学的评标标准和方法实现招标需求目标，招标工作量和招标费用相对较小，既可以省去招标公告和资格预审程序（招投标资格审查）及时间，又可以获得基本或者较好的竞争效果。

《中华人民共和国招标投标法实施条例》中规定在下列情形之一的，经批准可以进行邀请招标：

一是项目技术复杂或有特殊要求，或受自然地域环境限制，只有少量潜在投标人可供选择的；二是采用公开招标方式的费用占项目合同金额的比例过大的。

非依法必须公开招标的项目，由招标人自主决定采用公开招标还是邀请招标。

国家重点建设项目的邀请招标，应当经国家国务院发展计划部门批准；地方重点建设项目的邀请招标，应当经各省、自治区、直辖市人民政府批准。

全部使用国有资金投资或者国有资金投资占控股或者主导地位的，并需要审批的工程建设项目的邀请招标，应当经项目审批部门批准，但项目审批部门只审批立项的，由有关行政监督部门审批。

（3）议标　议标亦称为非竞争性招标或称指定性招标。这种方式是业主邀请承包商来直接协商谈判，实际上是一种合同谈判的形式。这种方式适用于工程造价较低、工期紧、专业性强或军事保密工程。其优点是可以节省时间，容易达成协议，迅速展开工作。缺点是无法获得有竞争力的报价。

从实践上看，公开招标和邀请招标的采购方式要求对报价及技术性条款不得谈判，议标则允许就报价等进行一对一的谈判。因此，有些项目比如一些小型建设项目采用议标方式目标明确，省时省力，比较灵活；对服务招标而言，由于服务价格难以公开确定，服务质量也需要通过谈判解决，采用议标方式不失为一种恰当的采购方式。

对不宜公开招标和邀请招标的特殊工程，应报主管部门，经审批通过后才可以议标。参加议标的单位一般不得少于两家。议标也必须经过报价、比较和评定阶段，业主通常采用"多家议标，货比三家"的原则，择优录取。

2.2.6　建设工程招标投标活动的程序

2.2.6.1　建设工程招标应具备的条件

（1）按照国家有关规定需要履行项目审批手续的，已经履行审批手续；
（2）工程资金或者资金来源已经落实；
（3）施工招标的，有满足招标需要的设计图纸及其他技术资料；
（4）法律、法规、规章规定的其他条件。

具备上述条件，招标人进行招标时，应当向当地工程招标投标管理办公室提供立项批准文件、规划许可证、施工许可申请表，方能进入招标程序，办理各项备案事宜。

2.2.6.2　建设工程招标程序

（1）招标准备阶段
① 项目立项。
② 建设工程项目报建。招标人持立项等批文向工程交易中心的建设行政主管部门登记报建。
③ 建设单位招标资格。
a. 有从事招标代理业务的营业场所和相应资金。
b. 有能够编制招标文件和组织评标的相应专业力量。
c. 如果没有资格自行组织招标的，招标人有权自行选择招标代理机构，委托其办理招标事宜。任何单位和个人不得以任何方式为招标人指定招标代理机构。
④ 办理交易证。招标人持报建登记表在工程交易中心办理交易登记。
⑤ 编制资格预审、招标文件。
a. 编制资格预审文件。资格预审文件内容包括：资格预审申请函、法定代表人身份证明、授权委托书、申请人基本情况表、近年财务状况表、近年完成的类似项目情况表、正在施工的和新承接的项目情况表、近年发生的诉讼及仲裁情况、其他材料。

b.编制招标文件。招标文件内容：招标公告、投标邀请书、投标人须知、评标办法、合同条款及格式、工程量清单、图纸、技术标准及要求、投标文件格式。

（2）招标投标阶段

① 发布资格预审公告。

a.编制资格预审公告内容包括：招标条件、项目概况与招标范围、资格预审、投标文件的递交、招标文件的获取、投标人资格要求等。

b.发布媒介在工程交易中心的网站发布招标公告。发布的媒介有《中国日报》《中国经济导报》《中国建设报》和《中国采购与招标网》，招标公告在媒体或网站发布的有效时间为五个工作日。

② 资格预审。

a.出售资格预审文件。

b.对潜在投标人进行资格预审。

③ 发售招标文件及答疑、补遗。向资格审查合格的投标人出售招标文件、图纸、工程量清单等材料。自出售招标文件、图纸、工程量清单等资料之日起至停止出售之日止，为五个工作日。招标人应当给予投标人编制投标文件所需的合理时间，最短不得少于二十日，一般为了保险，自招标文件发出之日起至提交投标文件截止之日止为二十五日。

④ 开标前工程项目现场勘察和标前会议。

a.踏勘组织各投标单位现场踏勘，不得单独或分别组织一个投标人进行现场踏勘。

b.标前会议所有投标人对招标文件中以及在现场踏勘的过程中存在的疑问在标前会议中进行答疑过程。

c.补遗招标人对以发出的招标文件进行必要的澄清或者修改的，应当在招标文件要求提交投标文件截止时间至少十五日前，以书面形式通知投标人，解答的内容为招标文件组成部分。

⑤ 接收投标文件。接收投标人的投标文件及投标保证金，保证投标文件的密封性。

⑥ 抽取评标专家。在开标前两个小时内，在相应的专业专家库随机抽取评标专家，另外招标人派出代表（具有中级以上相应的专业职称）参与评标。

（3）决标成交阶段

① 开标。

② 投标文件评审。

③ 定标。对评标结果在市工程交易中心网站进行公示，公示时间不得少于三个工作日。

④ 发出建设工程中标通知书。

⑤ 签约前合同谈判及签约。招标人与中标人在中标通知书发出30个工作日之内签订合同，并交履约担保金。

⑥ 退还投标保证金。招标人与中标人签订合同后5个工作日内，应当向中标人和未中标人的投标人退还投标保证金。

2.2.7　建设工程招标投标活动的基本原则

（1）合法原则　合法原则是指建设工程招标投标主体的一切活动，必须符合法律、法规、规章和有关政策的规定。即：

① 主体资格要合法。招标人必须具备一定的条件才能自行组织招标，否则只能委托具有相应资格的招标代理机构组织招标；投标人必须具有与其投标的工程相适应的资格等级，并经招标人资格审查，报建设工程招标投标管理机构进行资格复查。

② 活动依据要合法。招标投标活动应按照相关的法律、法规、规章和政策性文件开展。

③ 活动程序要合法。建设工程招标投标活动的程序，必须严格按照有关法规规定的要求进行。当事人不能随意增加或减少招标投标过程中某些法定步骤或环节，更不能颠倒次序、超过时限、任意变通。

④ 对招标投标活动的管理和监督要合法。建设工程招标投标管理机构必须依法监管、依法办事，不能越权干预招（投）标人的正常行为或对招（投）标人的行为进行包办代替，也不能懈怠职责、玩忽职守。

（2）统一、开放原则　统一原则是指：

① 市场必须统一。任何分割市场的做法都是不符合市场经济规律要求的，也是无法形成公平竞争的市场机制的。

② 管理必须统一。要建立和实行由建设行政主管部门（建设工程招标投标管理机构）统一归口管理的行政管理体制。在一个地区只能有一个主管部门履行政府统一管理的职责。

③ 规范必须统一。如市场准入规则的统一，招标文件文本的统一，合同条件的统一，工作程序、办事规则的统一等。只有这样，才能真正发挥市场机制的作用，全面实现建设工程招标投标制度的宗旨。

开放原则是指要求根据统一的市场准入规则，打破地区、部门和所有制等方面的限制和束缚，向全社会开放建设工程招标投标市场，破除地区和部门保护主义，反对一切人为的对外封闭市场的行为。

（3）公开、公平、公正原则　公开原则，是指建设工程招标投标活动应具有较高的透明度。具体有以下几层意思：

① 建设工程招标投标的信息公开。通过建设和完善建设工程项目报建登记制度，及时向社会发布建设工程招标投标信息，让有资格的投标者都能享受到同等的信息。

② 建设工程招标投标的条件公开。什么情况下可以组织招标，什么机构有资格组织招标，什么样的单位有资格参加投标等，必须向社会公开，便于社会监督。

③ 建设工程招标投标的程序公开。在建设工程招标投标的全过程中，招标单位的主要招标活动程序、投标单位的主要投标活动程序和招标投标管理机构的主要监管程序，必须公开。

④ 建设工程招标投标的结果公开。哪些单位参加了投标，最后哪个单位中了标，应当予以公开。

公平原则，是指所有投标人在建设工程招标投标活动中享有均等的机会，具有同等的权利，履行相应的义务，任何一方都不受歧视。

公正原则，是指在建设工程招标投标活动中，按照同一标准实事求是地对待所有的投标人，不偏袒任何一方。

（4）诚实信用原则　诚实信用原则，是指在建设工程招标投标活动中，招（投）标人应当以诚相待，讲求信义，实事求是，做到言行一致，遵守诺言，履行成约，不得见利忘义，投机取巧，弄虚作假，隐瞒欺诈，损害国家、集体和其他人的合法权益。诚实信用原则是市场经济的基本前提，是建设工程招标投标活动中的重要道德规范。

（5）求效、择优原则 求效、择优原则，是建设工程招标投标的终极原则。实行建设工程招标投标的目的，就是要追求最佳的投资效益，在众多的竞争者中选出最优秀、最理想的投标人作为中标人。讲求效益和择优定标，是建设工程招标投标活动的主要目标。在建设工程招标投标活动中，除了要坚持合法、公开、公正等前提性、基础性原则外，还必须贯彻求效、择优的目的性原则。贯彻求效、择优原则，最重要的是要有一套科学合理的招标投标程序和评标定标办法。

（6）招标投标权益不受侵犯原则 招标投标权益是当事人和中介机构进行招标投标活动的前提和基础，保护合法的招标投标权益是维护建设工程招标投标秩序，促进建筑市场健康发展的必要条件。建设工程招标投标活动当事人和中介机构依法享有的招标投标权益，受国家法律的保护和约束。任何单位和个人不得非法干预招标投标活动的正常进行，不得非法限制或剥夺当事人和中介机构享有的合法权益。

2.2.8　建设工程招标投标的意义

实行建设项目的招标投标是我国建筑市场趋向规范化、完善化的重要举措，对于择优选择承包单位、全面降低工程造价，进而使工程造价得到合理有效的控制，具有十分重要的意义，具体表现在：

（1）形成了由市场定价的价格机制 实行建设项目的招标投标基本形成了由市场定价的价格机制，使工程价格更加趋于合理。其最明显的表现是若干投标人之间出现激烈竞争（相互竞标），这种市场竞争最直接、最集中的表现就是在价格上的竞争。通过竞争确定出工程价格，使其趋于合理或下降，这将有利于节约投资、提高投资效益。

（2）不断降低社会平均劳动消耗水平 实行建设项目的招标投标能够不断降低社会平均劳动消耗水平，使工程价格得到有效控制。在建筑市场中，不同投标者的个别劳动消耗水平是有差异的。通过推行招标投标，最终是那些个别劳动消耗水平最低或接近最低的投标者获胜，这样便实现了生产力资源较优配置，也对不同投标者实行了优胜劣汰。面对激烈竞争的压力，为了自身的生存与发展，每个投标者都必须切实在降低自己个别劳动消耗水平上下功夫，这样将逐步而全面地降低社会平均劳动消耗水平，使工程价格更为合理。

（3）工程价格更加符合价值基础 实行建设项目的招标投标便于供求双方更好地相互选择，使工程价格更加符合价值基础，进而更好地控制工程造价。由于供求双方各自出发点不同，存在利益矛盾，因而单纯采用"一对一"的选择方式，成功的可能性较小。采用招标投标方式就为供求双方在较大范围内进行相互选择创造了条件，为需求者（如建设单位、业主）与供给者（如勘察设计单位、施工企业）在最佳节点上结合提供了可能。需求者对供给者选择（即建设单位、业主对勘察设计单位和施工单位的选择）的基本出发点是"择优选择"，即选择那些报价较低、工期较短、具有良好业绩和管理水平的供给者，这样为合理控制工程造价奠定了基础。

（4）贯彻公开、公平、公正的原则 实行建设项目的招标投标有利于规范价格行为，使公开、公平、公正的原则得以贯彻。我国招投标活动有特定的机构进行管理，有严格的程序必须遵循，有高素质的专家支持系统，有工程技术人员的群体评估与决策，能够避免盲目过度的竞争和营私舞弊现象的发生，对建筑领域中的腐败现象也是强有力的遏制，使价格形成过程变得透明而较为规范。

（5）能够减少交易费用　实行建设项目的招标投标能够减少交易费用，节省人力、物力、财力，进而使工程造价有所降低。我国目前从招标、投标、开标、评标直至定标，均在统一的建筑市场中进行，并有较完善的法律、法规规定，且已进入制度化操作。招投标中，若干投标人在同一时间、地点报价竞争，在专家支持系统的评估下，以群体决策方式确定中标者，必然减少交易过程的费用，这本身就意味着招标人收益的增加，对工程造价必然产生积极的影响。

建设项目招标投标活动包含的内容十分广泛，具体包括建设项目强制招标的范围、建设项目招标的种类与方式、建设项目招标的程序、建设项目招标投标文件的编制、招标最高限价的编制与审查、投标报价以及开标、评标、定标等。所有这些环节的工作均应按照国家有关法律、法规规定认真执行并落实。

2.3　建设工程招标代理

2.3.1　建设工程招标代理概述

建设工程招标代理机构，是指受招标人的委托，代为从事招标组织活动的中介组织。它必须是依法成立，从事招标代理业务并提供相关服务，实行独立核算、自负盈亏，具有法人资格的社会中介组织，如工程招标公司、工程招标（代理）中心、工程咨询公司等。

我国是从 20 世纪 80 年代初开始进行招标投标活动的，最初主要是利用世界银行贷款进行的项目招标。由于一些项目建设单位对招标投标知之甚少，缺乏专门人才和技能，一批专门从事招标业务的机构产生了。1984 年成立的中国技术进出口总公司国际金融组织和外国政府货款项目招标公司（后改为中技国际招标公司）是我国第一家招标代理机构。随着招标投标事业的不断发展，国际金融组织和外国政府贷款项目招标、进口机电设备招标、国内成套设备招标等行业都成立了专职的招标机构，在招标投标活动中发挥了积极的作用。目前全国专门从事招标代理业务的机构共有千余家。这些招标代理机构拥有专门的人才和丰富的经验，对于那些初次接受招标、招标项目不多或自身力量不足的单位来说，具有很大的吸引力。随着招标投标工作在我国的开展，招标代理机构发展很快，数量呈不断上升趋势，在建设工程招标投标中发挥着越来越重要的作用。

2.3.1.1　建设工程招标代理的概念

建设工程招标代理，是指建设工程招标人将建设工程招标事务委托给相应中介服务机构，由该中介服务机构在招标人委托授权的范围内以委托的招标人的名义同他人独立进行建设工程招标投标活动，由此产生的法律效果直接归属于委托的招标人的一种制度。这里，代替他人进行建设工程招标活动的中介服务机构，称为代理人；委托他人代替自己进行建设工程招标活动的招标人，称为被代理人（本人）；与代理人进行建设工程招标活动的人，称为第三人（相对人）。可见，建设工程招标代理关系包含着三方面的关系：一是被代理人与代理人之间基于委托授权而产生的一方在授权范围内以他方名义进行招标事务，他方承担其行为后果的关系；二是代理人与第三人（相对人）之间做出或接受有关招标事务的意思表示的关系；三是被代理人与第三人（相对人）之间承受招标代理行为法律效果的关系。其中，被代理人与第三人（相对人）之间因招标代理行为所产生的法律效果归属关系，是建设工程招标代理关系的目的和归宿。

2.3.1.2 建设工程招标代理的特征

建设工程招标代理行为具有以下几个特征：

（1）建设工程招标代理人必须以被代理人的名义办理招标事务。

（2）建设工程招标代理人具有独立进行意思表示的职能，这样才能使建设工程招标活动得以顺利进行。

（3）建设工程招标代理行为，应在委托授权的范围内实施。这是因为建设工程招标代理在性质上是一种委托代理，即基于被代理人的委托授权而发生的代理。建设工程中介服务机构未经建设工程招标人的委托授权，就不能进行招标代理，否则就是无权代理。建设工程中介服务机构已经接受工程招标人委托授权的，不能超出委托授权的范围进行招标代理，否则也是无权代理。

（4）建设工程招标代理行为的法律效果归属于被代理人。

2.3.2 建设工程招标代理机构的权利和义务

（1）建设工程招标代理机构的权利　建设工程招标代理机构的权利主要有：

① 组织和参与招标活动。招标人委托代理人的目的，是让其代替自己办理有关招标事务。组织和参与招标活动，既是代理人的权利，也是代理人的义务。

② 依据招标文件要求，审查投标人资质。代理人受委托后即有权按照招标文件的规定，审查投标人资质。

③ 按规定标准收取代理费用。建设工程招标代理人从事招标代理活动，是一种有偿的经济行为，代理人要收取代理费用。代理费用由被代理人与代理人按照有关规定在委托代理合同中协商确定。

④ 招标人授予的其他权利。

（2）建设工程招标代理机构的义务　建设工程招标代理机构的义务主要有：

① 遵守法律、法规、规章和方针、政策。建设工程招标代理机构的代理活动必须依法进行，违法或违规、违章的行为，不仅不受法律保护，而且还要承担相应的法律责任。

② 维护委托的招标人的合法权益。代理人从事代理活动，必须以维护委托的招标人的合法权利和利益为根本出发点和基本的行为准则。因此，代理人承接代理业务、进行代理活动时，必须充分考虑到保护委托的招标人的利益问题，始终把维护委托的招标人的合法权益放在自己从事代理工作的首位。

③ 组织编制、解释招标文件，对代理过程中提出的技术方案、计算数据、技术经济分

析结论等的科学性和正确性负责。

④ 接受招标投标管理机构的监督管理和招标行业协会的指导。

⑤ 履行依法约定的其他义务。

2.4 建设工程招标投标监管

建设工程招标投标涉及国家和社会公众利益，因此必须对其实行强有力的政府监管。建设工程招标投标活动及其当事人应当接受依法实施的监督和管理。

2.4.1 建设工程招投标行政监管机关

建设工程招标投标涉及各行业的很多部门，如果都各自为政，必然会导致建筑市场混乱无序，无法管理。为了维护建筑市场的统一性、竞争的有序性和开放性，国家明确指定了一个统一归口的建设行政主管部门，即住房和城乡建设部。它是全国最高招标投标管理机构，在住房和城乡建设部的统一监管下，实行省、市、县三级建设行政主管部门对所辖行政区的建设工程招标投标分级管理。也就是说，省、市、县三级建设行政主管部门依照各自的权限，对本行政区域内的建设工程招标投标分别实行分级属地管理。实行这种建设行政主管部门系统内的分级管理，是实行建设工程项目投资管理体制的要求，也是进一步提高招标工程效率和质量的重要措施，有利于更好地实现建设行政主管部门对本行政区域建设工程招标投标工作的统一管理。

2.4.2 政府监管机构对招标投标的监督

（1）依法核查必须采用招标方式选择承包单位的建设项目　《招标投标法》规定，任何单位和个人不得将必须进行招标的项目化整为零或者以其他任何方式规避招标。如果发生此类情况，有权责令改正，可以暂停项目执行或者暂停资金拨付，并对单位负责人或其他直接责任人依法给予行政处分或纪律处分。

（2）对招标项目的监督　招标项目按照国家有关规定满足招标条件时，招标单位应向建设行政主管部门提出申请。为了保证工程项目的建设符合国家或地方总体发展规划，以及能使招标后工作顺利进行，因此不同标的招标项目均需满足相应的条件。

利用招标方式选择承包单位属于招标单位自主的市场行为。自行办理招标事宜的招标单位应按《招标投标法》规定，向有关行政监督部门进行备案。如果招标单位不具备要求自行招标，可以委托具有相应资质的中介机构代理招标。

（3）对招标有关文件的核查备案　招标人有权依据工程项目特点编写与招标有关的各类文件，但内容不得违反法律规范的相关规定。建设行政主管部门核查的内容主要包括：投标人资格审查文件的核查、招标文件的核查。

（4）对开标、评标和定标活动的监督　建设行政主管部门派人员参加开标、评标、定标的活动，监督招标人按法定程序选择中标人。所派人员不作为评标委员会的成员，也不得以任何形式影响或干涉招标人依法选择中标人的活动。

（5）查处招标投标活动中的违法行为　《招标投标法》明确规定，有关行政监督部门有权依法对招标投标活动中的违法行为进行查处，视情节和对招标的影响程度，承担相应后果。

2.5　招标投标法律体系

2.5.1　招标投标的法律体系构成

我国从 20 世纪 80 年代初开始在建设工程领域引入招标投标制度。2000 年 1 月 1 日《中华人民共和国招标投标法》（以下简称《招标投标法》）实施，标志着我国正式确立了招标投标的法律制度。其后，国务院及其有关部门陆续颁发了一系列招标投标方面的规定，地方人民政府及其有关部门也结合本地的特点和需要，相继制定了招标投标方面的地方性法规、规章和规范性文件，使我国的招标投标法律制度逐步完善，形成了覆盖全国各领域、各层级的招标投标法律法规与政策体系，简称"招标投标法律体系"。

"招标投标法律体系"，是指全部现行的与招标投标活动有关的法律法规和政策组成的有机联系的整体。就法律规范的渊源和相关内容而言，招标投标法律体系的构成可分为以下 4 个方面：

2.5.1.1　法律

法律是全国人民代表大会及常务委员会所制定的以国家主席令的形式颁布执行的，具有国家强制力和普遍约束力。一般以法、决议、决定、条例、办法、规定等为名称，如《中华人民共和国招标投标法》（以下简称《招标投标法》）。

2.5.1.2　法规

（1）行政法规：国务院制定的以由总理签署国务院令的形式发布。一般以条例、规定、办法、实施细则等为名称。如《中华人民共和国招标投标法实施条例》《中华人民共和国政府采购实施条例》等。

（2）地方性法规：省、自治区、直辖市及较大的市（如省、自治区政府所在地的市，经济特区所在地的市，经国务院批准的较大的市）的人民代表大会及其常务委员会制定颁布的，在本地区具有法律效力，通常以地方人大公告的方式公布，一般使用条例、实施办法等名称，如《北京市招标投标条例》。

2.5.1.3　规章

（1）国务院部门规章：是指国务院所属的部、委、局和具有行政管理职责的直属机构制定，通常以部委令的形式公布。一般用办法、规定等名称，如《必须招标的工程项目规定》

《政府采购非招标采购方式管理办法》等。

（2）地方政府规章：由省、自治区、直辖市、省政府所在地的市、经国务院批准的主要城市制定，通常以地方人民政府令的形式颁布的，一般以规定、办法等为名称，如《北京市建设工程招标投标监督管理规定》。

2.5.1.4　行政规范性文件

行政规范性文件是指行政公署、省辖市人民政府、县（市、区）人民政府，以及各级政府及其所属部门依据法律、法规、规章的授权和上级政府的决定、命令，依照法定权限和程序制定的，以规范形式表述的，在一定时间内相对稳定并在本地区、本部门普遍适用的各种决定、办法、规定、规则、实施细则的总称，如《国务院办公厅印发国务院有关部门实施招标投标活动行政监督的职责分工意见的通知》。

2.5.2　招标投标法律体系的效力层级

2.5.2.1　纵向效力层级

在我国法律体系中，宪法具有最高的法律效力，之后依次是法律、行政法规、部门规章与地方性法规、地方政府规章、行政规范性文件。在招标投标法律体系中，《招标投标法》是招标投标领域的基本法律，其他有关行政法规、国务院决定、各部委规章及地方性法规和规章都不得同《招标投标法》相抵触。使用政府财政性资金的采购活动采用招标方式的，不仅要遵循《招标投标法》规定的基本原则和程序，还要遵循《中华人民共和国政府采购法》（以下简称《政府采购法》）及其有关规定。政府采购工程进行招投标的，适用《招标投标法》。国务院各部委指定的部门规章之间具有同等法律效力，在各自权限范围内施行。省、自治区、直辖市的人大及其常委会制定的地方性法规的效力层级高于当地政府制定的规章。

2.5.2.2　横向效力层级

在《中华人民共和国立法法》中规定："同一机关制定的法律、行政法规、地方性法规、自治条例和单行条例规章，特别规定与一般规定不一致的，适用特别规定。"换而言之，就是同一机关制定的特别规定的效力层级高于一般规定，同一层级的招标投标法律规范中，特别规定与一般规定不一致时，应采用特别规定。比如《民法典》中对合同的订立及签订等方面做出了一些规定；同样在《招标投标法》中对招投标的程序及签订合同等方面也做出了一些规定。在招投标活动中，应当遵循《民法典》的基本规定，但同时更应严格执行《招标投标法》中一些特别的规定，按照《招标投标法》的程序及签订合同的具体要求完成中标合同的签订。

2.5.2.3　时间序列效力层级

从时间序列看，同一机关制定的法律、行政法规、地方性法规、规章，新的规定与旧的规定不一致的，适用新的规定。也就是通常说的"新法优于旧法"的原则，在招标投标活动中应执行新的规定。

2.5.2.4 特殊情况处理原则

在招标投标活动遇到此类特殊情况时，依据《中华人民共和国立法法》的有关规定，应当按照以下原则处理。

（1）法律之间对同一事项新的一般规定与旧的特别规定不一致，不能确定如何适用时，由全国人大常委会裁决。

（2）地方性法规、规章新的一般规定与旧的特别规定不一致时，由制定机构裁决。

（3）地方性法规与部门规章之间对同一事项规定不一致，不能确定如何适用时，由国务院提出意见。国务院认为适用地方性法规的，应当决定在该地方适用地方性法规的规定；认为适用部门意见，应当提请全国人大常委会裁决。

（4）部门规章之间、部门规章与地方政府规章之间对同一事项的规定不一致时，由国务院裁决。

2.5.3 招标投标法的立法目的和适用范围

2.5.3.1 立法目的

《招标投标法》第一条规定"为了规范招标投标活动，保护国家利益、社会公共利益和招标投标活动当事人的合法权益，提高经济效益，保证项目质量，制定本法。"由此，可以看出《招标投标法》的立法目的有以下几项。

（1）规范招标投标活动 改革开放以来，我国的招标投标事业得到了长足发展，推行的领域不断拓宽，发挥的作用也日趋明显。但是，当前招标投标活动中存在一些突出问题，如：推行招标投标的力度不够，不少单位不愿意招标或想方设法规避招标；招标投标程序不规范，做法不统一，漏洞较多，不少项目有招标之名而无招标之实；招标投标中的不正当交易和腐败现象比较严重，吃回扣、钱权交易等违法犯罪行为时有发生；政企不分，对招标投标活动的行政干预过多；行政监督体制不顺，职责不清，在一定程度上助长了地方保护主义和部门保护主义。因此，依法规范招标投标活动，是《招标投标法》的主要立法宗旨之一。

（2）保护国家利益、社会公共利益和招标投标活动当事人的合法权益 无论是规范招标投标活动，还是提高经济效益，或保证项目质量，最终目的都是为了保护国家利益、社会公共利益，保护招标投标活动当事人的合法权益。也只有在招标投标活动得以规范，经济效益得以规范，经济效益得以提高，项目质量得以保证的条件下，国家利益、社会公共利益和当事人的合法权益才能得以维护。因此，保护国家利益、社会公共利益和当事人的合法权益，是《招标投标法》最直接的立法目的。《招标投标法》对招标投标各方当事人应当享有的基本权利做出了规定。例如《招标投标法》规定，依法进行的招标投标活动不受地区或者部门的限制，任何单位和个人不得以任何方式非法干涉招标投标活动的正常进行。

（3）提高经济效益 招标的最大特点是通过集中采购，让众多的投标人进行竞争，以最低或较低的价格获得最优的货物、工程或服务。在西方市场经济国家，由于政府及公共部门的采购资金主要来源于企业、公民的税款和捐赠，提高采购效率、节省开支是纳税人和捐赠人对政府及公共部门提出的必然要求。因此，这些国家普遍在政府及公共采购领域推行招标投标，招标逐渐成为市场经济国家通行的一种采购制度。

（4）提高项目质量　由于招标的特点是公开、公平和公正，这意味着将采购活动置于透明的环境之中，有效地防止了腐败行为的发生，也使工程、设备等采购项目的质量得到了保证。在某种意义上说，招标投标制度执行得如何，是项目质量能否得到保证的关键。从我国近些年来发生的重大工程质量事故看，大多是因为招投标制度执行差，搞内幕交易，违规操作，使无资质或者资质不够的施工队伍承包工程，造成建设工程质量下降，事故不断发生。因此，通过推行招标投标，选择真正的符合要求的供货商、承包商，使项目的质量得以保证，是制定《招标投标法》的主要目的之一。

2.5.3.2　适用范围

（1）地域范围　《招标投标法》第二条规定，在中华人民共和国境内进行招标投标活动，适用本法。即《招标投标法》适用于在我国境内进行的各类招标投标活动，这是《招标投标法》的空间效力。"我国境内"包括我国全部领域范围，但依据《中华人民共和国香港特别行政区基本法》和《中华人民共和国澳门特别行政区基本法》的规定，《招标投标法》适用地区并不包括实行"一国两制"的香港、澳门地区。

（2）主体范围　《招标投标法》适用主体范围很广泛，即只要在我国境内进行招标投标活动，无论哪类主体都要执行《招标投标法》。概括有两类主体：第一类是国内各类主体，既包括国家机关各级权力机关、行政机关和司法机关及其所属机构等，也包括国有企事业单位、外商投资企业、私营企业以及其他各类经济组织，同时还包括允许个人参与招标投标活动的公民个人；第二类是在我国境内的各类外国主体，即指在我国境内参与招标投标活动的外国企业，或者外国企业在我国境内设立的分支机构等。

（3）例外情形　按照《招标投标法》第六十七条规定，使用国际组织或者外国政府贷款、援助资金的项目进行招标，贷款方、资金提供方对招标投标的具体条件和程序有不同规定的，可以适用其规定。但违背我国社会公共利益的除外。

2.6　电子招标投标

2.6.1　电子招标投标系统

电子招标投标系统是以网络技术为基础，招标、投标、评标、合同等业务全过程实现数字化、网络化、高度集成化的系统，主要由网络安全系统与网上业务系统两部分组成。

这套系统不但要解决招标方关于招标文件的电子发布、传送、招标公告发布、招标文件的下载等方面的问题，而且要解决投标方关于投标文件的投递安全性，投标时间的准确性与有效性，以及不同地域的评标专家能同时对电子标书的阅读、评审、相互之间交流等安全性、准确性等的问题；另外它还能提供丰富的招标项目历史数据、投标商历史数据、拟招标产品的丰富资料，可以满足不同要求的多种数据仓库、数据挖掘、数据共享、数据查询、数据分析等功能。安全性和可靠性将是本系统的最根本的问题。本系统的一个重要特色是信息高度集成，信息更新速度快，信息的查询分析功能强大。

2.5　招标文件编制工具

2.6.2　电子招标投标系统分类

电子招标投标系统根据功能的不同，分为交易平台、公共服务平台和行政监督平台。

交易平台是以数据电文形式完成招标投标交易活动的信息平台。公共服务平台是满足交易平台之间信息交换、资源共享需要，并为市场主体、行政监督部门和社会公众提供信息服务的信息平台。行政监督平台是行政监督部门和监察机关在线监督电子招标投标活动的信息平台。

如中国招标投标公共服务平台是国家发展和改革委员会及中国招标投标协会依据《电子招标投标办法》推动建设，并对接互联全国电子招标投标系统交易平台、公共服务平台和监督平台，是为实现招标投标市场开放交互、动态聚合、公开共享、一体融合、立体监督、公益服务等目标的一体化信息共享枢纽，也是国家整合建立公共资源平台的主要组成部分。

2018年1月1日正式实施的《招标公告和公示信息发布管理办法》规定，依法必须招标项目的招标公告和公示信息应当在"中国招标投标公共服务平台"或者项目所在地省级电子招标投标公共服务平台（以下统一简称"发布媒介"）发布。省级电子招标投标公共服务平台应当与"中国招标投标公共服务平台"对接，按规定同步交互招标公告和公示信息。中国招标投标公共服务平台被赋予了更多行业和社会重任。

2.6.3　电子招标投标系统的特点与作用

电子招标投标系统和传统的基于书面文件的招标系统相比，基于网络技术的电子招标投标系统具有一个突出的特点就是：解决了传统招标投标模式中"公平、公正、公开"与"择优""质量"与"效率"的矛盾。与其他媒体相比，互联网技术由于其开放性、交互性和普及性更高，因而其公开程度能够得到充分的保证；由于互联网的公开性，可以得到更多的社会监督，公正性也能得到充分的保证；由于招投标过程的公开性、公正性，公平也得到了保证。由于电子招标投标系统能够满足不同要求的多种数据仓库、数据挖掘、数据共享、数据查询、数据分析等功能，可以把评委从繁重的审阅工作中解放出来，因而招标投标工作的"质量"和"效率"得以保证。

2.6　投标文件编制工具

电子招标投标系统还有如下的作用：

（1）促进招标机构与招标管理部门自身内部的规范化管理；

（2）有利于提高招标机构内部资源的利用率；

（3）提高招标的公开性和透明度，促进竞争，保证招标的公正与公开；

（4）提高企业的竞争意识与生存能力，为企业提供更多参与国际竞争的机会，让他们更多了解国际市场行情和国际技术标准、国际竞争方式，能提高企业的国际竞争水平，提高国产设备在国际市场的竞争能力。

2.6.4　电子招标投标系统的发展概况

2013年2月，为了规范电子招标投标活动，促进电子招标投标健康发展，国家发展改革委、工业和信息化部、监察部、住房城乡建设部、交通运输部、铁道部、水利部、商务部联合制定的《电子招标投标办法》，是中国推行电子招标投标的纲领性文件，是我国招标投标行业发展的一个重要里程碑。

2.7　开评标系统软件操作

2014年8月国家发展改革委、工业和信息化部、住房城乡建设部、交通运输部、水利部、商务部发布《关于进一步规范电子招标投标系统建设运营的通知》（发改法规〔2014〕1925号），进一步规范电子招标投标系统建设运营，促进电子招标投标健康有序发展。

2015年8月，国务院办公厅发布了《国务院办公厅关于印发整合建立统一的公共资源交易平台工作方案的通知》（国办发〔2015〕63号），这对于加快推动形成统一开放、竞争有序的现代市场体系具有非常重要的意义。

2017年2月，为贯彻落实《国务院关于积极推进"互联网＋"行动的指导意见》（国发〔2015〕40号）、《国务院关于加快推进"互联网＋政务服务"工作的指导意见》（国发〔2016〕55号）部署，大力发展电子化招标采购，促进招标采购与互联网深度融合，提高招标采购效率和透明度，降低交易成本，充分发挥信用信息和交易大数据在行政监督和行业发展中的作用，推动政府职能转变，助力供给侧结构性改革，国家发展改革委、工业和信息化部、住房城乡建设部、交通运输部、水利部、商务部共同制定了《"互联网＋"招标采购行动方案（2017—2019年）》（发改法规〔2017〕357号）。

未来招标投标行业的活动媒介必然是电子招标投标系统，它在提升管理能力、发挥运营效率、打破信息盲区、消除空间限制、防止越权办事、开展实时监督、保证市场秩序等方面均能够发挥积极的作用。

基础考核

一、填空题

1. 招标机构主要职责是_____，组织_____工作等。
2. 招标人应在招标文件中明确规定合同的计价方式，计价方式主要有_____合同、_____合同和成本加酬金合同，同时规定合同价的调整范围和调整方式。
3. 标底是招标人编制的招标项目的预期价格。编制标底时，首先要_____，其次要做好_____。

4.招标实施阶段是整个招标过程的实质性阶段。主要包括：＿＿＿＿，＿＿＿＿，召开标前会议，开标、评标和定标。

5.有标底招标和无标底招标的内涵的差别在于：一是招标单位在招标过程中是否＿＿＿＿；二是评标时是否以＿＿＿＿作为基准对投标单位的报价进行考评。

二、单选题

1.建设工程标底是指招标人根据国家有关规定计算出来的造价，是建设工程的（　　　）。
　　A.计划价格　　　　　　　　　　　B.预期价格
　　C.实际价格　　　　　　　　　　　D.合同价格

2.整个招标过程的实质性阶段是（　　　）。主要包括：发布招标公告或投标邀请书，组织资格预审，召开标前会议，开标、评标和定标。
　　A.招标准备阶段　　　　　　　　　B.招标实施阶段
　　C.定标签约阶段　　　　　　　　　D.履约阶段

3.定标签约阶段是整个招标过程的结果性阶段，包括（　　　）等工作。
　　A.开标、评标、定标、签约　　　　B.评标、定标、签约
　　C.定标、签约　　　　　　　　　　D.开标、定标、签约

4.整个招标过程的结果性阶段是（　　　），包括开标、评标、定标、签约等工作。
　　A.招标准备阶段　　　　　　　　　B.招标实施阶段
　　C.定标签约阶段　　　　　　　　　D.履约阶段

5.招标人采用邀请招标方式的，应当向（　　　）个以上具备承担招标项目的能力、资信良好的特定的法人或其他组织发出投标邀请书。
　　A.二　　　　　　　　　　　　　　B.三
　　C.四　　　　　　　　　　　　　　D.五

6.资格预审的评分标准必须考虑到评标的标准，一般凡属评标时考虑的因素，（　　　）。
　　A.资格预审评审时可不必考虑　　　B.资格预审评审时必须考虑
　　C.资格预审评审时可适当考虑　　　D.资格预审评审时首先考虑

7.施工招标阶段，招标人发给投标人的下列书面文件中，不构成对招标人和投标人有约束力的招标文件组成部分的是（　　　）。
　　A.投标须知　　　　　　　　　　　B.资格预审表
　　C.合同专用条款　　　　　　　　　D.对投标人书面有质疑的解答

8.资格预审的评审方法一般采用（　　　）。
　　A.评分法　　　　　　　　　　　　B.投票法
　　C.评议法　　　　　　　　　　　　D.举手表决

9.在建设项目各类招标中，不要求投标人依据给定工作量报价的是（　　　）招标。
　　A.施工　　　　　　　　　　　　　B.设备采购
　　C.设计　　　　　　　　　　　　　D.材料采购

10.下列（　　　）不属于建设工程招标投标的主体。
　　A.建设工程交易中心　　　　　　　B.招标人
　　C.投标人　　　　　　　　　　　　D.招标代理机构

三、多选题

1.《房屋建筑和市政基础设施工程施工招标投标管理办法》第八条规定的工程施工招标应具备的条件有：（　　　）。

A.按照国家有关规定需要履行项目审批手续的，已经履行审批手续

B.工程资金或者资金来源已经落实

C.有满足施工招标需要的设计文件及其他技术资料

D.法律、法规、规章规定的其他条件

E.监理单位已确定

2.工程施工招标一般划分为（　　　）三个阶段。

A.招标准备　　　　　　　　　　B.招标实施

C.定标签约　　　　　　　　　　D.履约

E.评标

3.招标人应在招标文件中明确规定合同的计价方式。计价方式主要有（　　）。

A.固定总价合同　　　　　　　　B.单价合同

C.成本加酬金合同　　　　　　　D.固定总价加酬金合同

E.单价合同加酬金合同

4.招标准备阶段是指业主决定进行建设工程招标到发布招标公告之前所做的准备工作，包括：（　　　）。

A.成立招标机构　　　　　　　　B.办理项目审批手续

C.确定招标方式　　　　　　　　D.划分标段及选择合同计价方式

E.申请招标

5.招标实施阶段是整个招标过程的实质性阶段，主要包括：（　　　）。

A.发布招标公告或投标邀请书　　B.组织资格预审

C.召开标前会议　　　　　　　　D.开标、评标和定标

E.编制招标有关文件

四、判断题

1.工程施工招标一般划分为招标准备、招标实施和定标签约三个阶段。（　　　）

2.招标准备阶段是指业主决定进行建设工程招标到发布招标公告之前所做的准备工作，包括成立招标机构、确定招标方式、发布招标公告等。（　　　）

3.招标实施阶段是整个招标过程的实质性阶段。主要包括：发布招标公告或投标邀请书，组织资格预审，召开标前会议，开标、评标和定标。（　　　）

4.资格预审的评分标准必须考虑到评标的标准，一般凡属评标时考虑的因素，资格预审评审时必须考虑。（　　　）

5.通过资格预审淘汰资格预审文件达不到要求的企业，淘汰总分低于及格线的投标者。（　　　）

五、简答题

1.建设工程发承包方式可以划分为总承包、分承包、独立承包和联合承包，简述各自的

风险分配方式有何不同。

2.简述建设工程招标投标是如何具体实现行业管理的。

六、案例分析题

某建设项目概算已批准，项目已列入地方年度固定资产投资计划，并得到规划部门批准，根据有关规定采用公开招标确定招标程序如下：

1.向建设部门提出招标申请；2.得到批准后，编制招标文件，招标文件中规定外地区单位参加投标需垫付工程款，垫付比例可作为评标条件，本地区单位不需要垫付工程款；3.对申请投标单位发出招标邀请函（4家）；4.投标文件递交；5.由地方建设管理部门指定有经验的专家与本单位人员共同组成评标委员会，为得到有关领导支持，各级领导占评标委员会的1/2；6.召开投标预备会由地方政府领导主持会议；7.投标单位报送投标文件时，A单位在投标截止时间之前3h，在原报方案的基础上，又补充了降价方案，被招标方拒绝；8.由政府建设主管部门主持，公证处派人监督，召开开标会，会议上只宣读三家投标单位的报价（另一家投标单位退标）；9.由于未进行资格预审，故在评标过程中进行资格审查；10.评标后评标委员会将中标结果直接通知了中标单位；11.中标单位提出因主管领导生病等原因2个月后再进行签订承包合同。

请思考不妥之处，并加以改正。

建设工程招标

学习目标

知识要点	能力目标	驱动问题	权重
1.掌握施工招标文件的主要内容及编制方法； 2.熟悉施工招标文件的内容、工程量清单、招标控制价编制； 3.掌握招标文件中合同的主要内容； 4.掌握招标文件的备案与发售流程	1.能够编制施工招标文件； 2.能够编制工程量清单与招标控制价； 3.能够进行合同的拟定； 4.能够进行施工招标文件的备案与发售	1.工程量清单编制的注意事项是什么？ 2.招标文件如何编制？ 3.招标控制价如何编制？	60%
1.了解建设工程勘察设计招标的范围及内容； 2.熟悉建设工程勘察设计招标的程序	能够编制建设工程勘察设计招标文件	1.建设工程勘察设计招标的主要工作有哪些？ 2.建设工程勘察设计招标的程序是什么？	20%
1.了解建设工程监理招标的范围及内容； 2.熟悉建设工程监理招标的主要工作	能够编制建设工程监理招标文件	1.建设工程监理招标的主要工作有哪些？ 2.建设工程监理招标的程序是什么？	20%

思政元素

内容引导	思考问题	课程思政元素
招标文件编制工作	招标文件编制工作的注意事项是什么？ 标底、招标控制价编制要求有哪些？	法治意识、工匠精神
其他专业招标文件的编制	对比学习不同专业招标文件的编制侧重点	法治意识、专业水平

导入案例

某建设工程的建设单位自行办理招标事宜。由于该工程技术复杂，建设单位决定采用邀请招标，共邀请 A、B、C 三家国有特级施工企业参加投标。投标邀请书中规定：6 月 1 日至 6 月 3 日 9：00～17：00 在该单位总经济师室出售招标文件。招标文件中规定：6 月 30 日为投标截止日；投标有效期到 7 月 20 日为止；投标保证金统一定为 100 万元，投标保证金有效期到 8 月 20 日为止；评标采用综合评价法，技术标和商务标各占 50%。

在评标过程中，鉴于各投标人的技术方案各异，建设单位决定将评标方法改为经评审的最低投标价法。评标委员会根据修改后的评标方法，确定的评标结果排名顺序为 A 公司、C 公司、B 公司。建设单位于 7 月 15 日确定 A 公司中标，于 7 月 16 日向 A 公司发出中标通知书，并于 7 月 18 日与 A 公司签订了合同。在签订合同过程中，经审查，A 公司所选择的设备安装分包单位不符合要求，建设单位遂指定国有一级安装企业 D 公司作为 A 公司的分包单位。建设单位于 7 月 28 日将中标结果通知了 B、C 两家公司，并将投标保证金退还给这两家公司。建设单位于 7 月 31 日向当地招标投标管理部门提交了该工程招标投标情况的书面报告。请思考：

1. 招标人自行组织招标需具备什么条件？要注意什么问题？
2. 对于必须招标的项目，在哪些情况下可以采用邀请招标？
3. 该建设单位在招标工作中有哪些不妥之处？请逐一说明理由。

3.1 建设工程施工招标

建设工程招标是指招标人通过招标公告或投标邀请书等方式，邀请具有法定条件和承建能力的投标人参与投标竞争，择优选定项目承包人。招标这种择优竞争的采购方式完全符合市场经济的要求，也是通过事先公布采购条件和要求，众多的投标人按照同等条件进行平等竞争，从中择优选定项目的中标人。

3.1.1 建设工程施工招标条件

3.1.1.1 招标单位的必备条件

（1）必须是法人或依法成立的其他组织；
（2）必须履行报批手续并取得批准；
（3）有与招标工程相应的经济技术管理人员；
（4）有组织编制招标文件的能力；
（5）有审查投标单位资质的能力；
（6）有组织开标、评标、定标的能力。

不具备上述（1）～（6）项条件的，须委托具有相应资质的招标代理机构代理招标。

3.1.1.2 施工招标项目必须符合的要求

（1）项目概算已经批准；
（2）项目已正式列入国家、部门或地方的年度固定资产投资计划；
（3）建设用地的征地工作已经完成；
（4）有能够满足施工需要的施工图纸及技术资料；

（5）建设资金和主要建筑材料、设备的来源已经落实；

（6）已经建设项目所在地规划部门批准，施工现场的"三通一平"已经完成或一并列入施工招标范围。

当然，一些省、自治区、直辖市对招标条件还有更为具体的规定，例如规定招标工程必须是已向当地招标管理部门办理了项目登记手续，标底已经编制完毕，等等。

3.1.2　建设工程施工招标方式

我国《招标投标法》第十条只规定了公开招标和邀请招标为法定招标方式。

3.1.2.1　公开招标

公开招标是指招标人以招标公告的方式邀请不特定的法人或其他组织投标的一种招标方式。公开招标，又称无限竞争性招标，是指由招标人通过报纸、刊物、广播、电视等大众媒体，向社会公开发布招标公告，凡对此招标项目感兴趣并符合规定条件的不特定的承包商，都可自愿参加竞标的一种工程发包方式。

公开招标是最具竞争性的招标方式。在国际上，谈到招标通常都是指公开招标。公开招标也是所需费用最高、花费时间最长的招标方式。

公开招标有利于开展真正意义上的竞争，最充分地展示公开、公正、平等竞争的招标原则，防止垄断发生；能有效地促使承包商在增强竞争实力上修炼内功，努力提高工程质量，缩短工期，降低造价，获得节约和效率，创造最合理的利益回报；有利于防范招标投标活动操作人员和监督人员的舞弊现象。但是参加竞争的投标人越多，每个参加者中标的概率就越小，白白损失投标费用的风险也越大；招标人审查投标人资格、投标文件的工作量比较大，耗费的时间长，招标费用支出也比较多。

3.1.2.2　邀请招标

邀请招标是指招标人以投标邀请书的方式邀请特定的法人或其他组织投标的一种招标方式。又称有限竞争性招标或选择性招标，是指由招标人根据自己的经验和掌握的信息资料，向预先选择的被认为有能力承担工程任务的特定承包商发出邀请书，邀请他们参加工程的投标竞争。

其特点是：邀请招标的招标人要以投标邀请书的方式向一定数量的潜在投标人发出投标邀请，只有接受投标邀请书的法人或者组织才可以参加投标竞争，其他法人和组织无权参加。由于这种招标方式的投标者范围只限于收到投标邀请书的人，竞争就会受到限制。由于被邀请参加的投标竞争者有限，不仅可以节约招标费用，而且提高了每个投标者的中标概率，又因为不用刊登招标公告，投标有效期大大缩短。

国家重点建设项目的邀请招标，应当经国务院发展研究中心批准；地方重点建设项目的邀请招标，应当经各省、自治区、直辖市人民政府批准。全部使用国有资金投资或者国有资金投资占控股或者主导地位的并需要审批的工程建设项目的邀请招标，应当经项目审批部门批准，但项目审批部门只审批立项的，由有关行政监督部门批准。

2012 年 2 月 1 日起施行的《中华人民共和国招标投标法实施条例》第八条规定，国有资金占控股或者主导地位的依法必须进行招标的项目，应当公开招标；但有下列情形之一的，可以邀请招标：

（1）技术复杂、有特殊要求或者受自然环境限制，只有少量潜在投标人可供选择；

（2）采用公开招标方式的费用占项目合同金额的比例过大。

3.1.2.3 议标

目前世界各国和有关国际组织招标的方式大体分为三种：公开招标、邀请招标和议标。议标是通过协商达成交易的一种方式，通常在非公开状态下采取一对一谈判的方式进行，这显然违反了招标应遵循的公开、公平、公正的原则。但是，在项目实施中，"议标"又是不可缺少的。如果能做到为了合同目标的实现，直接选择资格合格的、有经验的、有实力和能力且报价合理的承包人，这也就达到了招标的目的。这样的情况下选择"议标"也就无可非议了。

议标是招标人采取直接与一家或几家投标人进行合同谈判确定承包条件和标价的方式，又称谈判招标或指定招标。

在我国，对于某些工程，目前还可采用议标方式。对不宜公开招标或邀请招标的特殊工程，应报主管机构，经批准后才可以议标。参加议标的单位一般不少于两家。议标不发招标公告，也不发邀请书，而是由招标单位与施工企业直接商谈，达成一致意见后直接签约。议标也必须经过报价、比较、评定阶段，业主通常采取"多家议标，货比三家"的原则，择优选取。不过，目前在我国的工程建设承包实践中，采用单向议标的方法还是比较多见，议标的工程通常为小型新建工程、改造维修工程或装饰装修工程。

按照国际惯例和规则，议标方式一般适合下列情况：

（1）已招标项目的实施中，增购或增建类似性质的货物或工程建设；

（2）所需设备或工程建设具有专卖或特殊要求，并且只能从单一的企业获得；

（3）项目规模太小，有资格的施工企业不大可能以合理的价格直接采购时，可以邀请多家进行谈判，选择中标人；

（4）在自然灾害或外部障碍，以及急需采取紧急行动的特殊情况下的项目实施。

《中华人民共和国招标投标法实施条例》第九条规定，除《招标投标法》第六十六条规定的可以不进行招标的特殊情况外，有下列情形之一的，可以不进行招标：

（1）需要采用不可替代的专利或者专有技术；

（2）采购人依法能够自行建设、生产或者提供；

（3）已通过招标方式选定的特许经营项目投资人依法能够自行建设、生产或者提供；

（4）需要向原中标人采购工程、货物或者服务，否则将影响施工或者功能配套要求；

（5）国家规定的其他特殊情形。

3.1.3 建设工程施工招标的程序

招标准备阶段，是从办理招标申请开始到发出招标广告或邀请批标函为止的时间段；招标阶段，也是投标人的投标阶段，是从发布招标广告之日起到投标截止之日的时间段；决标成交阶段，是从开标之日起到与中标人签订承包合同为止的时间段。如图 3.1 所示。

3.1　招标程序

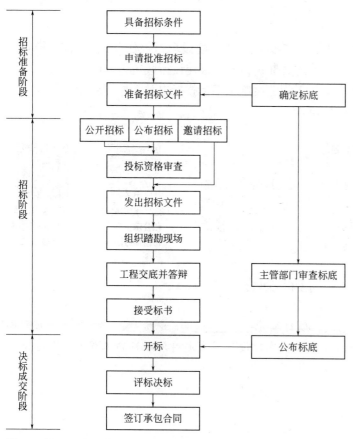

图3.1　建设工程施工招标的程序

3.1.4　建设工程施工招标的主要工作

3.1.4.1　建设工程项目报建

（1）建设工程项目的立项批准文件或年报投资计划下达后，按照《工程建设项目报建管理办法》规定具备条件的，须向建设行政主管部门报建备案。

（2）建设工程项目报建范围　各类房建筑（包括新建、改建、扩建、翻建、大修等）、土木工程（包括道路、桥梁、房屋基础打桩）、设备安装、管道线路敷设和装饰装修等建设工程。

（3）建设工程项目报建内容　主要包括：工程名称、建设地点、投资规模、资金来源、当年投资额、工程规模、结构类型、发包方式、计划开竣工日期、工程筹建情况等。

（4）办理工程报建时应交验的文件资料

① 立项批准文件或年度投资计划；

② 固定资产投资许可证；

③ 建设工程规划许可证；

④ 资金证明。

（5）工程报建程序　建设单位填写统一格式的"工程建设项目报建登记表"，需经其有关上级主管部门批准同意后，连同应交验的文件资料一并报建设行政主管部门。

建设工程项目报建备案后，具备了《工程建设施工招标投标办法》中规定招标条件的建设工程项目，可开始办理建设单位资质审查。

3.1.4.2　确定招标方式、发布招标信息

工程施工招标可采用全部工程招标、单位工程招标、特殊专业工程招标等方法，但不得对单位工程的分部分项工程进行招标。工程施工招标可采用公开招标（发布招标公告模板如下）和邀请招标（即投标邀请书）两种方式。

3.2　招标公告和公示信息发布管理办法一　　3.3　招标公告和公示信息发布管理办法二

招标公告

项目编号：_____

1.（招标人名称）的（项目名称），已由批准建设。现决定对该项目的工程施工进行公开招标，选定承包人。

2.项目的概况：

（1）建设地点：_____；

（2）建设规模：_____，　　结构形式：_____；

（3）资金来源：_____，　　估算造价：_____；

（4）招标内容：_____；

（5）计划开工日期为____年____月____日，计划竣工日期为____年____月____日，工期____天；

（6）工程质量要求符合标准。

3.投标申请人须是具备建设行政主管部门核发的（行业类别）（资质类别）（资质等级）或以上资质的独立法人或其他组织。自愿组成联合体的各方均应具备承担招标工程项目的相应资质条件；相同专业的施工企业组成的联合体，按照资质等级低的施工企业的业务许可范围承揽工程。

4.凡具备承担招标工程项目的能力并具备规定的资格条件的施工企业，均可对上述（一个或几个）招标工程项目（标段）向招标人提出资格预审申请，只有资格预审合格的投标申请人才能参加投标。

5.投标申请人可从____处获取资格预审文件，时间为____年____月____日至____年____月____日，每天上午____时____分至____时____分，下午____时____分至____时____分（公休日、节假日除外）。

6. 资格预审文件每套售价为人民币_____元，售后不退。如需邮购，可以书面形式通知招标人，并另加邮费每套人民币_____元。招标人在收到邮购款后_____日内，以快递方式向投标申请人寄送资格预审文件。

7. 资格预审申请书封面上应清楚地注明"（招标工程项目和标段名称）投标申请人资格预审申请书"字样。

8. 资格预审申请书须密封后，于____年____月____日时以前送至_____处，逾期送达或不符合规定的资格预审申请书将被拒绝。

9. 资格预审结果将及时告知投标申请人，并预计于____年____月____日发出资格预审合格通知书。

10. 凡资格预审合格的投标申请人，请按照资格预审合格通知书中确定的时间、地点和方式获取招标文件及有关资料。

招 标 人：_____	办公地址：_____
邮政编码：_____	联系电话：_____
手　　机：_____	传　　真：_____
联 系 人：_____	
招标代理机构：_____	办公地址：_____
邮政编码：_____	联系电话：_____
手　　机：_____	传　　真：_____
联 系 人：_____	

日期：　　年　　月　　日

3.1.4.3　资格预审

资格预审的目的在于了解投标单位的技术和财务实力及管理经验，使招标获得比较理想的结果，限制不符合要求的单位盲目参加招标，并作为决标的参考。其方式如下：

（1）公开招标进行资格预审时，通过对申请单位填报的资格预审文件和资料进行评比及分析，确定出合格的申请单位名单。将名单报招标管理机构审查核准。

（2）待招标管理机构核准同意后，招标单位向所有合格的申请单位发出资格预审合格通知书。申请单位在收到资格预审合格通知书后，应以书面形式予以确认，在规定的时间领取招标文件、图纸及有关技术资料，并在投标截止日期前递交有效的投标文件。资格预审审查的主要内容：

① 资格预审申请人简介（表 3.1）；

② 近 3 年完成工程的情况（表 3.2）；

③ 拟投入的主要施工人员表（表 3.3）；

④ 拟用于本工程项目的主要施工机械设备（表 3.4）；

⑤ 财务状况表；

⑥ 提供资格审查证明材料清单；

⑦ 其他资料（如各种奖励或处罚等）。

表3.1　资格预审申请人简介

单位名称		地址	
法定代表人		单位性质	
资质等级		资质证号	
项目经理		资质证号	
联系人		联系电话	
		传真号码	
资格预审申请人组织机构			

表3.2　拟派项目经理近三年已完工程一览表

项目名称	建设单位	合同价格/万元	建筑面积/m²	开、竣工时间	质量评定结果	奖惩情况

表3.3　拟投入的主要施工人员表

名称	姓名	职务	职称	主要资历、经验及承担过的工程
1.施工员				
2.质检员				
3.安全员				
4.材料员				
5.预算员				
6.其他				

表3.4　拟用于本工程项目的主要施工机械设备

序号	机械和设备名称	型号规格	数量	产地	制造年份	额定功率/kW	生产能力	自有或租赁
1								
2								
3								

3.1.4.4　编制施工招标文件

招标单位应根据工程项目的具体情况，参照"招标文件范本"编写招标文件，并报招标管理机构审查同意后方可发放。招标文件应包括以下内容：投标须知前附表和投标须知、合同条件、合同协议条款、合同格式、技术规范、图纸、投标文件参考格式、投标书及投标附录、工程量清单与报价表、辅助资料表、资格审查表（资格预审的不采用）。

招标文件部分内容编写说明如下：

（1）招标文件的组成　招标文件除了包括在投标须知写明的招标文件的内容外，还应包括对招标文件的解释，修改和补充内容也是招标文件的组成部分。投标单位应对组成文件的内容全面阅读。若投标文件实质上有不符合招标文件要求的，将有可能被拒绝。

（2）招标文件的解释　投标单位在得到招标文件后，若有问题需要澄清，应以书面形式向招标单位提出，招标单位应以通信的形式或投标预备会的形式予以解答，但不说明其问题的来源，答复将以书面形式送交所有的投标者。

（3）招标文件的修改　在投标截止日期前，招标单位可以补充通知形式修改招标文件。为使投标单位有时间考虑对招标文件如何修改，招标单位有延长递交投标文件的截止日期的权利。对投标文件的修改和延长投标截止日期应报招标管理部门批准。

（4）投标价格　一般结构不太复杂或工期在12个月以内的工程，可以采用固定的价格，考虑一定的风险系数。结构较复杂或大型工程，工期在12个月以上的，应采用调整价格。价格的调整方法及调整范围应在招标文件中明确。

（5）投标价格计算依据　在招标文件中应明确投标价格计算依据，主要有以下方面：

① 工程计价类别；

② 执行的定额标准及取费标准；

③ 执行的人工、材料、机械设备政策性调整文件等；

④ 材料、设备计价方法及采购、运输、保管的责任；

⑤ 工程量清单。

（6）质量标准必须达到国家施工验收规范合格标准，对于要求质量达到优良标准的，应计取补偿费用，补偿费用的计算方法应按国家或地方有关文件规定执行，并在招标文件中明确。

（7）招标文件中的建设工期应参照国家或地方颁发的工期定额来确定，如果要求的工期比工期定额缩短20%以上（含20%）的，应计算赶工措施费。赶工措施费如何计取应在招标文件中明确。

（8）由于施工单位原因造成不能按合同工期竣工时，计取赶工措施费的须扣除，同时还应赔偿由于误工给建设单位带来的损失。其损失费用的计算用的计算方法或规定应在招标文件中明确。

（9）如果建设单位要求按合同工期提前竣工交付使用，应考虑计取提前工期奖，提前工期奖的计算办法应在招标文件中明确。

（10）投标准备时间　招标文件中应明确投标准备时间，即从开始发放招标文件之日起，至投标截止时间的期限。招标单位根据工程项目的具体情况，确定投标准备时间，一般在28天内。

（11）投标保证金　在招标文件中应明确投标保证金数额，一般投标保证金额不超过投标总价的 2%。投标保证金可采用现金、支票、银行汇票，也可是银行出具的银行保函。投标保证金的有效期应超过投标有效期的 28 天。

（12）履约担保 中标单位应按规定向招标单位提交履约担保，履约担保可采用银行保函或履约担保书。履约担保比例为：银行出具的银行保函为合同价格的 5%；履约担保书合同价格的 10%。

（13）投标有效期 投标有效期的确定应视工程情况而定，结构不太复杂的中小型工程的投标有效期可定为 28 天以内；结构复杂的大型工程投标有效期可定为 56 天以内。

（14）工程量清单 招标单位按国家颁布的统一工程项目名称、统一项目代码、统一计量单位、统一工程量计算规则，根据施工图纸计算工程量，提供给投标单位作为投标报价的基础。结算拨付工程款时以实际工程量为依据。

（15）合同协议条款的编写 招标单位在编制招标文件时，应根据《中华人民共和国招标投标法》《中华人民共和国招标投标法实施条例》的规定和工程具体情况确定"招标文件合同协议款"内容；

在编写招标文件中，应依据有关法律、法规及国家对建筑市场管理的有关规定，结合建设工程项目的具体情况，并依据"招标文件合同条件"中相应条款的规定，编写招标文件中"合同协议条款"的具体内容；

投标单位在编制"投标文件"时，应认真考虑"招标文件合同协议条款"中对工程具体要求的规定，并在投标文件中明确对"合同协议条款"内容的响应；

建设单位与中标单位双方应按招标文件中提供的"合同协议书格式"签订合同。

3.1.4.5 招标文件的报价编制

（1）标底的编制

① 标底的编制原则。以招标文件、设计图纸、国家规定的技术标准为依据。

a.标底价格应由成本、利润、税金等组成，一般应控制在批准的总概算（或修正概算）及投资包干的限额内，标底的计价内容、计价依据应与招标文件一致；

3.4 建设工程招标标底编制

b.标底价格作为招标单位的期望计划价，应力求与市场的实际变化吻合，要有利于竞争和保证工程质量；

c.标底应考虑人工、材料、机械台班等变动因素，还应包括施工不可预见费、包干费和措施费等；

d.根据我国现行的工程造价计算方法，并考虑到向国际惯例靠拢，提倡优质优价；

e.一个工程只能编制一个标底，并经招标投标管理机构审定；

f.标底审定后必须及时妥善封存、严格保密、不得泄露。

② 标底的编制依据。建设工程招标标底受多方面因素影响，如项目划分、设计标准、材料价差、施工方案定额、取费标准、工程量计算准确程度等。综合考虑可能影响标底的各种因素，编制标底时应依据以下内容：

a.国家公布的统一工程项目划分、统一计量单位、统一计算规则；

b.招标文件，包括招标交底纪要；

c. 招标单位提供的由有相应资质的单位设计的施工图及相关说明；

d. 有关技术资料；

e. 工程基础定额和国家、行业、地方规定的技术标准规范；

f. 要素市场价格和地区预算材料价格；

g. 经政府批准的取费标准和其他特殊要求。

应当指出的是，上述各种标底编制依据，在实践中要求遵循的程度并不都是一样的。有的不允许有出入，如招标文件、设计图纸及有关资料等，各地一般都规定编制标底时必须作为依据。

③ 标底编制的方法。

a. 概算指标编制工程标底。概算指标是有关部门规定的房屋建筑每百平方米（或每平方米）建筑面积、每座构筑物的工程直接费指标及其主要人工、材料消耗指标。概算指标具有较强的综合程度，因而估算的工程价格也较粗略。所以在招标项目还处于初步设计阶段时才使用概算指标来确定工程标底。

b. 概算定额和概算单价编制工程标底。概算定额是我国有关单位规定的完成一定计量单位的建筑安装工程的扩大分项工程或扩大结构构件所需的人工、材料、施工机械台班的消耗量标准。概算单价是有关部门依据概算定额编制的反映概算定额实物消耗量的货币指标，即完成扩大分项工程或扩大结构构件所需的人工费、材料费、施工机械使用费。在招标项目处于基本设计阶段，项目的技术经济条件还不明确呈中间状态时，一般宜用概算定额和概算单价确定招标工程的标底。

c. 预算定额和预算单价编制工程标底。预算定额规定的实物消耗指标的货币表现形式，即分项工程定额直接费，称为预算单价。预算定额与预算单价规定实物指标，直接费用指标的对象规模又较概算定额及概算单价的对象规模要小得多，因此，用预算定额和预算单价确定工程标底的准确性也就相应高得多。若招标项目处于详细设计阶段（施工图设计阶段），设计内容完整，项目的技术经济条件明确详尽时，多采用此方法确定工程标底。使用预算定额和预算单价确定工程标底，除了必须依据预算定额划分招标工程中各单位工程的分项工程、计算其工程量和必须套用预算单价计算工程直接费以外，其余步骤及方法与用概算定额确定工程标底的做法基本相同。

（2）招标控制价（预算价）的编制

招标控制价是招标人根据国家或省级、行业建设主管部门颁发的有关计价依据和办法，按设计施工图纸计算的，对招标工程限定的最高工程造价。国有资金投资的工程建设项目应实行工程量清单招标，并应编制招标控制价。

3.5　招标控制价的编制

招标控制价是《建设工程工程量清单计价规范》（GB 50500—2013）修订中新增的专业术语，它是对建设市场发展过程中对传统标底的重新界定。自 2003 年实行工程量清单招标后，由于招标方式的改变，标底保密这一法律规定已不能起到有效遏制哄抬标价的作用，我国有的地区和部门已经发生了招标项目上所有投标人的招标价格均高于标底的现象，致使中标人的中标价高于招标人的预算时给招标工程的项目业主带来了损失。为了避免投标人串标、哄抬标价，我国多个省、市相继出台了控制最高限价的规定，但名称上有所不同，有最高招价、拦标价、最高限价等。在 2013 年版清单计价规范中，为了避免与《招标投标法》关于标底必须保密的规定相违背，因此采用了"招标控制价"这一概念。

① 招标控制价的编制依据。

a.《建设工程工程量清单计价规范》(GB 50500—2013);

b. 国家或省级、行业建设主管部门颁发的计价定额和计价办法;

c. 建设工程设计文件及有关要求;

d. 招标文件中工程量清单及有关要求;

e. 与建设项目相关的标准、规范、技术资料;

f. 工程管理机构发布的工程造价信息;

g. 市场询价信息。

② 招标控制价主要内容的编制要点。招标控制价编制的主要内容有:分部分项工程费、措施项目费、其他项目费、税金和规费。内容的不同使之有不同的编制要点。

a. 分部分项工程费应根据招标文件中的分部分项工程量清单及有关要求,按《建设工程工程量清单计价规范》有关规定确定综合单价计价。综合单价中必须包括招标文件中要求投标人承担的所有风险内容及范围产生的风险费用。如果招标文件中提供了暂估价的材料,一定按照暂估的单价计,如综合单价。

b. 措施项目应按招标文件中提供的措施项目清单确定,措施项目采用分部分项工程综合单价形式进行计价的工程量,应按措施项目清单中的工程量,并按与分部分项工程量清单单价相同的方式确定综合单价;以"项"为单位的方式计价的,依有关规定按综合单价计算,包括规费、税金以外的全部费用。措施项目费用中的安全文明施工费用应当按国家或省级、建设主管部门规定标准计价。

c. 其他项目费的编制要点。

(a) 暂列金额。暂列金额可根据工程的复杂程度、设计深度、工程环境条件(包括地质、水文、气候条件等)进行估算,一般可按分部分项工程费的 10% ~ 15% 为参考计算。

(b) 暂估价。暂估价中的材料单价应按造价管理机构发布的工程造价信息中材料单价计算,工程造价信息未发布的材料单价,其单价参照市场价格估算;暂估价中专业工程暂估价应分不同专业,按有关计价固定估算。

(c) 计日工。在编制招标控制价时,对计日工中的人工单价和施工机械台班单价应按省级、行业建设行政主管部门或其授权的工程造价管理机构公布的单价计算。材料按工程造价管理机构发布的工程造价信息中的材料单价计算,工程造价信息未发布材料单价的材料,其价格应按市场调查确定的单价计算。

(d) 总承包服务费。招标人应根据招标文件中列出的内容向总承包人提出的要求,参照下列标准计算:招标人仅要求对分包的专业工程进行总承包管理和协调时,按分包的专业工程估算造价的 1.5% 计算;招标人要求对分包的专业工程进行总承包管理和协调,并同时要求提供配合服务时,根据招标文件中列出的配合服务内容和提出的要求,按分包的专业工程估算造价的 3% ~ 5% 计算;招标人自行供应材料的,按招标人供应材料价值的 1% 计算。

d. 招标控制价的规费和税金必须按国家或省级、行业建设主管部门的规定计算。

③ 编制招标控制价注意事项。

a. 招标控制价的作用决定了招标控制价不同于标底,无须保密。为体现招标的公平、公正,防止招标人有意抬高或压低工程造价,招标人应在招标文件中如实公布招标控制价,不得对所编制的招标控制价进行上浮或下调。招标人在招标文件中公布招标控制价时,应公布招标控制价各组成部分的详细内容,不得只公布招标控制价总价。同时,招标人应将招标控制价报工程所在地的工程造价管理机构备查。

b. 投标人经复核认为招标人公布的招标控制价未按照《建设工程工程量清单计价规范》（GB 50500—2013）的规定进行编制的，应在开标前 5 天向招标投标监督机构或工程造价管理机构投诉。

招标投标监督机构应会同工程造价管理机构对投诉进行处理，发现确有错误的，应责令招标人修改。

3.1.4.6　踏勘现场和答疑

踏勘现场是指招标人组织投标申请人对工程现场场地和周围环境等客观条件进行的现场勘察，招标人根据招标项目的具体情况，可以组织投标申请人踏勘项目现场，但招标人不得单独或者分别组织任何一个投标人进行现场踏勘。投标人到现场调查，可进一步了解招标人的意图和现场周围的环境情况，以获取有用的信息并据此作出是否投标或投标策略以及投标报价。招标人应主动向投标申请人介绍所有施工现场的有关情况。

投标申请人对影响工程施工的现场条件进行全面考察，包括经济、地理、地质、气候、法律、环境等情况，对工程项目一般应至少了解下列内容：

（1）施工现场是否达到招标文件规定的条件；

（2）施工的地理位置和地形、地貌、管线设置情况；

（3）施工现场的地质、土质、地下水位、水文等情况；

（4）施工现场的气候条件，如气温、湿度、风力等；

（5）现场的环境，如交通、供水、供电、污水排放等；

（6）临时用地、临时设施搭建等，即工程施工过程中临时使用的工棚，堆放材料的库房以及这些设施所占的地方等。

潜在投标人依据招标人介绍情况作出的判断和决策，由投标人自行负责。投标人在踏勘现场中如有疑问，应在招标人答疑前以书面形式向招标人提出，以便于得到招标人的解答。投标人踏勘现场发现的问题，招标人可以书面形式答复，也可以在投标预备会上解答。

投标预备会或答疑会由招标人组织并主持召开，目的在于招标人解答投标人对招标文件和在踏勘现场中提出的问题，包括书面的和在答疑会上口头提出的问题。答疑会结束后，由招标人整理会议记录和解答内容（包括会上口头提出的询问和解答），以书面形式将所有问题及解答内容向所有获得招标文件的投标人发放。问题及解答纪要需同时向建设行政监督部门备案，该解答的内容为招标文件的组成部分。为便于投标人在编制投标文件时，将招标人对问题的解答内容和招标文件的澄清或修改的内容编写进去，招标人可根据情况酌情延长投标截止时间。根据需要，答疑也可以采取书面形式进行。

3.1.4.7　开标

（1）在投标截止后，按规定时间、地点，在投标单位法定代表人或授权代理人在场的情况下举行开标会议，开标会议由招标单位组织并主持。

（2）开标会议在招标管理机构监督下进行，开标会议可以邀请公证部门对开标全过程进行公证。

（3）开标会议宣布开始后，应首先请各投标单位代表确认其投标文件的密封完整性，并签字予以确认。当众宣读评标原则、评标办法。由招标单位依据招标文件的要求，核查投标单位提交的证件和资料，并审查投标文件的完整性、文件的签署、投标担保等，但提交合格"撤回通知"和逾期送达的投标文件不予启封。

（4）唱标顺序应按各投标单位报送投标文件时间先后的逆顺序进行。当众宣读有效标函的投标单位名称、投标报价、工期、质量、主要材料用量、修改或撤回通知、投标保证金、优惠条件，以及招标单位认为有必要的内容。

（5）唱标内容应做好记录，并请投标单位法定代表人或授权代理人签字确认。

（6）开标会议程序：

① 主持人宣布开标会议开始；

② 宣读招标单位法定代表人资格证书及授权委托书；

③ 介绍参加开标会议的单位和人员名单；

④ 宣布公证、唱标、记录人员名单；

⑤ 宣布评标原则、评标办法；

⑥ 由招标单位检验投标单位提交的投标文件和资料，并宣读核查结果；

⑦ 宣读投标单位的投标报价、工期、质量、主要材料用量、投标保证金、优惠条件等；

⑧ 宣读评标期间的有关事项；

⑨ 宣布休会，进入评标阶段。

3.1.4.8　评标

（1）评标由评标委员会进行，招标管理机构监督。评标委员会由招标单位、建设上级主管部门、招标单位邀请的有关经济、技术专家组成（以经济技术专家为主）。

（2）资格审查对未进行资格预审的招标项目，在开标后须对各投标单位的资质情况进行审查。投标单位应按招标文件中规定的投标格式和要求，如实填报财务、人员、施工设备和以往履行合同情况，并提供有关证件和资料。

（3）投标文件的符合性鉴定：

① 投标文件应实质上响应招标文件的要求。所谓实质上响应招标文件的要求，就是其投标文件应该与招标文件的所有条款、条件和规定相符，无显著差异或保留。

② 如果投标文件实质上不响应招标文件的要求，招标单位将予以拒绝，并不允许投标单位通过修正或撤销其不符合要求的差异或保留，使之成为具有响应性的投标。

（4）对投标文件的技术方面评估　对投标单位所报的施工方案或施工组织设计、施工进度计划、施工人员和施工机械设备的配备、施工技术能力、以往履行合同情况、临时设施的布置和临时用地情况等进行评估。

（5）对投标报价评估　评标委员会将对确定为实质上响应招标文件要求的投标进行投标报价评估，在评估投标报价时应对报价进行校核，看其是否有计算上或累计上的算术错误。修改错误原则如下：

① 如果用数字表示的数额与用文字表示的数额不一致，以文字数额为准。

② 当单价与工程量的乘积与合价之间不一致时，通常以标出的单价为准。除非评标机构认为有明显的小数点错位，此时应以标出的合价为准，并修改单价。

　　按上述修改错误的方法，调整投标书中的投标报价。经投标单位确认同意后，调整后的报价对投标单位起约束作用。如果投标单位不接受修正后的投标报价则其投标将被拒绝，其投标保证金将被没收。

　　（6）综合评价与比较　评标应依据评标原则、评标办法，对投标单位的报价、工期、质量、作业材料用量、施工方案或组织设计、以往业绩、社会信誉、优惠条件等方面综合评定，公正合理择优选定中标单位。

　　（7）投标文件澄清　在必要时，为有助于投标文件的审查、评价和比较，评标委员有权要求个别投标单位澄清其投标文件。投标文件的澄清一般召开澄清会，在澄清会上分别对投标单位进行质询，先以口头询问并解答，随后在规定的时间内投标单位以书面形式予以确认做出正式答复。澄清和确认的问题须经法定代表人或授权代理人签字，澄清问题的答复作为投标文件的组成部分。但澄清的问题不允许更改投标价格或投标文件的实质性内容。

　　（8）对于当日定标的工程项目，可复会宣布中标单位名称、中标标价、工期、质量、主要材料用量、优惠条件（如有时）等。

　　（9）对于当日不能定标的工程项目，自开标之日起至定标期限，结构不复杂的中小型工程不超过7天，结构复杂的大型工程不超过14天。特殊情况下经招标管理机构同意可适当延长。

　　（10）评标报告

　　① 招标单位根据评标委员会评审情况编写评标报告，评标报告编写完成后报招标管理机构审查。

　　② 评标报告应包括以下内容：

　　a. 招标情况。

　　（a）工程说明应包括：工程概况及招标范围等。

　　（b）招标过程应包括：资金来源及性质、招标方式；招标文件报招标管理机构时间及招标管理机构的批准时间；刊登招标通告的时间；发放招标文件情况（有几家投标单位）、现场勘察和投标预备会情况（投标单位参加情况）；到投标截止时间递交投标文件情况（有几家投标单位）。

　　b. 开标情况。包括：开标时间及地点；参加开标会议的单位及人员情况；唱标情况。

　　c. 评标情况。包括：

　　（a）评标委员会的组成及评标委员会人员名单；

　　（b）评价工作的依据；

　　（c）评标内容，包括：投标文件的符合性鉴定；投标单位的资格审查（未资格预审的采用）；审核报价；投标文件问题的澄清（如有时）；投标文件分析论证内容及评审意见。

　　d. 推荐意见。

　　e. 附件。包括：

　　（a）评标委员会人员名单；

　　（b）投标单位资格审查情况表；

　　（c）投标文件符合性鉴定表；

　　（d）投标报价评比报价表；

　　（e）投标文件质询澄清的问题。

当下述情况之一发生时经招标管理机构同意可以拒绝所有投标，宣布招标失败：

（a）最低投标报价高于或低于一定幅度时；

（b）所有投标单位的投标文件均实质上不符合招标文件要求。

若发生招标失败，招标单位应认真审查招标文件及工程标底，做出合理修改后经招标管理机构同意方可重新办理招标或转为议标。

3.1.4.9　定标

（1）确定中标单位后，招标单位应于5日内持评标报告到招标管理机构核准，招标管理机构在2日内提出核准意见，经核准同意后招标单位向中标单位发放"中标通知书"。

（2）中标单位收到中标通知书后，按规定提交履约担保，并在规定日期、时间和地点与建设单位签订合同。

3.1.4.10　签订合同

建设单位与中标的投标单位应当在规定的期限内签订合同。在约定的日期、时间和地点，根据《中华人民共和国民法典》《建设工程施工合同管理办法》的规定，依据招标文件、投标文件签订施工合同。

中标单位拒绝在规定的时间内提交履约担保和签订合同的，招标单位报请招标管理机构批准同意后取消其中标资格，并按规定没收其投标保证金，并考虑与另一参加投标的投标单位签订合同。

建设单位如拒绝与中标单位签订合同，除双倍返还投标保证金外还需赔偿有关损失。

建设单位与中标单位签订合同后，招标单位及时通知其他投标单位其投标未被接受，按要求退回招标文件、图纸和有关技术资料，同时退回投标保证金（无息）。因违反规定被没收的投标保证金不予退回。

建设单位与中标单位签订施工合同前，到建设行政主管部门或其授权单位进行合同审查。

招标工作结束后，招标单位将开标、评标过程有关纪要、资料、评标报告、中标单位的投标文件一份副本报招标管理机构备案。

3.2　建设工程勘察设计招标

建设工程勘察招标即招标人就拟建工程的勘察任务发布通告，以法定方式吸引勘察单位参加竞争，经招标人审查获得投标资格的勘察单位按照招标文件的要求，在规定的时间内向招标人填报标书，招标人从中选择条件优越者完成勘察任务。

建设工程设计招标即招标人就拟建工程的设计任务发布通告，以吸引设计单位参加竞争，经招标人审查获得投标资格的设计单位按照招标文件的要求，在规定的时间内向招标人填报标书，招标人从中择优确定中标单位来完成工程设计任务。

3.2.1　建设工程勘察设计招标范围

　　工程项目的设计一般分为初步设计和施工图设计两个阶段，对于技术条件复杂而又缺少设计经验的项目，可根据实际情况在初步设计阶段后再增加技术设计阶段。招标人应根据工程项目的具体特点决定发包的范围，实行勘察、设计招标的工程项目可以采取设计全过程总发包的一次性招标，也可以采取分单项、分专业的分包招标。中标单位承担的初步设计和施工图设计，经发包方书面同意，也可以将非建设工程主体部分设计工作分包给具有相应资质条件的其他设计单位，其他设计单位就其完成的工作成果与总承包方一起向发包方承担连带责任。

　　勘察任务可以单独发包给具有相应资质条件的勘察单位实施，也可以将其工作内容包括在设计招标任务中。由于通过勘察工作取得的工程项目建设所需的技术基础资料是设计的依据，直接为设计服务，同时必须满足设计需要，因此，将勘察任务包括在设计招标的发包范围内，由具有相应能力的设计单位来完成或由该设计单位再去选择承担勘察任务的分包单位，对招标人比较有利。

　　勘察设计总承包与分为勘察、设计两个合同的分承包比较，勘察设计总承包不仅在履行合同的过程中，业主与监理单位可以摆脱两个合同实施过程中可能遇到的协调义务，而且可以使勘察工作直接根据设计需要进行，更好地满足设计对勘察资料精度、内容和进度的要求，必要时进行补充勘察也比较方便。

3.2.2　建设工程勘察设计招标方式

　　工程建设项目勘察设计招标分为公开招标和邀请招标。招标人可以根据工程建设项目的不同特点，实行勘察设计一次性总体招标；也可以在保证项目的完整性、连续性的前提下，按照技术要求实行分段或分项招标。招标人不得将依法必须进行招标的项目化整为零，或者以其他任何方式规避招标。

　　（1）可以进行邀请招标的勘察任务　　依法必须进行勘察设计招标的工程建设项目，在下列情况下可以进行邀请招标：

　　① 项目的技术性、专业性较强，或者环境资源条件特殊，符合条件的潜在投标人数量有限的；

　　② 如采用公开招标，所需费用占工程建设项目总投资的比例过大的；

　　③ 建设条件受自然因素限制，如采用公开招标，将影响项目实施时机的。

　　（2）可以不进行招标的勘察任务　　按照国家规定需要政府审批的项目，有下列情形之一的，经批准，项目的勘察可以不进行招标：

　　① 涉及国家安全、国家秘密的；

　　② 抢险救灾的；

　　③ 主要工艺、技术采用特定专利或者专有技术的；

　　④ 建筑艺术造型有特殊要求的；

　　⑤ 技术复杂或专业性强，能够满足条件的勘察设计单位少于3家，不能形成有效竞争的；

⑥ 已建成项目需要改、扩建或者技术改造，由其他单位进行设计影响项目功能配套性的；

⑦ 国务院规定的其他建设工程的勘察、设计。

3.2.3　建设工程勘察设计招标特点

建筑工程勘察设计招标的任务是选择承包者将建设单位对建设项目的设想转变为可实施的蓝图。因此，设计招标文件对投标者提出的要求就不是很具体，而是简单介绍工程项目的实施条件、应达到的技术经济指标、总投资额、进度要求等；投标者根据相应的规定和要求分别报出工程项目的设计构思方案、实施计划、工程概算；招标人通过开标、评标等环节对所有方案进行比较选择后确定中标单位，然后由中标单位根据预定方案去实现。

3.2.4　建设工程勘察设计招标程序

国家有关的建设法规规定了如下的标准化公开招标程序，当然，根据委托设计的工程项目规模与招标方式的不同，各建设项目设计招标的程序也不尽相同，采用邀请招标方式时，可以根据具体情况进行适当变更或酌减：

（1）招标单位编制招标文件；

（2）招标单位发出招标公告或投标邀请书；

（3）投标单位按招标文件规定的时间报送投标申请书；

（4）招标单位对投标单位进行资格审查；

（5）招标单位向合格的投标单位发售招标文件；

（6）招标单位组织投标预备会和踏勘现场；

（7）投标单位编制投标文件并按规定时间、地点密封报送；

（8）招标单位当众开标，组织评标，确定中标单位，发出中标通知书；

（9）招标单位和中标单位签订设计合同。

3.2.5　建设工程勘察设计招标主要工作

3.2.5.1　招标范围的确定

工程建设项目符合相关法规所规定的范围和标准的，必须依法进行勘察设计的招标。

（1）招标人可以依据工程建设项目的不同特点，实行勘察设计一次性总体招标。

（2）招标人也可以在保证项目完整性、连续性的前提下，按照技术要求对勘察设计实行分段或分项招标。

3.2.5.2　招标条件的确定

依法必须进行勘察设计招标的工程建设项目，招标人需做好各项准备工作，在招标时工程建设项目应当具备法律、法规所规定的各项条件。

3.2.5.3　招标方式的确定

工程建设项目勘察设计招标可采用公开招标和邀请招标两种方式。其中，全部使用国有资金投资或者国有资金投资占控股或者主导地位的工程建设项目，以及国务院发展和改革部门确定的国家重点项目和北京市人民政府确定的地方重点项目，除符合规定条件并依法获得批准外，应当公开招标。

3.2.5.4　招标公告或邀请

招标人在进行招标前应根据确定的招标方式，发出招标通告或者招标邀请书。

3.2.5.5　招标资格的预审

招标人可向潜在投标人发出资格预审文件，对投标人资格在进行招标前进行预审，对资格预审不合格的潜在投标人须告知资格预审结果。

3.2.5.6　编制勘察设计招标文件

勘察设计招标文件应当包括下列内容：
（1）投标须知；
（2）投标文件格式及主要合同条款；
（3）项目说明书，包括资金来源情况；
（4）勘察设计范围，对勘察设计进度、阶段和深度要求；
（5）勘察设计基础资料；
（6）勘察设计费用支付方式，对未中标人是否给予补偿及补偿标准；
（7）投标报价要求；
（8）对投标人资格审查的标准；
（9）评标标准和方法；
（10）投标有效期。投标有效期，是招标文件中规定的投标文件有效期，从提交投标文件截止日起计算。对招标文件的收费应仅限于补偿编制及印刷方面的成本支出，招标人不得通过出售招标文件谋取利益。

3.2.5.7　资格预审

资格预审是指对于大型或复杂的土建工程或成套设备，在正式组织招标以前，对供应商的资格和能力进行的预先审查。它是招标投标程序的一个重要环节，是招标工作的起始，它既是贯彻建设工程必须由相应资质队伍承包的政策的体现，也是保护业主和广大消费者利益的举措，是避免未到达相应技术与施工能力的队伍乱接工程和防止出现豆腐渣工程质量事故的有效途径。

资格预审包括资质审查和能力审查方面：

（1）资质审查

① 营业执照和资质等级证书齐全。投标人除应持有营业执照外，勘察和设计的投标人还应分别持有"工程勘察资质证书"或"工程设计资质证书"，勘察和设计合并投标的投标人，应当两证齐全。

② 禁止越级承包勘察设计任务。勘察设计单位资质分为甲、乙、丙、丁四级，各等级的勘察设计单位只能在法规规章规定的范围内承揽业务，越级投标无效。

③ 审查各证件的允许业务范围与招标项目专业性质的一致性。

（2）能力审查

① 人员的技术力量。包括审查投标人的技术负责人的资格能力、人员的专业覆盖面、人员数量、各级技术职务人员的比例等方面，是否能满足项目的要求。

② 设备能力。主要审查勘察设计所需的设备、仪器等在种类和数量上能否满足要求。

③ 经验审查。通过考察投标人近几年完成的项目，评价其勘察设计能力和水平，审查是否与招标项目相适应。

3.2.5.8 评标、定标

所谓评标，是指按照规定的评标标准和方法，对各投标人的投标文件进行评价比较和分析，从中选出最佳投标人的过程。评标是招标投标活动中十分重要的阶段，评标是否真正做到公平、公正，决定着整个招标投标活动是否公平和公正；评标的质量决定着能否从众多投标竞争者中选出最能满足招标项目各项要求的中标者。

（1）设计投标书的评审

① 设计方案。对于设计方案的优劣，主要从指导思想是否正确，设计方案先进性，总体布置的合理性，场地利用是否合理，工艺流程的先进性，主要建筑物结构合理，造型美观大方及与周围环境的协调，"三废"治理方案等方面进行评审。

② 经济效益。设计方案所能创造的经济效益，主要通过投入与产出的比较进行评审。评审时应考虑建筑标准的合理性，设计概算是否超过投资限额，投资回报等问题。

③ 设计进度。设计进度方面主要考虑：设计进度应当能够满足项目建设总进度要求；施工图设计招标的，设计进度应当能够满足施工进度的要求。

④ 设计资历和社会信誉。

⑤ 报价的合理性。在设计方案水平相当的投标人之间比较报价，包括总价和各分项取费的合理性。

（2）勘察投标书的评审

对于勘察投标书，主要评审方案合理、技术水平先进、勘察数据准确、措施可靠和报价合理等。

定标即评标委员会在评标报告中提出推荐候选中标方案，评标委员会应当根据招标文件规定的定标原则和对各投标文件的评价，确定推荐中标候选人名单。

招标人定标并与候选中标人进行谈判，谈判内容主要是探讨改进或补充投标方案的某些内容，例如吸收其他投标人的设计特点等。但必须保护未中标人的合法权益，使用其技术成果时，应征得他们的同意。

3.2.5.9　设计方案竞选

（1）实行设计方案竞选的项目　凡是符合下列条件之一的城市建设项目，必须实行有偿方案设计竞赛：

① 按建设部规定的特级、一级建设项目；

② 重要地区或重要风景区的建筑项目；

③ 4万平方米以上（含4万平方米）的住宅小区；

④ 当地建设主管部门规定范围的建设项目；

⑤ 建设单位要求进行设计方案竞选的建设项目。

（2）设计方案竞选者的资质要求　凡有设计单位（持有建筑工程设计许可证、收费资格证、营业执照）盖章的，并经一级注册建筑师签字的方案才可竞选。

持有建筑设计许可证、收费资格证和营业执照，但没有一级注册建筑师的单位，可以与有一级注册建筑师的设计单位联合参加竞选。

境外设计事务所参加境内工程项目方案设计竞选，在国际注册建筑师资格尚未相互确认前，其方案必须经国内一级注册建筑师咨询并签字，方为有效。

（3）方案设计竞选文件的发放　竞选文件一经发出，组织竞选活动的单位不得擅自变更内容或附加条件，如需变更和补充的，应在截止日期15天前通知所有参加竞选的单位。发出竞选文件至竞选截止时间，小型项目不少于15天，大、中型项目不少于30天。

（4）设计文件的内容　按照国家有关规定，城市建筑设计方案设计文件的内容包括设计说明书、设计图纸、投资估算、透视图四部分。除透视图单列外，其他文件的编排顺序为：

① 封面（要求写明方案名称、方案编制单位、编制时间）；

② 扉页（方案编制单位行政及技术负责人、具体编制总负责人签认名单）；

③ 方案设计文件目录；

④ 设计说明书；

⑤ 设计图纸；

⑥ 投资估算。

对一些大型或重要的民用建筑工程，可根据需要加做建筑模型，其费用另收。

（5）竞选方案设计的评定　组织竞选的单位应按照有关规定邀请有关单位专家组成评定小组，参加评定会议，当众宣布评定办法，启封各参加竞选单位的文件和补充函件，公布其主要内容。

评定小组由组织竞选单位的代表和有关专家组成，一般为7～11人，其中技术专家人数应占三分之二以上。参加竞选的单位和方案设计的有关人员，均不能参加评定小组。

评定办法必须按技术先进、功能全面、结构可靠、安全适用、建设节能、环境要求、经济、实用、美观的原则，综合设计优劣、设计进度快慢，以及设计单位和注册建筑师的资历、信誉等因素考虑，择优确定。

有下列情况之一者，参加竞选的设计文件宣布作废：

① 未经密封；

② 无一级注册建筑师签字，无单位法定代表人或法定代表人代理人的印鉴；

③ 未按规定的格式填写，内容不全或字迹模糊，辨认不清；

④ 逾期送达；

⑤ 参加竞选的单位未参加评定会议。

3.3 建设工程监理招标

建设工程监理招标是指招标人为了委托监理任务的完成，以法定方式吸引监理单位参加竞争，招标人从中选择条件优越者的法律行为。

建设监理的工作内容非常广泛，可以覆盖项目建设的全过程，因此选择监理单位前，应首先确定委托监理的工作内容和范围。既可以将整个建设过程委托一个单位来完成，也可以按不同阶段的工作内容或不同合同的内容分别交予几家监理单位完成。建设工程监理招标的方式分为公开招标、邀请招标和议标三种。

3.3.1 建设工程监理招标特点

① 监理招标的宗旨是对监理人的能力的选择。具体要求包括：能运用规范化的管理程序和方法执行监理业务；监理人员素质，如业务专长、经验、判断力、创新想象力和风险意识等。

② 鼓励能力竞争。对报价的选择，居于次要地位，不单单依据报价高低确定中标人。高质量的监理服务往往能使业主节约工程投资，获得提前投产的效益；只在能力相当的投标人之间才比较价格。

③ 通常采用邀请招标的方式。

3.3.2 建设工程监理招标范围

实行建设工程监理制度，目的在于提高工程建设的投资效益和社会效益。建设监理制度是我国基本建设领域的一项重要制度，根据《建设工程监理范围和规模标准规定》，下列工程必须实施建设监理：

① 国家重点建设工程；

② 大中型公用事业工程；

③ 成片开发建设的住宅小区工程；

④ 利用外国政府或者国际组织贷款、援助资金的工程；

⑤ 国家规定必须实行监理的其他工程。

根据《必须招标的基础设施和公用事业项目范围规定》要求，监理单位监理的单项合同估算价在 100 万元人民币以上的，或单项合同估算价低于规定的标准，但项目总投资额在 3000 万元人民币以上的项目必须进行监理招标。

3.3.3　建设工程监理招标的主要工作

3.3.3.1　选择招标委托监理的内容

建设监理委托的范围可以是整个工程项目的全过程，也可以分段。考虑因素有：

（1）工程规模。对于中小型工程项目，可将全部监理工作委托给一个单位；若是大型或技术复杂的项目，则可按设计、施工等分段，分别委托监理。

（2）工程项目的专业特点。例如将土建与安装工程的监理工作分别进行招标。

（3）监理工作的难易程度。易于监理的项目可并入相关工作的监理内容中，例如将通用建材的采购监理并入土建监理工作；难度大的项目应单独委托监理，如设备制造等。

3.3.3.2　资格预审

监理资格预审的目的是对邀请的监理单位的资质、能力是否与拟实施项目的特点相适应的总体考察，而不是评定该项目监理工作的建议是否适用、可行。因此，资格审查的重点应侧重于投标人的资质条件、监理经验、可用资源、社会信誉、监理能力等方面。

（1）资质条件，如：资质等级、营业执照、注册范围、隶属关系、公司的组成形式，以及总公司和分公司的所在地、法人条件和公司章程。

（2）监理经验，如：已监理过的工程项目一览表；已监理过类似的工程项目。

（3）可用资源，包括：公司人员；开展正常监理工作可采用的检测方法或手段；计算机管理能力。

（4）社会信誉，如：监理单位在专业方面的名望、地位；在以往服务过的工程项目中的信誉；是否能全心全意地与业主和承包商合作。

（5）承接新项目的监理能力，如：正在实施监理的工程项目数量、规模；正在实施监理的各项目的开工和预计竣工时间；正在实施监理工程的地点。

3.3.3.3　监理招标文件的内容

监理招标文件应当能够指导投标人提出实施监理工作的方案建议。具体内容与施工招标文件大体相同，主要内容有：

（1）投标须知　投标须知包括以下八个内容：工程项目综合说明、监理范围与业务、投标文件的编制与提交、无效投标文件的规定、投标起止时间、开标时间和地点、招标投标文件的澄清和修改、评标办法等。

（2）合同条件　业主可以在招标文件的合同条件中，向投标人提出为中标必须满足的条件。在买方市场条件下，业主往往利用这一机会，向投标人提出苛刻的条件，投标人应认真分析其中可能存在的风险，防范意外损失。

（3）业主提供的现场办公条件　招标文件应当明确规定为监理人员提供的交通、通信、住宿、办公用房等方面的现场办公条件。

（4）对监理人的要求　招标文件应当明确规定对现场监理人员、检测手段、解决工程技术难点等方面要求。

（5）其他事项　除上述内容的其他规定，例如有关的技术规范、必要的设计文件、图纸和有关资料等。

3.3.3.4　开标

开标一般在统一的建设工程交易中心进行，由工程招标人或其代理人主持，并邀请招标管理机构有关人员参加。在开标中，属于下列情况之一的，按无效标书处理：

① 投标人未按时参加开标会，或虽参加会议但无有效证件；

② 投标书未按规定的方式密封；

③ 唱标时弄虚作假，更改投标书内容；

④ 监理费报价低于国家规定的下限。

在建设工程监理招标中，由于业主主要看中的是监理单位的技术水平而非监理报价，并且经常采用邀请招标的方式。因此，有些招标不进行公开开标，也不宣布各投标人的报价。

3.3.3.5　评标

评标一般由评标委员会进行，组成评标委员会的专家也有特殊要求：

① 从事监理工作满 8 年并具有高级职称或者同等专业水平；

② 熟悉有关招标投标的法律法规，并具有与监理招标项目相关的实践经验；

③ 能够认真、公正、诚实、廉洁地履行职责。

有下列情形之一的，不得担任评标委员会成员：

① 投标人或者投标人主要负责人的近亲属；

② 项目主管部门或者行政监督部门的人员；

③ 与投标人有经济利益关系，可能影响对投标公正评审的；

④ 曾因在招标、评标及其他与招标投标有关活动中从事违法行为而受到过行政处罚或刑事处罚的。

评标委员会负责人由评标委员会成员推举产生或者由招标人确定，评标委员会成员的名单在中标结果确定前应当保密。

3.3.3.6　定标

中标人确定后，招标人应当向中标人发出中标通知书，同时通知未中标人。中标通知书对招标人和中标人具有法律约束力。中标通知书发出后，招标人改变中标结果或中标人放弃中标的，应当承担法律责任。

招标人与中标人签订合同后 5 个工作日内，应当向中标人和未中标的投标人退还投标保证金。

招标人和中标人应当自中标通知书发出之日起的 30 个工作日内，按照招标文件和中标人的投标文件订立书面委托监理合同。招标人与中标人不得再行订立背离合同实质性内容的其他协议。在书面委托监理合同订立之前，双方还要进行合同谈判，谈判内容主要是针对委托监理工程项目的特点，就《建设工程监理合同（示范文本）》中专用条件部分的条款具体协商议定，一般包括工作计划、人员配备、业主的投入、监理费的结算、调整等问题。双方谈判达成一致，即可签订监理合同。

3.4 国际工程招标

国际工程招标，是指在国际工程项目中，招标人邀请几个或几十个投标人参加投标，通过多数投标人竞争，选择其中对招标人最有利的投标人达成交易的方式。招标是当前国际上工程建设项目的一种主要交易方式。它的特点是业主标明其拟发包工程的内容、完成期限、质量要求等，招引或邀请某些愿意承包并符合投标资格的投标者对承包该工程所采用的施工方案和要求的价格等进行投标，通过比价而达成交易的一种经济活动。

目前多数国家都制定了适合本国特点的招标法规，以统一其国内招标办法，但还没有形成一种各国都应遵守的带有强制性的招标规定。国际工程招标，也都根据国家或地区的习惯选用一种具有代表性，适用范围广，并且适用本地区的某一国家的招标法规，如世界银行贷款项目招标和采购法规、英国招标法规和法国使用的工程招标制度等。

3.4.1 国际工程招标方式

目前，国际上采用的招标方式基本上可以分为四类：公开招标、邀请招标、两阶段招标和议标。

3.4.1.1 公开招标

公开招标，也称为无限竞争性公开招标(Unlimited Competitive Open Bidding)，这种方式指招标人通过公开的宣传媒介(报纸、杂志等)或相关国家的大使馆，发布招标信息，使世界各地所有合格的承包商(通过资格预审的)都有均等的机会购买招标文件，进行投标，其中综合各方面条件对招标人最有利者，可以中标。

公开招标方式多用于政府投资的工程，也是世界银行贷款项目招标采购方式之一。

公开招标具有代表性的做法有世界银行贷款项目公开招标方式和英国、法国的公开招标方式。

（1）世界银行贷款项目公开招标方式　世界银行公开招标方式包括国际竞争性招标和国内竞争性招标两种。

① 国际竞争性招标。它是世界银行贷款项目的一种主要招标方式。世界银行规定，限额以上的货物采购和工程合同，都必须采用此种招标方式。限额是指对一般借款国，限额界限在10万～25万美元。我国在世界银行贷款项目金额都比较大，故对我国的限额放宽一些，目前我国与世界银行商定，限额在100万美元以上的采用国际竞争性招标。

国际竞争性招标有很多特点，但有三点是最基本的：

a.广泛的通告投标机会，使所有合格的国家里一切感兴趣并且合格的企业都可以参加投标。通告可以用各种方式进行，经常是多种形式结合使用，包括：在一种官方杂志上公布；在国内报纸上登广告；通知驻该国首都的各国使馆；（对于大的、特殊的或重要的合同）在国际发行的报纸或有关的外贸杂志或技术杂志上登广告。除了使用期刊或报纸刊登广告外，世界银行、美洲开发银行、亚洲开发银行和联合国开发计划署现在还要求必须通过《联合国发展论坛报（商业版）》的"一般采购通告"栏目发布采购机会。

b. 必须公正地表述准备购买的货物或正好进行的工程技术的说明书，以保证不同国籍的合格企业能够尽可能广泛地参与投标。

c. 必须根据标书中具体说明的评标的标准，一般是将评标价格最低的合格投标人评为中标人。这条规则对于保证竞争程序得以公平地进行是很重要的。

国际竞争性招标最适用于采购大型设备及大型土木工程施工，这些项目不同国籍的承包商都会有兴趣参加投标。国际竞争性招标虽然耗时长，但还是各国适用的采购场合中达到其采购目的的最佳办法。

② 国内竞争性招标。它是通过在本国国内刊登广告，按照国内招标办法进行。在不需要或不希望外商参加投标的情况下，政府倾向于国内竞争性招标；也有些工程规模小、地点分散或属于劳动密集型工程，外商对此缺乏兴趣，因此，采用国内竞争性招标。

国内竞争性招标与国际竞争性招标的区别如下：

a. 广告只限于刊登在国内报纸或官方杂志，广告语言可用本国语言，不必通知外国使馆驻工程所在国的代表。

b. 招标文件和投标文件均可以用本国文字编写；投标银行保函可由本国银行出具；投标报价和付款一般使用本国货币；评价价格基础可为货物使用现场价格；不实行国内优惠和借款人规定的其他优惠；履约银行保函可由本国银行出具；仲裁在本国进行；从刊登广告或发出招标文件到截止投标准备时间为：设备采购不少于 30 天，工程项目不少于 45 天。

除上述不同点外，其他程序与国际竞争性招标相同，也必须考虑公开、经济和效益因素。

（2）英国、法国的公开招标方式

① 英国的公开招标方式，是由招标人公开发布广告或登报，投标人自愿投标，投标人的数目不限。承包商报的投标书均原封保存，直至招标截止时才由有关负责人当众启封。按照这种招标方式，往往会形成低价中标。英国公开招标方式，多用于政府投资工程，私人投资工程一般不采用这种方式。

② 法国的公开招标方式有两种，即价格竞争性公开招标和竞争性公开招标。根据法国《公共事业法典》规定，公开招标需要在官方公报发表通告，愿参加投标的法人企业均可申报。价格竞争性公开招标，在工程上规定上限价格，招标只能在此范围内进行；竞争性公开招标不规定该工程的上限价格，而是综合考虑包括价格以外的其他要素后决定中标者。实际上，90% 的招标都是最低价中标。

3.4.1.2 邀请招标

邀请招标，也称为有限竞争性选择招标（Limited Competitive Selected Bidding），采用这种方式时，一般不在报刊上刊登广告，而是根据招标人自己积累的经验和资料或由咨询公司提供的承包商名单，如果是世界银行或某一外国机构资助的项目，招标人要征得资助机构的同意后对某些承包商发出邀请。经过对应邀人进行资格预审后，再通知其提出报价，递交投标书。这种招标方式的优点是经过选择的承包商在经验、技术和信誉方面都比较可靠，基本上能保证招标的质量和进度。这种方式的缺点在于发包人所了解的承包商的数量有限，在邀请时很有可能漏掉一些在技术上和报价上有竞争能力的后起之秀。为弥补此项不足，招标人可以编辑相关专业承包商的名录，摘要其特点，并及时了解和掌握新承包商的动态和原有承包商实力发展变化的信息，不断对名录进行调整、更新和补充，以减少遗漏。

邀请招标的步骤如下：

（1）招标人在自己熟悉的承包商（供货商）中选择一定数量的企业，或者采取发布通告的方式在报名的企业中选定，然后审查选定企业的资质，做出初步选择。

（2）招标人向初步选中的投标人征询是否愿意参加投标。在规定的最后答复日期之前，选择一定数量同意参加投标的施工企业，制定招标名单。要适当确定邀请企业的数量，不宜过多。限制邀请投标人的数量，除了减少审查投标书等工作量和节省招标费用外，还因为施工企业参加投标后，需做大量的工作，包括踏勘现场、参加标前会、编制标书等，这些都需要支付较高的费用。邀请的单位越多，耗费的投标费用越多。对未中标的施工企业来说，支出的费用最终还是要在其他工程项目中得到补偿的，这就必然导致工程造价的提高。所以，对于一些投标费用较高的特殊工程，邀请单位还可以适当减少。制定邀请名单，应尽可能保证选定的企业都符合招标条件，这样在评标时就可以主要依靠报价（或性价比）的高低来选定中标单位。对那些未被选中的投标人，应当及时通知他们。

（3）向名单上的企业发出正式邀请和招标文件。

（4）投标人递交投标文件，选定中标单位。

邀请招标这种方式由于参加投标施工企业的数量有限，不仅可以节省招标的费用，缩短招标的时间，也增加了投标人的中标概率，对双方都有一定的好处，但这种方式限制了竞争范围，可能会把一些很有实力的竞争者排除在外。因此，在有些国家和地区对国家投资项目等特别强调自由竞争、机会均等公正原则时，对招标中使用邀请招标的方式制定了严格的限制条件。这些条件一般包括：

（1）项目性质特殊，只有少数企业可以承担；

（2）公开招标需要的费用太高，与招标所能得到的好处不成正比；

（3）公开招标未能产生中标单位；

（4）因工期紧迫和保密等特殊要求，不宜公开招标。

国外私人投资的项目，多采用邀请招标。

3.4.1.3　两阶段招标

两阶段招标（Two-stage Bidding），也称两段招标，实质上是一种公开招标与邀请招标综合起来的招标方式。第一阶段按照公开招标方式进行招标，经过开标和评标后，再邀请最有资格的数家承包商进行第二阶段投标报价，最后确定中标者。世界银行的两步招标法及法国的指定招标就属于这种方式。

（1）两阶段招标的适用范围

① 在第一阶段报价、开标、评标后，如最低标价超出标底20%，且经过减价以后仍达不到要求时，可邀请其中标价最低的几家商谈，再做第二阶段投标报价。

② 对一些大型、复杂的项目，可考虑采用两阶段招标。先要求投标人提交"技术标"，即进行技术方案招标。通过技术标的投标人才能够提交商务标。有时，承包商在投标时把技术标与商务标分开包装，先评技术标，技术标通过，再开其商务标；技术标未通过者，商务标原封不动，退还给投标人。

（2）两阶段招标的特点

①适用于一些专业化强的项目，如一些大型化工设备安装就常常采用这种方式。

②投标过程较长，在十分必要时才采用。

3.4.1.4　议标

议标，也称谈判招标或指定招标（Negotiated Bidding）。招标人与几家潜在的投标人就招标事宜进行协商，达成协议后将工程委托承包（或指定供货）。

议标的优点是不需要准备完整的招标文件，节约时间，可以较快地达成协议，开展工作。

议标的缺点很明显，即由于议标背离了公开竞争的原则，必然导致一些弊病。如招标人反复压价；招标投标双方互相勾结，损害国家的利益；招标过程不公开、不透明，失去了公正性。

一般来说，只有特殊工程才采用议标确定中标商。这里所说的特殊工程主要包括以下几种情况：需要专门技术或设备、军事保密性工程或设备、抢险救灾项目、小型项目等。

3.4.2　国际工程招标特点

（1）法规性强　招标和投标是市场上购买大宗商品的基本方法。在市场经济条件下，招标投标既有利于对市场规范化管理，也有利于社会资源的有效利用。国内外项目招标投标有相应的规定，工程招标投标必须遵循相应的法律法规。

（2）专业性强　工程招标投标涉及工程技术、工程质量、工程经济、合同、商务、法律法规等，专业性强。主要体现在：

①工程技术专业性强；

②招标投标工作专业性要求高；

③招标与投标的法律法规的专业性强。

（3）透明度高　在整个招标与投标过程中必须遵循"公平、公正、公开"的原则。招标过程中的高透明度是保证招标公平公正的前提。

（4）风险性高　工程招标投标都是一次性的，确定买卖双方经济合同关系在前，产品或服务的提供在后。买卖双方以未来产品的预期价格进行交易，招标投标的市场交易方式的这种特殊性，决定了其风险性。产品是未来即将生产或提供的，产品生产的质量、提供的服务要等到得到产品后或服务完成后才可确知；交易价格是根据一定原则预期估计的，产品的最终价格也要到提供产品或服务终了时才能最后确定。这些无论对业主还是承包人都具有风险。加强招标投标中的风险控制是保证企业经营目标实现的重要手段。

（5）理论性与实践性强　工程招标投标的基本原理、招标工作程序、招标投标文件的组成、标底标价的计算、投标策略以及所涉及的各个方面都具有很强的理论性。同时，工程项目招标投标也具有很强的实践性，只有通过实际编制招标投标文件、参加工程招标投标实践，才能全面掌握工程招标投标技术的实际应用。

3.4.3　国际工程招标程序

各国与国际组织规定的招标程序不尽相同，但其中主要步骤和环节一般来说大同小异。国际咨询工程师联合会（FIDIC）制定的招标流程，是世界上比较有代表性的招标程序，如图 3.2 所示。

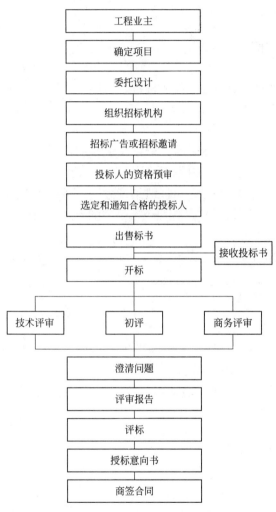

图3.2　国际工程招标程序

3.4.3.1　招标前的准备工作

（1）发布招标公告(Announcement of Tender)　采用"公开招标"或"两阶段招标"时，都应在国内报纸或权威杂志刊登招标公告。招标公告主要介绍招标项目的主要内容、要求条件和投标须知等。

（2）资格预审　预审是指招标人对投标人的基本情况、财务状况、供应与生产能力、经营作风及信誉进行全面预先审查。目前国际上一般采用分发"资格预审调查表"的做法，由招标人根据投标人所提供的数据进行"分项评分"。

（3）编制招标文件　招标文件又称"标书""标单"，内容主要包括：

① 招标商品的交易条件，但价格条件由投标人投标时提出；

② 投标人须知，如列明投标人资格、投标日期、开标日期、寄送投标单的方法等；

③ 投标人缴纳投标保证金及履约保证金的条款。

3.4.3.2　投标

（1）投标前的准备工作　投标人参加投标之前的准备工作包括：

① 编制投标资格审查表；

② 分析招标文件，投标人要对招标文件中的招标条件、技术标准、合同格式等进行认真分析；

③ 寻找投标担保单位。

（2）编制投标文件和提供保证函　投标人慎重研究标书后，一旦决定参加投标，就要根据招标文件的规定编制和填报投标文件。为防止投标人在中标后不与招标人签约，招标人通常要求投标人提供投标保证金或投标保证函。投标保证金可以缴纳现金，也可以由投标人通过银行向招标人出具银行保函或备用信用证。保证金额是按照投标金额的一定比例计算的，一般为 10% 左右。

（3）递送投标文件　投标文件须在投标截止日期之前送达招标人，逾期失效。递送投标文件，一般应密封后挂号邮寄，或派专人送达。

3.4.3.3　开标、评标、决标

（1）开标（Bid Opening）　开标是指招标人在指定日期、时间和地点将收到的投标书中所列的标价和提出的交易条件进行比较，然后择优选定投标人。

（2）评标（Evaluation of Bid）　评标是指招标人组织人员从不同角度对投标进行评审。评标的主要内容为：

① 研究对比投标报价；

② 评审投标是否有任何违反"投标须知"的规定；

③ 审查投标计算是否有严重错误；

④ 对标书内容是否有严重误解等。

参加评标的人员应当坚持"准确性""公开性"和"保密性"。

（3）决标与中标（Award of Bid）　决标是指经过评标，做出决定，最后选定中标人的行为。在投标人的最低报价与其他投标人的报价相差很大，甚至低于主管部门预计的"底标价"情况下，评标人可裁定其属于不合理报价，将标权授予其后报价较高的投标人。

3.4.3.4　议标和商签合同

在国际招标业务中，招标文件应明确规定合同条件以及合同协议书的格式，而且中标者也要在投标书中明确表明接受投标书中的条件，并承诺规定授标期限内投标书的约束力。

知识拓展

　　招标人与中标人在签订正式合同之前，应当注意：

　　（1）双方仍可对合同的条款进一步协商，调整最后价格和部分合同条款。双方经议标达成一致意见后，签订正式合同。

　　（2）中标人要向招标人提交履约保证书，又称履约保函。履约保函由招标人可接受的银行开立。中标人不能交付履约保函，视为弃权。

　　（3）如果中标人因其他理由不能按期履约，中标人事先未提出申请要求延缓，或提出申请未被招标机构接受，或有意拖延议标拒绝签约等，均视为中标人违约。招标人有权没收其投标保证金，并给予制裁。

基础考核

一、单选题

1.公开招标与邀请招标程序上的主要差异表现为（　　　）。

　　A.是否进行资格预审　　　　　　　　B.是否组织现场考察

　　C.是否解答投标单位的质疑　　　　　D.是否公开开标

2.监理招标的宗旨是对监理（　　　）的选择。

　　A.资历　　　　　　　　　　　　　　B.能力

　　C.报价　　　　　　　　　　　　　　D.现场监理人员数量

3.勘察合同履行后，定金应（　　　）。

　　A.返还委托方　　　　　　　　　　　B.双倍返还委托方

　　C.抵作勘察费　　　　　　　　　　　D.上缴上级主管部门

4.根据《招标投标法》的有关规定，评标委员会由（　　　）依法组建。

　　A.县级以上人民政府　　　　　　　　B.市级以上人民政府

　　C.招标人　　　　　　　　　　　　　D.建设行政主管部门

5.下列关于招标代理的叙述中，错误的是（　　　）。

　　A.招标人有权自行选择招标代理机构，委托其办理招标事宜

　　B.招标人具有编制招标文件和组织评标能力的，可以自行办理招标事宜

　　C.任何单位和个人不得以任何方式为招标人指定招标代理机构

　　D.建设行政主管部门可以为招标人指定招标代理机构

二、多选题

1.设计合同履行过程中，因委托方提出的变更要求需对设计所依据的原设计任务书进行重大修改，则应（　　　）。

  A.由业主报请原设计任务书的批准单位同意

  B.由设计单位报请原设计任务书的编制单位同意

  C.原合同继续有效

  D.需变更原合同

  E.原合同终止，双方重新签合同

 2.在监理委托合同内约定的监理服务工作内容可能包括（　　）。

  A.进行各种方案的成本效益分析   B.完成技术改造任务

  C.技术监督和检查   D.代替业主选择合同的实施承包单位

  E.负责施工合同履行的合同内管理

 3.我国现行的监理费计算方法有（　　）。

  A.按监理工程概预算百分比计算

  B.按参与管理工作的年度平均人数计算

  C.由甲、乙双方按商定的其他方法计算

  D.中外合资、合作、外商独资的工程项目，参照国际标准协商确定

  E.按委托人提出的方法

 4.建设工程勘察、设计、施工、设备采购的招标必须具备的条件包括（　　）。

  A.建设工程已批准立项

  B.向建设行政主管部门办理了报建手续

  C.建设资金能满足建设工程的要求，符合规定的资金到位率

  D.建设用地已依法取得，并领取了建设工程规划许可证

  E.技术资料能满足招标投标的要求

 5.采用邀请招标方式选择施工承包商时，业主在招标阶段的工作包括（　　）。

  A.发布招标公告   B.发出投标邀请函

  C.进行资格预审   D.组织现场考察

  E.召开标前答疑会

三、案例分析题

案例1

  某大型水利工程项目中的引水系统由某电网公司委托某技术进出口公司组织施工公开招标，确定的招标程序如下：1.成立招标工作小组；2.编制招标文件；3.发布招标邀请书；4.对报名参加投标者进行资格预审，并将审查结果通知各申请投标者；5.向合格的投标者分发招标文件及设计图纸、技术资料等；6.建立评标组织，制定评标定标办法；7.召开开标会议，审查投标书；8.组织评标，决定中标单位；9.发出中标通知书；10.签订发承包合同。

  问题：1.上述招标程序有何不妥之处，请加以指正。

     2.在哪两步之间应增加"组织投标单位踏勘现场，并就招标文件进行答疑"？

案例2

  某国家重点建设项目，已通过招标审批手续，拟采用邀请招标方式进行招标。在施工招标文件中规定的部分内容：

1. 投标准备时间为 15 天；

2. 投标单位在收到招标文件后，若有问题需澄清，应在投标预备会后以书面形式向招标单位提出，招标单位以书面形式单独进行解答；

3. 明确了投标保证金的数额和支付方式。

为便于投标人提出问题并使问题得到解决，招标单位将勘察现场和投标预备会安排到同一天进行。投标预备会由评标委员会组织并主持召开。各投标单位经过调研、收集资料，编制了投标文件，在规定的时间内递交评标委员会，准备评标。

问题：

1. 该项目采用邀请招标是否正确？说明理由。

2. 施工招标文件规定的部分内容有何不妥之处？请逐一改正。

3. 勘察现场和投标预备会的安排是否合理？如不合理应怎样安排？

4. 投标预备会由评标委员会组织是否妥当？如不妥当，应由谁组织？

5. 投标文件的递交程序是否正确？如不正确，请改正。

模块 4

建设工程投标

学习目标

知识要点	能力目标	驱动问题	权重
1.了解建设工程投标的基本概念； 2.掌握建设工程施工投标文件编制的方法，投标工作的内容，投标报价分析； 3.熟悉投标程序，初步掌握投标报价技巧	1.能够进行招标文件的购买、工程量的校核、现场踏勘、参加投标预备会； 2.能够进行投标文件的编制； 3.能够运用投标策略并合理选用投标报价技巧； 4.能够进行投标文件的整理（汇总、密封、提交）	1.投标程序是什么？ 2.投标文件主要内容有哪些？ 3.常用的投标报价技巧有哪些？如何运用？ 4.投标文件的编制注意事项有哪些？	70%
1.熟悉国际工程投标文件的编制； 2.熟悉国际工程投标文件的内容； 3.了解国际工程投标报价的程序和费用构成	能够进行国际工程投标文件编辑和整理工作	1.国际、国内工程招标文件的编制内容有何异同点？ 2.国际、国内工程招标方式有什么区别？	30%

思政元素

内容引导	思考问题	课程思政元素
基于决策树分析法的投标决策分析	1.针对项目投标，根据项目的专业性等确定是否投标。 2.倘若投标，投什么性质的标？是风险标还是保险标？是投盈利标，还是投保本标、亏损标？ 3.投标中如何以长制短，以优胜劣？	工匠精神、专业水平、自主学习
不平衡报价的运用（南水北调工程案例）	1.投标报价策略有哪些？ 2.使用不平衡报价策略的要点是什么？	法治意识、职业道德

导入案例

某投标人通过资格预审后，对招标文件进行了仔细分析，发现招标人在招标文件提出的工期要求过于苛刻，且合同条款中规定每拖延 1 天工期罚合同价的 0.1%。若要保证实现该工期要求，必须采取特殊措施，从而大大增加成本；还发现原设计结构方案采用框架剪力墙体系过于保守，因此，该投标人在投标文件中说明招标人的工期要求难以实现，因而按自己认为的合理工期（在招标人要求工期的基础上增加 6 个月）编制施工进度计划并据此报价；还建议将框架剪力墙体系改为框架体系，并对这两种结构体系进行了技术经济分析和比较，证明框架体系不仅能够保证工程结构的可靠性和安全性、增加使用面积、提高空间利用的灵活性，而且可降低造价约 3%。该投标人将技术标和商务标分别封装，在封口处加盖本单位公章和项目经理签字后，在投标时间前 1 天上午将投标文件报送业主。

次日（即投标截止日当天）下午，在规定的开标时间前 1 小时，该投标人又递交了一份补充材料，其中声明将原报价降价 4%。但是，招标单位的有关工作人员认为，根据国际上一标一投的惯例，一个承包商不得递交两份投标文件，因而拒收该投标人的补充材料。开标会由市招标办的工作人员主持，市公证处有关人员到会，各投标单位代表均到场。开标前，市公证处人员对各投标单位的资质进行审查，并对所有投标文件进行审查，确认所有投标文件均有效后，正式开标。主持人宣读投标单位名称、投标价格、投标工期和有关投标文件的重要说明。请思考：

1. 该投标人运用了哪几种报价技巧？其运用是否得当？请逐一加以说明。

2. 从所介绍的背景来看，在该项目招标程序中存在哪些问题？请分别作简单说明。

4.1　建设工程施工投标

建设工程投标是指投标人（卖方或工程承包商）按照招标人规定的条件、在规定的时间和地点向招标人做出承诺以争取中标的行为。

建设工程的投标包括建设工程勘察、设计、施工、监理以及与工程建设有关的设备、材料的采购等，投标的实质是卖方的竞争。本节主要介绍建设工程施工投标。

建设施工投标的投标人是响应施工招标，参与投标竞争的施工企业，同时投标人应具备相应的施工资质，并在工程业绩、技术管理能力、项目经理资格条件、公司财务状况等方面满足招标文件的要求。

4.1.1　投标人应具备的条件

建设工程施工投标人应具备以下条件：

（1）投标人应该是可以经营建筑安装施工的法人单位或其他组织，而且还必须是持有国家有关主管部门批准并登记注册的建设工程施工资质。

（2）投标人应具备承担招标项目的能力。因为招标工程项目的规模、结 **4.1　投标准备**
构、标准、施工技术条件的要求不同，所以对投标人的资质等级、技术管理能力、施工业绩和财务状况会有相应的要求，才能保证工程项目的顺利进展。

（3）国家、行业相关规定或者招标文件对投标人资格条件有规定的，投标人还应具备的其他相关的资格条件。对于一些大型工程建设项目、国家重点工程或有特殊技术要求的项目，如大型水电站、高速公路、核电站等工程项目，除要求施工承包商具备一定的资质条件外，还会要求投标人具备同项目本身特点相关的资格条件，如承建过类似大型工程、具有特殊的施工资质、拥有特殊的施工机械设备、获得过鲁班奖、财务状况良好。当参加这类投标时必须具有相应的资质证书和相应的工作经验及业绩证明才能成为投标人。

（4）两个以上法人或者其他组织可以组成一个联合体，以一个投标人的身份共同投标。联合体作为投标人应具备以下条件：

① 联合体各方均应当具备招标项目的相应能力；

② 国家有关规定或者招标文件对投标人资格条件是有规定的，联合体各方均应具备规定的相应资格条件；

③ 由同一专业的单位组成的联合体，按照资质等级较低的单位确定资质等级；

④ 联合体各方应当签订共同投标协议，明确约定各方拟承担的工作和相应的责任，并将共同投标协议连同投标文件一并提交招标人；若中标，联合体各方应当共同与招标人签订合同，就中标项目向招标人承担连带责任，但是共同投标协议另有约定的除外；

⑤ 联合体应该指定一家联合体成员作为约定人，由联合体各成员法定代表人签署提交一份授权书，证明其主办人资格；

⑥ 参加联合体的各成员不得再以自己的名义单独投标，也不得同时参加两个和两个以上的联合体投标。

4.1.2　投标人应遵守的基本规则

建设工程施工投标人在投标时，必须遵守以下基本规则：

（1）投标人应当按照招标文件的要求编制投标文件，投标文件应当对招标文件提出的要求和条件做出实质性响应。招标文件的实质性要求包括招标项目的技术、对投标人资格审查的标准、投标报价要求、评标标准和合同条件等。

（2）投标人编制的投标文件的内容应当包括投标报价、施工组织设计、拟派出的项目经理和主要技术管理人员的简历、业绩及拟用于完成招标项目的主要机械设备等。

（3）投标人根据招标文件载明的项目实际情况，拟在项目中标后将中标项目的部分非主体、非关键性工作交由他人完成的，应当在投标文件中载明。

（4）投标人应当在招标文件所要求提交投标文件的截止时间前，将投标文件送达投标地点。招标人收到投标文件后，应当签收保存，不得开启。招标人对招标文件要求提交投标文件的截止时间后收到的投标文件，应当原样退还，不得开启。

（5）投标人在招标文件要求提交投标文件的截止时间前，可以补充、修改或者撤回已提交的投标文件，并书面通知招标人，补充、修改的内容为投标文件的组成部分。

（6）投标人不得相互串通投标报价，不得排挤其他投标人的公平竞争，损害招标人或者他人的合法权益。

（7）投标人不得以低于成本的报价竞标，也不得以他人名义投标或者以其他方式作假，骗取中标。

4.2　建设工程施工投标决策

建设工程施工投标是建设工程招标投标活动中，投标人的一项非常重要的市场活动，也是建筑企业取得承包合同的关键路径。施工投标必须按照国家规定的程序进行，这在《中华人民共和国招标投标法》和《房屋建筑和市政基础设施工程施工招标投标管理办法》中都有严格规定。

4.2　投标决策

4.2.1　投标项目的筛选

收集并跟踪项目投标信息是市场经营人员的重要工作，经营人员应建立广泛的信息网络，不仅要关注各招标机构公开的招标公告和公开发行的报刊、网络，以及各招标机构公开发行的招标公告和公开发行的报刊、网络媒体，还要建立与建设管理行政部门、建设单位、设计院、咨询机构的良好关系，以便尽早了解建设项目的信息，为项目投标工作早做准备。

工程项目投标活动中，需要收集的信息涉及面很广，其主要内容可以概括为以下几个方面：

（1）自然环境　主要包括工程所在地的地理位置和地形、地貌；气象状况，包括气温、湿度、主导风向、平均降水量；洪水、台风及其他自然灾害状况等气象情况决定了项目实施难度，从而会影响项目建设成本。因此自然环境也是投标决策的影响因素。

（2）市场环境　主要包括：建筑材料、施工机械设备、燃料、动力、供水和生活用品的供应情况、价格水平，还包括近年批发物价、零售物价指数以及今后的变化趋势和预测；劳务市场情况，如工人技术水平、工资水平、有关劳动保护和福利待遇的规定等；金融市场情况，如银行贷款的难易程度以及银行利率等。

（3）政治环境　投标人首先应当了解与项目有关的政治形势、国家政策等，即国家对该项目采取的鼓励政策还是限制政策，同时还应了解在招标投标活动中以及在合同履行过程中有可能采取的法律措施。

（4）竞争环境　掌握竞争对手的情况，是投标策略中的一个重要环节，也是投标人参加投标能否获胜的重要因素。主要工作是分析竞争对手的实力和优势，在当地的信誉；了解对手的投标报价的动态，与业主之间的人际关系，以便同自己相权衡，从而分析取胜的可能性和制定相应的投标策略。

（5）项目方面的情况　工程项目方面的情况包括：工作性质、规模、发包范围；工程的技术规模和对材料性能及工人技术水平的要求；总工期及分批竣工交付使用的要求；施工场地的地形、地质、地下水位、交通运输、给排水、供电、通信条件的情况；工程项目资金来源；对购买器材和雇佣工人有无限制条件；工程价款的支付方式；监理工程师的资历、职业道德和工作作风等。

（6）业主的信誉　包括业主的资信情况、履约态度、支付能力，在其他项目上有无拖欠工程款的情况，对实施的工程需求的迫切程度，以及对工程的工期、质量、费用等方面的要求等。

（7）投标人自身情况　投标人对自己内部情况、资料也应当进行归档管理，这类资料主要用于招标人要求的资格审查和本企业履行项目的可能性，包括反映本单位的技术能力、管理水平、信誉、工程业绩等各种资料。

（8）有关报价的参考资料　如当地近期的类似工程项目的施工方案、报价、工期及实际成本等资料，同类已完工程的技术经济指标，企业承担过类似工程项目的实际情况。

我国招标信息发布部分指定媒介名单见表4.1。

表4.1　招标信息发布部分指定媒介名单

国家发改委指定媒介	《中国日报》、《中国经济导报》、《中国建设报》、中国采购与招标网
北京市指定媒介	《人民日报》、《中国日报》、中国采购与招标网、北京投资平台
天津市指定媒介	《今晚报》、天津市招标投标网
河北省指定媒介	《河北日报》、《河北工人报》、《河北经济日报》、河北省招标投标综合网

4.2.2　投标决策

投标决策是承包商通过投标获得工程项目是市场经济的必然要求，对于承包商而言，经过前期的调查研究后，应针对实际情况作出决策。它关系到投标人能否中标及中标后的经济效益，所以应该引起高度重视。建设工程投标决策内容一般来说主要包括两个方面：一是对是否参加投标进行决策；二是对如何投标进行决策。

4.2.2.1　影响投标决策的内部因素

（1）技术实力　指本企业的技术水平和技术工人的工种、数量能否满足该工程项目对技术的要求以及本企业所具有的施工机械设备的品种、数量能否满足该工程项目对设备的要求。

（2）经济实力　指本企业的资金来源、额度对项目的实施是否有充足的保障。分析招标方和监理工程师情况，包括对工程项目本身、招标方和监理方情况、当地市场行情等方面进行细致分析。分析该项目的工期要求及交工条件，本公司现有条件能否满足要求。分析竞争对手的情况，包括竞争对手的数量、实力以及与业主的关系等。

（3）管理实力　指是否有足够的、水平相当的管理人员参加该工程项目的实施和管理。管理人员的水平、经验和资质往往对项目实施的成败起决定作用。

（4）信誉实力　是指企业的履约情况、获奖情况、资信情况和经营作风，有无以往同类工程的业绩、经验可供参考和借鉴。承包商的信誉是无形的资产，这是企业竞争力的一项重要内容，因此投标决策时应正确评价自身的信誉能力。

4.2.2.2　投标决策类型

投标人在对投标项目内外因素充分分析和考虑该项目的风险后，基于对于风险的不同态度可以选择风险标、保险标；对于追求不同的效益可以选择盈利标、保本标和亏损标。

风险标：明知工程承包难度大、风险大，且技术、设备、资金上都有未解决的难题，但由于队伍窝工，或因为工程盈利丰厚，或为了开拓新技术领域而决定参加投标，同时设法解决存在的问题，即是风险标。投标后，如问题解决得好，可取得较好的经济效益，可锻炼出一支好的施工队伍，使企业更上一层楼；解决得不好，企业的信誉、效益就会受到损害，严重者可能导致企业亏损甚至破产。因此，投风险标必须审慎从事。

保险标：对可以预见的情况从技术、设备、资金等重大问题都有了解决的对策之后再投标，称之为保险标。企业经济实力较弱，经不起失误的打击，则往往投保险标。当前，我国施工企业多数都愿意投保险标，特别是在国际工程承包市场上投保险标。

盈利标：如果招标工程既是本企业的强项，又是竞争对手的弱项，或建设单位意向明确，或本企业任务饱满、利润丰厚，才考虑让企业超负荷运转，此种情况下的投标称盈利标。

保本标：当企业无后继工程，或已经出现部分窝工，必须争取中标。但招标的工程项目本企业又无优势可言，竞争对手又多，此时，就是投保本标，至多投薄利标。

亏损标：亏损标是一种非常手段，一般是在下列情况下采用，即本企业已大量窝工，严重亏损，若中标后至少可以使部分人工、机械运转，减少亏损；或者为在对手林立的竞争中夺得头标，不惜血本压低标价；或是为了在本企业一统天下的地盘里，为挤垮企图插足的竞争对手；或为打入新市场，取得拓宽市场的立足点而压低标价。以上这些，虽然是不正常的，但在激烈的竞争中有时也这样做。

4.2.2.3　投标决策方法

一般来说，投标项目的选择决策方法分为两种，定性决策方法和定量决策方法。

（1）定性决策方法　定性选择投标项目，主要依靠企业投标决策人员，也可以聘请有关专家，按照之前确定的投标标准，根据个人的经验和科学的分析研究方法选择投标项目。这种方法虽有一定的局限性，但方法简单，应用较为广泛。

根据企业情况，具体可以分为如下类型：

① 企业投标是为了取得业务，满足企业生存的需要。这是经营不景气或者各方面都没有优势的企业的投标目标。在这种情况下，企业往往选择有把握的项目投标，采取低利或者保本策略争取中标。

② 企业投标是为了创立和提高企业的信誉。能够创立和提高企业的信誉项目，是大多数企业志在必得的项目，竞争必定激烈，投标人必定采取各种有效的策略和技巧去争取中标。

③ 企业经营业务饱满，为了扩大影响或取得丰厚的利润而投标。这类企业通常采用高利润策略，即采取盈利标的策略。

④ 企业投标是为了实现企业的长期利润目标。建筑业企业为了实现利润目标，承揽经营业务就成为头等大事。特别是在竞争十分激烈的情况下，都把投标作为企业的经常性业务工作，采取薄利多销策略以积累利润，必要时甚至采用保本策略占领市场，为今后积累利润创造条件。

通常情况下，下列招标项目应放弃投标：

① 本施工企业主管和兼营能力之外的项目；

② 工程规模、技术要求超过本施工企业技术等级的项目；

③ 本施工企业生产任务饱满，而招标工程的盈利水平较低或风险较大的项目；

④ 本施工企业技术等级、信誉、施工水平明显不如竞争对手的项目。

因此，在选择工程投标项目时，在综合考虑各方面因素后，才能做成正确的投标决策。

（2）定量决策方法　当选择工程投标项目时，在综合考虑各方面因素后，可用权数计分评价法、决策树法等方法进行选择。

① 权数计分评价法　权数计分评价法就是对影响决策的不同因素设定权重，对不同的投标工程的这些因素评分，最后加权平均得出总分，选择得分高者。通过权数评分评价法，可以对某一投标招标项目投标机会做出评价，即利用本公司过去的经验确定一个 $\sum W \times C$ 值，例如 0.6 以上即可投标；还可以利用表 4.2 同时对若干个项目进行评分，对可以考虑投标的项目选择 $\sum W \times C$ 值最高的项目作为重点，投入足够的投标资源。注意，选择投标项目时注意不能只看 $\sum W \times C$ 值，还要分析一下权数大的几个项目及分析重要指标的等级，如果太低，则不宜投标。

表4.2　权数评分法选择投标项目表

投标考虑的指标	权数 (W)	等级					指标得分 (W×C)
		好	较好	一般	较差	差	
		1.0	0.8	0.6	0.4	0.2	
管理条件	0.15		0.8				0.12
技术水平	0.15	1.0					0.15
机械设备实力	0.05	1.0					0.05
对风险的控制能力	0.15			0.6			0.09
实现工期的可能性	0.10			0.6			0.06
资金支付条件	0.10		0.8				0.08
与竞争对手实力比较	0.10				0.4		0.04
与竞争对手投标积极性比较	0.10		0.8				0.08
今后的机会	0.05				0.4		0.02
劳务和材料条件	0.05	1.0					0.05
$\sum W \times C$							0.74

② 决策树法　决策树法是决策树法决策者构建出问题的结构，将决策过程中可能出现的状态及其概率和产生的结果，用树枝状的图形表示出来，便于分析、对比和选择。决策树是以方框和圆圈为结点，方框结点代表决策点，圆圈点代表机会点，用直线连接而成的一种树状结构图，每条树枝代表该方案可能的一种状态及其发生的概率大小。决策树的绘制从左到右，最左边的机会点中，最大的机会点所代表的方案为最佳方案。

例1　某承包商面临 A、B 两项工程投标，因条件限制只能选择其中一项工程投标，或者两项工程均不投标。根据过去类似工程投标的经验数据，A 工程投高标的中标概率为 0.3，投低标的中标概率为 0.6，编制投标文件的费用为 3 万元；B 工程投高标的中标概率为 0.4，投低标的中标概率为 0.7，编制投标文件的费用为 2 万元。各方案承包的概率及损益情况如表 4.3 所示。试运用决策树法进行投标决策。

表4.3　各投标方案概率及损益表

方案	中标概率	损益值/万元
A高	好0.3	150
	中0.5	100
	差0.2	50

续表

方案	中标概率	损益值/万元
A低	好0.2	110
	中0.7	60
	差0.1	0
B高	好0.4	110
	中0.5	70
	差0.1	30
B低	好0.2	70
	中0.5	30
	差0.3	−10
不投标		0

（1）绘出决策图（图 4.1）

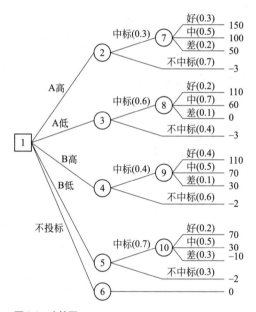

图4.1　决策图

（2）计算图 4.1 中各机会点的期望值

点⑦：$150 \times 0.3 + 100 \times 0.5 + 50 \times 0.2 = 105$（万元）

点②：$105 \times 0.3 - 3 \times 0.7 = 29.4$（万元）

点⑧：$110 \times 0.2 + 60 \times 0.7 + 0 \times 0.1 = 64$（万元）

点③：$64 \times 0.6 - 3 \times 0.4 = 37.2$（万元）

点⑨：$110 \times 0.4 + 70 \times 0.5 + 30 \times 0.1 = 82$（万元）

点④：$82 \times 0.4 - 2 \times 0.6 = 31.6$（万元）

点⑩：$70 \times 0.2 + 30 \times 0.5 - 10 \times 0.3 = 26$（万元）

点⑤：$26 \times 0.7 - 2 \times 0.3 = 17.6$（万元）

点⑥：0

（3）选择最优方案　因为点③的期望值最大，故投 A 工程低标为最优方案。

4.3　建设工程施工投标程序及主要工作

　　建设工程施工投标是法制性、政策性很强的工作，必须按照特定的程序进行，这是在《招标投标法》和《房屋建筑和市政基础设施工程施工招标投标管理办法》中都有严格规定，将这些规定与实际工作相结合，其投标程序如图 4.2 所示。

4.3　投标程序

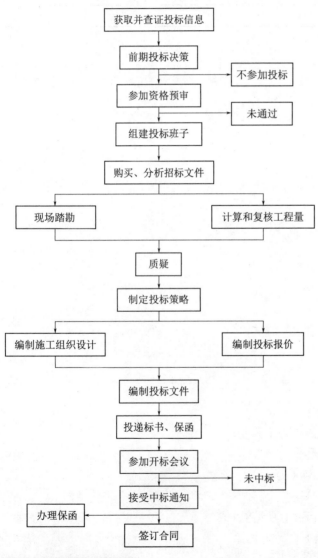

图4.2　建设工程施工投标程序

4.3.1　参加资格预审

《招标投标法》第十八条规定："招标人可以根据招标项目本身的要求，在招标公告或者投标邀请书中，要求潜在投标人提供有关资质证明文件和业绩情况，并对潜在投标人进行资格审查；国家对投标人的资格条件有规定的，依照其规定。招标人不得以不合理的条件限制或者排斥潜在投标人，不得对潜在投标人实行歧视待遇。"

资格预审是投标人投标过程中需要通过的第一关。参加一个工程招标的资格预审，应全力以赴，力争通过预审，成为可以投标的合格投标人。资格预审时常用的资料主要包括：

（1）公司营业执照、组织机构代码证书、资质证书、资信等级证书及其复印件；

（2）公司简介；

（3）业绩证明（合同文件、中标通知书、工程验收证书、获奖证书、证明文件、照片等相关文件）；

（4）在建工程概况；

（5）主要管理和技术人员简历及资质文件；

（6）机械设备概况表。

4.3.2　组建投标班子

投标人在通过资格审查，购领了招标文件和有关资料后，就要按招标文件确定的投标准备时间着手开展各项投标准备工作。

投标准备时间：是指从开始发放招标文件之日起至投标截止时间为止的期限，它由招标人根据工程项目的具体情况确定，一般为28天之内。

投标班子：一般应包括下列三类人员。

（1）经营管理人员。这类人员一般是从事工程承包经营管理的行家里手，熟悉工程投标活动的筹划和安排，具有相当的决策水平。

（2）专业技术类人员。这类人员是从事各类专业工程技术的人员，如建筑师、监理工程师、建造师、造价工程师等。

（3）商务金融类人员。这类人员是从事有关金融、贸易、财税、保险、会计、采购、合同、索赔等工作的人员。

4.3.3　购领招标文件

投标人经资格审查合格后，便可向招标人申购招标文件和有关资料，同时要缴纳投标保证金。投标保证金是为防止投标人对其投标活动不负责任而设定的一种担保形式，是招标文件中要求投标人向招标人缴纳的一定数额的费用。缴纳方法应在招标文件中说明，并按招标文件的要求进行。

一般来说，投标保证金可以采用现金，也可以采用支票、银行汇票，还可以是银行出具的银行保函。银行保函的格式应符合招标文件中提出的格式要求，根据工程投资大小由业主在招标文件中确定。在国际上，投标保证金的数额较高，一般设定为占投资总额的 1% ～ 5%。我国的投标保证金数额，一般不超过投标总价的 2%，但最高不得超过 80 万元人民币。

投标人应当按照招标文件要求的方式和金额，将投标保证金随投标文件提交给招标人。投标人不按招标文件要求提交投标保证金的，该投标文件将被拒绝，做废标处理。

4.3.4 参加踏勘现场和投标预备会

投标人拿到招标文件后，应进行全面细致的调查研究。如有疑问或不清楚的问题需要招标人予以澄清和解答的，应在收到招标文件后 7 日内以书面形式向招标人提出。

4.3.4.1 现场踏勘

投标人在去现场踏勘之前，应先仔细研究招标文件有关内容和各项要求，特别是招标文件中的工作范围、专业条款以及设计图纸和说明等，然后有针对性地拟订出踏勘提纲，确定重点需要澄清和解答的问题，做到心中有数。投标人参加现场踏勘的费用，由投标人自己承担。招标人一般在招标文件发出后，就着手考虑投标人进行现场踏勘等准备工作，并在现场踏勘中对投标人给予必要的协助。投标人进行现场踏勘的内容，主要包括以下几个方面：

（1）工程的范围、性质以及与其他工程之间的关系；

（2）施工现场是否达到招标文件规定的条件，如"三通一平"等；

（3）投标人参与投标的那一部分工程与其他承包商或分包商之间的关系；

（4）现场地貌、地质、水文、气候、交通、电力、水源等情况，如有无障碍物等；

（5）进出现场的方式，现场附近有无食宿条件、料场开采条件、其他加工条件、设备维修条件等；

（6）工地附近治安情况；

（7）项目所在地的社会经济状况（安全、环保、物价、收入等）。

4.3.4.2 投标预备会

投标预备会，又称答疑会、标前会议，一般在现场踏勘之后 1 ～ 2 天内举行。答疑会的目的是解答投标人对招标文件和在现场中提出各种问题，并对图纸进行交底和解释。答疑会也可以不举行，招标人采用书面答复的形式对投标人所提问题进行回答。所有问题的解答，将邮寄或传真给所有投标人，由此而产生的对招标文件内容的修改，将成为招标文件的组成部分，对于双方均具有法律约束力。

在质疑过程中，主要对影响造价和施工方案的疑问进行澄清，但对于对自己有利的模糊不清、模棱两可的情况，可以故意不提出澄清，以利于灵活报价。

4.3.5 编制投标文件

经过现场踏勘和投标准备会后，投标人可以着手编制投标文件。投标人着手编制和递交投标文件的具体步骤和要求主要如下：

（1）深度分析招标文件　招标文件是编制投标文件的主要依据，因此，必须结合已获取的有关信息，认真细致地加以分析研究，特别是要重点研究其中的投标须知、专业条款、设计图纸、工程范围及工程量表等，要弄清到底有没有特殊要求或哪些特殊要求。

（2）校核工程量清单　投标人是否校核招标文件中的工程量清单或校核得是否准确，直接影响到投标报价和中标机会，因此，投标人应该认真对待。通过校核工程量，投标人大体确定了工程总报价之后，估计某些项目工程量可能增加或减少的，就可以相应地提高或降低单价。如发现工程量有重大出入的，特别是漏项的，可以找招标人核对，要求招标人认可，并给予书面确认。这对于总价固定合同来说，尤其重要。

（3）编制施工规划或施工组织设计　施工规划或施工组织设计的内容，一般包括施工程序、方案、施工方法、施工进度计划、施工机械、材料、设备的选定和临时生产、生活设施的安排、劳动力计划，以及施工现场平面和空间的布置。

施工规划或施工组织设计的编制依据，主要是设计图纸、技术规划、复核完成的工程量，招标文件要求的开工、竣工日期，以及对市场材料、机械设备、劳动力价格的调查。编制施工规划或施工组织设计，要在保证工期和工程质量的前提下，尽可能使成本最低、利润最大。

（4）根据工程价格构成进行工程估价，确定和完成投标报价　投标报价是投标的一个核心环节，投标人要根据工程价格构成对工程进行合理估价，确定切实可行的利润方针，正确计算和确定投标报价。

（5）递送投标文件　递送投标文件，也称递标，是指投标人在招标文件要求提交投标文件的截止日期前，将所有准备好的投标文件密封送达投标地点。招标人收到投标文件后，应当签收保存，不得开启。

投标人在递交投标文件以后、投标截止日期之前，可以对递交的投标文件进行补充、修改或撤回，并书面通知招标人。但投标人所递交的补充、修改或撤回通知必须按招标文件的规定编制、密封和标记。投标截止后，在投标有效期内，投标人不得撤回投标文件，否则其投标保证金将被没收。

4.3.6　参加开标会议

投标人在编制、递交投标文件后，要积极准备出席开标会议。参加开标会议对投标人来说，既是权利，也是义务。按照国际惯例，投标人不参加开标会议，视为弃权，其投标文件将不予启封，不予唱标，不允许参加评标。

投标人参加开标会议，要注意投标文件是否被正确启封、宣读，对于被错误地认定为无效的投标文件或唱标出现的错误，应当场提出异议。

在评标期间，评标组织要求澄清投标文件中不清楚问题的，投标人应积极予以说明、解释、澄清。对于招标文件一般可以采用向投标人发出书面质询，由投标人书面作出说明或澄清的方式，也可以采用召开澄清会的方式。

澄清会是评标组织为有助于对投标文件的审查、评价和比较，而个别地要求投标人澄清其投标文件（包括单价分析表）而召开的会议。在澄清会上，评标组织有权对投标文件中不清楚的问题，向投标人提出询问。有关澄清的要求和答复，最后均应以书面形式进行。所说明、澄清和确认的问题，经招标人和投标人双方签字后，作为投标书的组成部分。

4.3.7 接受中标通知书并签订合同

经评标，投标人被确定为中标人，应接受招标人发出的中标通知书。未中标的投标人有权要求招标人退还其投标保证金。

中标人收到中标通知书，应在规定的时间和地点与招标人签订合同。在合同正式签订之前，应先将合同草案报招投标代理管理机构审查。经审查后，中标人与招标人在规定的期限内签订合同。规定的期限最长不能超过 30 天。

4.4 建设工程施工投标文件的编制

在投标人参与投标的工作中，编制一份具有竞争力的投标文件是其能否中标的重要因素之一。建设工程投标文件是招标人判断投标人是否参加投标的依据，也是评标委员会进行评审和比较的对象，中标的投标文件还和招标文件一起成为招标人和中标人订立合同的法定根据。因此，投标人必须高度重视建设工程投标文件的编制和提交工作。

4.4.1 投标文件的组成

建设工程投标文件，是工程投标人单方面阐述自己响应招标文件要求，旨在向招标人提出愿意订立合同的意思表示，是投标人确定、修改和解释有关投标事项的各种书面表达形式的统称。根据《标准施工招标文件》的要求，投标文件一般由下列内容组成：

（1）投标函及投标函附录；

（2）投标保证金；

（3）法定代表人资格证明或附有法定代表人身份证明的授权委托书；

（4）联合体协议书；

（5）已标价的工程量清单；

（6）项目管理机构；

（7）资格审查资料（资格预审的不采用）；

（8）拟分包项目情况表；

（9）施工组织设计；

（10）招标文件规定提交的其他资料。

4.4.2 投标文件的编制要求及注意事项

（1）投标人编制投标文件时必须使用招标文件提供的投标文件表格格式，但表格可以按同样格式扩展。投标保证金、履约保证金的缴纳方式，可以按招标文件有关条款的规定选择。投标人根据招标文件的要求和条件填写投标文件的空格时，凡要求填写的空格都必须填写，不能空着不填，否则，即被视为放弃意见。实质性的项目或数字，如工期、质量等级、价格等未填写的，将被作为无效或作废的投标文件处理。

（2）编制的投标文件"正本"仅一份，"副本"则按招标文件前附表所述的份数提供，同时要明确标明"投标文件正本"和"投标文件副本"字样。投标文件正本和副本如有不一致之处，以正本为准。投标文件正本与副本均应使用不能擦去的墨水打印或书写，各种投标文件的填写都要字迹清晰、端正，补充设计图纸要整洁、美观。

（3）所有投标文件均有投标人的法定代表人签署、加盖印鉴，并加盖法人单位公章；填报投标文件应反复校核，保证分项和汇总计算均无错误。全套投标文件均应无涂改和行间插字，除非这些删改是根据招标人要求进行的，或者是投标人造成的必须修改的错误。修改处应由投标文件签字人签字证明并加盖印鉴。

（4）如招标文件规定投标保证金为合同总价的一定比例时，开投标函不要太早，以防泄漏己方报价。但有的投标商提前开出并故意加大保函金额，以麻痹竞争对手的情况也是存在的。

（5）投标人应将投标文件的正本和每份副本分别密封在内层包封，再密封在一个外层包封中，并在内包封上正确标明"投标文件正本"和"投标文件副本"。内层和外层包封都应写明招标人名称和地址、合同名称、工程名称、招标编号，并注明开标时间以前不得开封。在内层包封上还应写明投标人的名称与地址、邮政编码，以便投标出现逾期送达时能原封退回。如果内外层包封没有按上述规定密封并加写标志，招标人将不承担投标文件错放或提前开封的责任，由此造成的提前开封的投标文件将被拒绝，并退还给投标人。投标文件递交至招标文件前附表所述的单位和地址。

知识拓展

投标人在编制投标文件时应特别注意，以免被判为无效标而前功尽弃。投标文件有下列情形之一的，在开标时将被作为无效或作废的投标文件，不能参加评标：

（1）投标文件未按规定标志、密封的；

（2）未经法定代表人签署或未加盖投标人公章或未加盖法定代表人印鉴的；

（3）未按规定的格式填写，内容不全或字迹模糊辨认不清的；

（4）投标截止时间以后送达的投标文件。

4.4.3　技术标的编制

建设工程项目施工投标的技术标主要是编制施工组织设计、确定施工方案。

4.4.3.1　施工组织设计的基本概念

施工组织设计是指导拟建工程施工全过程各项活动的技术、经济和组织的综合性文件。

施工组织设计要根据国家的有关技术政策和规定、业主的要求、设计图纸及组织施工的基本原则，从拟建工程施工全局出发，结合工程的具体条件，合理地组织安排，采用科学的管理方法，不断地改进施工技术，有效地使用人力、物力，安排好时间和空间，以期达到耗工少、工期短、质量高和造价低的最优效果。

在投标过程中，必须编制施工组织设计，该工作对于投标报价影响很大。但此时所编制的施工组织设计其深度和范围都比不上接到施工任务后由项目部编制的施工组织设计，因此，是初步的施工组织设计。如果中标，再编制详细而全面的施工组织设计。初步的施工组织设计一般包括进度计划和施工方案等。招标人将根据施工组织设计的内容评价投标人是否采取了充分和合理的措施，保证按期完成工程施工任务。另外，施工组织设计对投标人自己也是十分重要的，因为进度安排是否合理，施工方案选择是否恰当，对工程成本与报价有密切关系。

编制一个好的施工组织设计可以大大降低标价，提高竞争力。编制的原则是在保证工期和工程质量的前提下，尽可能使工程成本最低，投标价格合理。

4.4.3.2 施工组织设计的编制原则

在编制施工组织设计时，应根据施工的特点和以往积累的经验，遵循以下几项原则：

（1）认真贯彻国家对工程建设的各项方针和政策，严格执行建设程序。历史的经验表明：凡是遵循基本建设程序，基本建设就能顺利进行；否则，不但会造成施工的混乱，影响工程质量，而且还可能会造成严重的浪费或工程事故。因此，认真执行基本建设程序，是保证工程顺利进行的重要条件。另外在工程建设过程中，必须认真贯彻执行国家对工程建设的有关方针和政策。

（2）科学地编制进度计划，严格遵守招标文件中要求的工程竣工及交付使用期限。

（3）遵循建筑施工工艺和技术规律，合理安排工程施工程序和施工顺序。

（4）在选择施工方案时，要积极采用新材料、新设备、新工艺和新技术，努力为新结构的推行创造条件；要注意结合工程特点和现场条件，使技术的先进适用性和经济合理性相结合，防止单纯追求先进而忽视经济效益的做法；还要符合施工验收规范、操作规程的要求和遵守有关防火、保安及环卫等规定，确保工程质量和施工安全。

（5）对于那些必须进入冬、雨季施工的工程项目，应落实季节性施工措施，保证全年的施工生产的连续性和均衡性。

（6）尽量利用正式工程、已有设施，减少各种临时设施；尽量利用当地资源，合理安排运输、装卸与储存作业，减少物资运输量，避免二次搬运；精心进行场地规划布置，节约施工用地，不占或少占农田。

（7）必须注意根据构件的种类、运输和安装条件以及加工生产的水平等因素，通过技术经济比较，恰当地选择预制方案或现场浇筑方案。确定预制方案时，应贯彻工厂预制与现场预制相结合的方针，取得最佳的经济效果。

（8）充分利用现有机械设备，扩大机械化施工范围，提高机械化程度。在选择施工机械过程中，要进行技术经济比较，使大型机械和中、小型机械结合起来，使机械化和半机械化结合起来，尽量扩大机械化施工范围，提高机械化施工程度。同时要充分发挥机械设备的生产效率，保持作业的连续性，提高机械设备的利用率。

（9）要贯彻"百年大计、质量第一"和预防为主的方针，制定质量保证的措施，预防和控制影响工程质量的各种因素。

（10）要贯彻安全生产的方针，制定安全保证措施。

4.4.3.3　施工组织设计的编制依据

施工组织设计应以工程对象的类型和性质、建设地区的自然条件和技术经济条件及企业收集的其他资料等作为编制依据。主要应包括：

（1）工程施工招标文件、复核了的工程量清单及开工、竣工的日期要求；

（2）施工组织总设计对所投标工程的有关规定和安排；

（3）施工图纸及设计单位对施工的要求；

（4）建设单位可能提供的条件和水、电等的供应情况；

（5）各种资源的配备情况，如机械设备来源、劳动力来源等；

（6）施工现场的自然条件、现场施工条件和技术经济条件资料；

（7）有关现行规范、规程等资料。

4.4.3.4　施工组织设计的编制程序

施工组织设计是施工企业控制和指导施工的文件，必须结合工程实体，内容要科学合理。在编制前应会同各有关部门及人员，共同讨论和研究施工的主要技术措施和组织措施。施工组织设计的编制程序如图 4.3 所示。

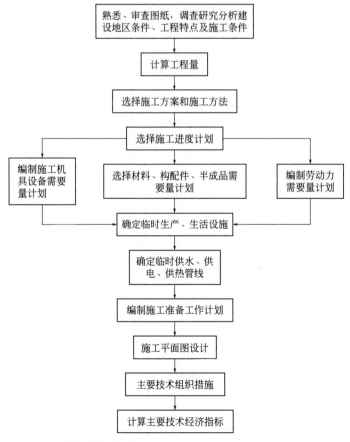

图4.3　施工组织设计的编制程序

4.4.3.5　施工组织设计的主要内容

施工组织设计的主要内容有工程概况、施工方案、施工进度计划、施工平面图和各项保证措施等。

投标文件中施工组织设计一般应包括：综合说明；施工现场平面布置项目管理班子主要管理人员；劳动力计划；施工进度计划；施工进度、施工工期保证措施；主要施工机械设备；基础施工方案和方法；基础质量保证措施；基础排水和防沉降措施；地下管线、地上设施、周围建筑物保护措施；主体结构主要施工方法或方案和措施；主体结构质量保证措施；采用新技术、新工艺专利技术；各种管道、线路等非主体结构质量保证措施；各工序的协调措施；冬雨季施工措施；施工安全保证措施；现场文明施工措施；施工现场保护措施；施工现场维护措施；工程交验后服务措施等。

4.4.3.6　注意问题

在投标阶段编制的进度计划不是施工阶段的工程施工计划，可以粗略一些。一般用横道图表示即可，除招标文件专门规定必须用网络图以外，不一定采用网络计划，但应考虑和满足以下要求：

（1）总工期符合招标文件的要求，如果合同要求分期、分批竣工交付使用，应标明分期、分批交付使用的时间和数量。

（2）表示各项主要工程的开始和结束时间。例如房屋建筑中的土方工程、基础工程、混凝土结构工程、屋面工程、装修工程、水电安装工程等的开始和结束时间。

（3）体现主要工序相互衔接的合理安排。

（4）有利于基本上均衡地安排劳动力，尽可能避免现场劳动力数量急剧起落，这样可以提高工效和节省临时设施。

（5）有利于充分有效地利用施工机械设备，减少机械设备占用周期。

（6）便于编制资金流动计划，有利于降低流动资金占用量，节省资金利息。

而施工方案的制定要从工期要求、技术可行性、保证质量、降低成本等方面综合考虑，选择和确定各项工程的主要施工方法及适用、经济的施工方案。

4.4.4　施工投标报价

工程报价是投标的关键性工作，也是整个投标工作的核心。它不仅是能否中标的关键，而且对中标后的盈利多少，在很大程度上起着决定性的作用。

4.4.4.1　工程投标报价的编制原则

（1）必须贯彻执行国家的有关政策和方针，符合国家的法律、法规和公共利益。

（2）认真贯彻等价有偿的原则。

（3）工程投标报价的编制必须建立在科学分析和合理计算的基础之上，要较准确地反映工程价格。

4.4.4.2   影响投标报价计算的主要因素

认真计算工程价格，编制好工程报价是一项很严肃的工作。采用哪一种计算方法进行计价应根据工程招标文件的要求，但不论采用哪一种方法都必须抓住编制报价的主要因素。

（1）工程量   工程量是计算报价的重要依据，多数招标单位在招标文件中均附有工程实物量。因此，必须进行全面的或者重点的复核工作，核对项目是否齐全、工程做法及用料是否与图纸相符，重点核对工程量是否正确，以求工程量数字的准确性和可靠，在此基础上再进行套价计算。另一种情况就是标书中根本没给工程量数字，在这种情况下就要组织人员进行详细的工程量计算工作，即使时间很紧迫也必须进行计算，否则，影响编制报价。

（2）单价   工程单价是计算标价的又一个重要依据，同时又是构成标价的第二个重要因素。单价的正确与否，直接关系到标价的高低。因此，必须十分重视工程单价的制定或套用。制定的根据：一是国家或地方规定的预算定额、单位估价表及设备价格等；二是人工、材料、机械使用费的市场价格。

（3）其他各类费用的计算   这是构成报价的第三个主要因素。这个因素占总报价的比例是很大的，少者占20%～30%，多者占40%～50%。因此，应重视其计算。

为了简化计算，提高工效，可以把所有的各种费用都折算成一定的系数计入到报价中去。计算出直接费后再乘以这个系数就可以得出总报价了。

工程报价计算完成以后，可用多种方法进行复核和综合分析。然后，认真详细地分析风险、利润、报价让步的最大限度，而后参照各种信息资料以及预测的竞争对手情况，最终确定实际报价。

4.4.4.3   工程投标报价计算的依据

一般来说，投标报价的主要依据包括以下几个方面的内容：

（1）施工图设计图纸和说明书；

（2）工程量清单；

（3）施工组织设计；

（4）技术标准及要求；

（5）招标文件；

（6）相关的法律、法规；

（7）当地的物价水平。

4.4.4.4   工程投标报价的构成

建筑安装工程费按照费用构成要素划分，由人工费、材料费、施工机具使用费、企业管理费、利润、规费和税金组成。其中人工费、材料费、施工机具使用费、企业管理费和利润包含在分部分项工程费、措施项目费、其他项目费中，如图4.4所示。

（1）人工费：是指按工资总额构成规定，支付给从事建筑安装工程施工的生产工人和附属生产单位工人的各项费用。内容包括：

① 计时工资或计件工资：是指按计时工资标准和工作时间或对已做工作按计件单价支付给个人的劳动报酬。

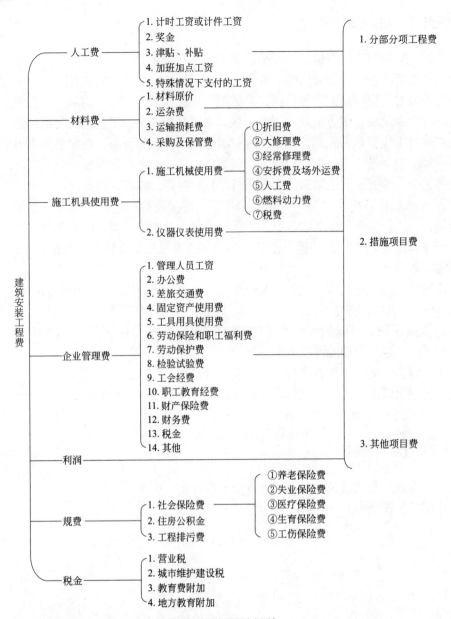

图4.4　建筑安装工程费用项目组成（按照费用构成要素划分）

② 奖金：是指对超额劳动和增收节支支付给个人的劳动报酬，如节约奖、劳动竞赛奖等。

③ 津贴、补贴：是指为了补偿职工特殊或额外的劳动消耗和因其他特殊原因支付给个人的津贴，以及为了保证职工工资水平不受物价影响支付给个人的物价补贴，如流动施工津贴、特殊地区施工津贴、高温（寒）作业临时津贴、高空津贴等。

④ 加班加点工资：是指按规定支付的在法定节假日工作的加班工资和在法定日工作时间外延时工作的加点工资。

⑤ 特殊情况下支付的工资：是指根据国家法律、法规和政策规定，因病、工伤、产假、计划生育假、婚丧假、事假、探亲假、定期休假、停工学习、执行国家或社会义务等原因按

计时工资标准或计时工资标准的一定比例支付的工资。

（2）材料费：是指施工过程中耗费的原材料、辅助材料、构配件、零件、半成品或成品、工程设备的费用。内容包括：

① 材料原价：是指材料、工程设备的出厂价格或商家供应价格。

② 运杂费：是指材料、工程设备自来源地运至工地仓库或指定堆放地点所发生的全部费用。

③ 运输损耗费：是指材料在运输装卸过程中不可避免的损耗。

④ 采购及保管费：是指为组织采购、供应和保管材料、工程设备的过程中所需要的各项费用，包括采购费、仓储费、工地保管费、仓储损耗。工程设备是指构成或计划构成永久工程一部分的机电设备、金属结构设备、仪器装置及其他类似的设备和装置。

（3）施工机具使用费：是指施工作业所发生的施工机械、仪器仪表使用费或其租赁费。

① 施工机械使用费：以施工机械台班耗用量乘以施工机械台班单价来表示，施工机械台班单价应由下列七项费用组成。

a. 折旧费：指施工机械在规定的使用年限内，陆续收回其原值的费用。

b. 大修理费：指施工机械按规定的大修理间隔台班进行必要的大修理，以恢复其正常功能所需的费用。

c. 经常修理费：指施工机械除大修理以外的各级保养和临时故障排除所需的费用。包括为保障机械正常运转所需替换设备与随机配备工具附具的摊销和维护费用，机械运转中日常保养所需润滑与擦拭的材料费用及机械停滞期间的维护和保养费用等。

d. 安拆费及场外运费：安拆费指施工机械（大型机械除外）在现场进行安装与拆卸所需的人工、材料、机械和试运转费用以及机械辅助设施的折旧、搭设、拆除等费用；场外运费指施工机械整体或分体自停放地点运至施工现场或由一施工地点运至另一施工地点的运输、装卸、辅助材料及架线等费用。

e. 人工费：指机上司机（司炉）和其他操作人员的人工费。

f. 燃料动力费：指施工机械在运转作业中所消耗的各种燃料及水、电等。

g. 税费：指施工机械按照国家规定应缴纳的车船使用税、保险费及年检费等。

② 仪器仪表使用费：是指工程施工所需使用的仪器仪表的摊销及维修费用。

（4）企业管理费：是指建筑安装企业组织施工生产和经营管理所需的费用。内容包括：

① 管理人员工资：是指按规定支付给管理人员的计时工资、奖金、津贴补贴、加班加点工资及特殊情况下支付的工资等。

② 办公费：是指企业管理办公用的文具、纸张、账表、印刷、邮电、书报、办公软件、现场监控、会议、水电、烧水和集体取暖降温（包括现场临时宿舍取暖降温）等费用。

③ 差旅交通费：是指职工因公出差、调动工作的差旅费，住勤补助费，市内交通费和误餐补助费，职工探亲路费，劳动力招募费，职工退休、退职一次性路费，工伤人员就医路费，工地转移费以及管理部门使用的交通工具的油料、燃料等费用。

④ 固定资产使用费：是指管理和试验部门及附属生产单位使用的属于固定资产的房屋、设备、仪器等的折旧、大修、维修或租赁费。

⑤ 工具用具使用费：是指企业施工生产和管理使用的不属于固定资产的工具、器具、家具、交通工具和检验、试验、测绘、消防用具等的购置、维修及摊销费。

⑥ 劳动保险和职工福利费：是指由企业支付的职工退职金，按规定支付给离休干部的

经费，集体福利费、夏季防暑降温、冬季取暖补贴、上下班交通补贴等。

⑦ 劳动保护费：是企业按规定发放的劳动保护用品的支出，如工作服、手套、防暑降温饮料以及在有碍身体健康的环境中施工的保健费用等。

⑧ 检验试验费：是指施工企业按照有关标准规定，对建筑以及材料、构件和建筑安装物进行一般鉴定、检查所发生的费用，包括自设试验室进行试验所耗用的材料等费用。不包括新结构、新材料的试验费，对构件做破坏性试验及其他特殊要求检验试验的费用和建设单位委托检测机构进行检测的费用，对此类检测发生的费用，由建设单位在工程建设其他费用中列支。但对施工企业提供的具有合格证明的材料进行检测不合格的，该检测费用由施工企业支付。

⑨ 工会经费：是指企业按《中华人民共和国工会法》规定的全部职工工资总额比例计提的工会经费。

⑩ 职工教育经费：是指按职工工资总额的规定比例计提，企业为职工进行专业技术和职业技能培训，专业技术人员继续教育、职工职业技能鉴定、职业资格认定以及根据需要对职工进行各类文化教育所发生的费用。

⑪ 财产保险费：是指施工管理用财产、车辆等的保险费用。

⑫ 财务费：是指企业为施工生产筹集资金或提供预付款担保、履约担保、职工工资支付担保等所发生的各种费用。

⑬ 税金：是指企业按规定缴纳的房产税、车船使用税、土地使用税、印花税等。

⑭ 其他：包括技术转让费、技术开发费、投标费、业务招待费、绿化费、广告费、公证费、法律顾问费、审计费、咨询费、保险费等。

（5）利润：是指施工企业完成所承包工程获得的盈利。

（6）规费：是指按国家法律、法规规定，由省级政府和省级有关权力部门规定必须缴纳或计取的费用。包括：

① 社会保险费。包括：

a. 养老保险费：是指企业按照规定标准为职工缴纳的基本养老保险费。

b. 失业保险费：是指企业按照规定标准为职工缴纳的失业保险费。

c. 医疗保险费：是指企业按照规定标准为职工缴纳的基本医疗保险费。

d. 生育保险费：是指企业按照规定标准为职工缴纳的生育保险费。

e. 工伤保险费：是指企业按照规定标准为职工缴纳的工伤保险费。

② 住房公积金：是指企业按规定标准为职工缴纳的住房公积金。

③ 工程排污费：是指按规定缴纳的施工现场工程排污费。

其他应列而未列入的规费，按实际发生计取。

（7）税金：是指国家税法规定的应计入建筑安装工程造价内的营业税、城市维护建设税、教育费附加以及地方教育附加。

建筑安装工程费按照工程造价形成由分部分项工程费、措施项目费、其他项目费、规费、税金组成，分部分项工程费、措施项目费、其他项目费包含人工费、材料费、施工机具使用费、企业管理费和利润，如图 4.5 所示。

（1）分部分项工程费：是指各专业工程的分部分项工程应予列支的各项费用。

① 专业工程：是指按现行国家计量规范划分的房屋建筑与装饰工程、仿古建筑工程、通用安装工程、市政工程、园林绿化工程、矿山工程、构筑物工程、城市轨道交通工程、爆

破工程等各类工程。

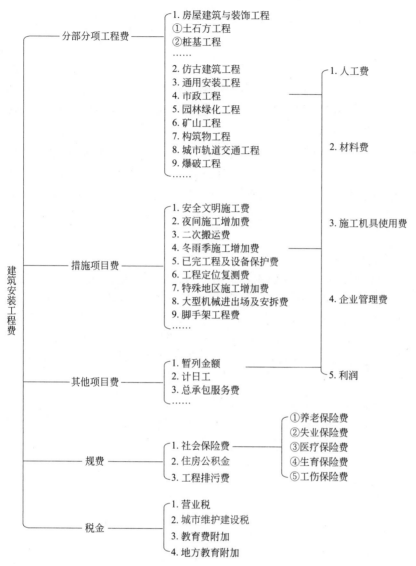

图4.5　建筑安装工程费用项目组成（按照工程造价形成划分)

② 分部分项工程：指按现行国家计量规范对各专业工程划分的项目。如房屋建筑与装饰工程划分的土石方工程、桩基工程、砌筑工程、钢筋及钢筋混凝土工程等。各类专业工程的分部分项工程划分见现行国家或行业计量规范。

（2）措施项目费：是指为完成建设工程施工，发生于该工程施工前和施工过程中的技术、生活、安全、环境保护等方面的费用。内容包括：

① 安全文明施工费，包括：

a.环境保护费：是指施工现场为达到环保部门要求所需要的各项费用。

b.文明施工费：是指施工现场文明施工所需要的各项费用。

c.安全施工费：是指施工现场安全施工所需要的各项费用。

d.临时设施费：是指施工企业为进行建设工程施工所必须搭设的生活和生产用的临时

建筑物、构筑物和其他临时设施费用，包括临时设施的搭设、维修、拆除、清理费或摊销费等。

② 夜间施工增加费：是指因夜间施工所发生的夜班补助费、夜间施工降效、夜间施工照明设备摊销及照明用电等费用。

③ 二次搬运费：是指因施工场地条件限制而发生的材料、构配件、半成品等一次运输不能到达堆放地点，必须进行二次或多次搬运所发生的费用。

④ 冬雨季施工增加费：是指在冬季或雨季施工需增加的临时设施、防滑、排除雨雪，人工及施工机械效率降低等费用。

⑤ 已完工程及设备保护费：是指竣工验收前，对已完工程及设备采取的必要保护措施所发生的费用。

⑥ 工程定位复测费：是指工程施工过程中进行全部施工测量放线和复测工作的费用。

⑦ 特殊地区施工增加费：是指工程在沙漠或其边缘地区、高海拔、高寒、原始森林等特殊地区施工增加的费用。

⑧ 大型机械进出场及安拆费：是指机械整体或分体自停放场地运至施工现场或由一个施工地点运至另一个施工地点，所发生的机械进出场运输和转移费用及机械在施工现场进行安装、拆卸所需的人工费、材料费、机械费、试运转费和安装所需的辅助设施的费用。

⑨ 脚手架工程费：是指施工需要的各种脚手架搭、拆、运输费用以及脚手架购置费的摊销（或租赁）费用。

措施项目及其包含的内容详见各类专业工程的现行国家或行业计量规范。

（3）其他项目费：

① 暂列金额：是指建设单位在工程量清单中暂定并包括在工程合同价款中的一笔款项。用于施工合同签订时尚未确定或者不可预见的所需材料、工程设备、服务的采购，施工中可能发生的工程变更、合同约定调整因素出现时的工程价款调整以及发生的索赔、现场签证确认等的费用。

② 计日工：是指在施工过程中，施工企业完成建设单位提出的施工图纸以外的零星项目或工作所需的费用。

③ 总承包服务费：是指总承包人为配合、协调建设单位进行的专业工程发包，对建设单位自行采购的材料、工程设备等进行保管以及施工现场管理、竣工资料汇总整理等服务所需的费用。

4.4.4.5　建设工程施工投标报价的编制

（1）工程量清单计价模式下的报价编制，即综合单价法的计价模式，这种方法是指投标人按照招标人提供的工程量清单，参照预算定额，结合企业的施工组织技术措施和物价水平计算工程价格。这种投标报价有利于竞争，有利于促进施工生产技术发展。全部使用国有资金投资或国有资金投资为主的项目必须采用工程量清单计价。

（2）定额计价方式下投标报价的编制，一般是采用预算定额来编制，即按照定额规定的分部分项工程子目逐项计算工程量，套用预算定额基价或当时当地的市场价格确定直接费，然后再套用费用定额计取各项费用，最后汇总形成初步的标价。这种方法又叫作传统计价模式。

4.4.5　建设工程投标报价技巧

在保证工程质量与工期条件下，为了中标并获得期望的效益，投标程序全过程几乎都要研究投标报价技巧问题。

4.4　投标报价技巧

（1）不平衡报价　不平衡报价是指对工程量清单中各项目的单价，按投标人预定的策略作上下浮动，但不变动按中标要求确定的总报价，使中标后能获取较好收益的报价技巧。但要注意避免畸高畸低现象，避免失去中标机会。在建设工程施工项目投标中，不平衡报价的具体方法主要有：

① 前高后低。对早期工程可适当提高单价，相应地适当降低后期工程的单价。这种方法对竣工后一次结算的工程不适用。

② 工程量增加的报高价。工程量有可能增加的项目单价可适当提高，反之则适当降低。这种方法适用于按工程量清单报价、按实际完成工程量结算工程款的招标工程。工程量有可能增减的情形主要有：

a. 校核工程量清单时发现的实际工程量将增减的项目。

b. 图纸内容不明确或有错误，修改后工程量将增减的项目。

c. 暂定工程中预计要实施（或不实施）的项目所包含的分部分项工程等。

③ 工程内容不明确的报低价。没有工程量只填报单价的项目，如果是不计入总报价的，单价可适当提高；工程内容不明确的，单价可以适当降低。

④ 量大价高的提高报价。工程量大的少数子项适当提高单价，工程量小的大多数子项则报低价。这种方法适用于采用单价合同的项目。

> **知识拓展**
>
> 　　应用不平衡报价法的注意事项：
> 　　（1）注意避免各项目的报价畸高畸低，否则有可能失去中标机会。
> 　　（2）上述不平衡报价的具体做法要统筹考虑，例如某项目虽然属于早期工程，但工程量可能是减少的，则不宜报高价。

（2）多方案报价法　多方案报价法是投标人针对招标文件中的某些不足，提出有利于业主的替代方案（又称备选方案），用合理化建议吸引业主争取中标的一种投标技巧。具体做法是：按招标文件的要求报正式标价；在投标书的附录中提出替代方案，并说明如果被采纳，标价将降低的数额。

① 替代方案的种类。

a. 修改合同条款的替代方案。

b. 合理修改原设计的替代方案等。

② 多方案报价法的特点。

a. 多方案报价法是投标人的"为用户服务"经营思想的体现。

b. 多方案报价法要求投标人有足够的商务经验或技术实力。

c. 招标文件明确表示不接受替代方案时，应放弃采用多方案报价法。

（3）扩大标价法　扩大标价法是投标人针对招标项目中的某些要求不明确、工程量出入较大等有可能承担重大风险的部分提高报价,从而规避意外损失的一种投标技巧。例如在建设工程施工投标中,校核工程量清单时发现某些分部分项工程的工程量,图纸与工程量清单有较大的差异,并且业主不同意调整,而投标人也不愿意让利的情况下,就可对有差异部分采用扩大标价法报价,其余部分仍按原定策略报价。

(4)突然降价法 报价是一件保密的工作,但是对手往往通过各种渠道、手段来刺探情况,因此在报价时可以采取迷惑对方的方法。即先按一般情况报价或表现出自己对该工程兴趣不大,到快投标截止时,再突然降价。如鲁布革水电站引水系统工程招标时,日本大成公司知道他的主要竞争对手是前田公司,因而在临近开标前把总报价突然降低8.04%,取得最低标,为以后中标打下基础。

采用这种方法时,一定要在准备投标报价的过程中考虑好降价的幅度,在临近投标截止日期前,根据情报信息与分析判断,再做最后决策。

如果由于采用突然降价法而中标,因为开标只降总价,在签订合同后可采用不平衡报价的思想调整工程量表内的各项单价或价格,以期取得更高的效益。

(5)先亏后盈法 有的承包商,为了打进某一地区,依靠国家、某财团或自身的雄厚资本实力,而采取一种不惜代价,只求中标的低价投标方案。应用这种手法的承包商必须有较好的资信条件,并且提出的施工方案也是先进可行,同时要加强对公司情况的宣传,否则即使低标价,也不一定被业主选中。

(6)提高中标率的投标技巧 业主在招标择优选择中标人时,往往在价格、技术、质量、期限、服务等方面有不同的要求,投标人应通过信息资料的收集掌握业主的意图,采用针对性的策略和技巧,满足业主的要求,增加中标的可能性。

① 服务取胜法。服务取胜法是投标人在工程建设的前期阶段,主动向业主提供优质的服务,例如代办征地、拆迁、报建、审批、申办施工许可证等各种手续,与业主建立起良好的合作关系。有了这个基础,只要能争取进入评标委员会的推荐名单,就能中标。

② 低标价取胜法。建设工程中的中小型项目,往往技术要求明确,有成功的建设经验,业主大多采用"经评审的最低投标报价法"评标定标。对于这类工程的投标人,应切实把握自己的成本,在不低于成本的条件下,尽可能降低报价,争取以第一标中标。

③ 缩短工期取胜法。建设项目实行法人负责制后,业主投资的资金时间价值的意识明显提高,经统计,招标工程中有三分之二以上的项目要求缩短工期,要求比定额工期少30%是比较普遍的现象,甚至有要求缩短工期更多的。投标人应在充分认识缩短工期的风险的前提下,制定切实可行的技术措施,合理压缩工期,以业主满意的期限,争取中标。

④ 质量信誉取胜法。质量信誉取胜法是指投标人依靠自己长期努力建立起来的质量信誉争取的策略。质量信誉是企业信誉的重要组成部分,是企业长期诚信经营的结晶,企业获得市场的认同,必定进入良性循环阶段。企业在创建质量信誉的过程中,要付出一定的代价。

聪明的承包商在多次投标和施工中还会摸索总结出对付各种情况的经验,并不断丰富完善。国际上知名的大牌工程公司,都有自己的投标策略和编标技巧,属于其商业机密,一般不会见诸公开刊物。承包商只有通过自己的实践,积累总结,才能不断提高自己的编标报价水平。

4.5　国际工程投标

4.5.1　国际工程投标前的工作

4.5.1.1　获取项目信息

项目信息来源渠道多，十分广阔，国际市场的信息来源主要有：

（1）国际专门机构，如联合国系统内机构、世界银行、区域性国际金融组织等；

（2）国家贸易促进机构；

（3）商业化信息，如《工程新闻纪录》《国际建设》《国际建设周刊》等，还可通过网络的方式获得商业化信息；

（4）国际国内行业协会或商会，如国际咨询工程师联合会（FIDIC）、中国国际工程咨询协会（CAIEC）、中国对外承包工程商会（CHINCA）等。

4.5.1.2　投标前期调研工作

投标前期调研工作主要包括了解与项目相关的情况，为投标决策提供依据。调研内容包括：

（1）政治方面　指工程所在国政治经济形势、政权稳定性、相邻国家情况（战争、暴乱）、与本国的关系等。

（2）法律方面　指项目所在国的法律法规，如建筑法规、经济法规、劳动法、环境法、税收法、合同法、海关法规、仲裁法规等。

（3）市场方面　包括工程所在地的建筑材料、设备、劳动力、运输、生活用品市场供应能力、价格、近3年物价指数变化等情况。

（4）金融、保险　有关外汇政策、汇率、保险规定、银行保函等情况。

（5）当地公司过去投标报价有关资料。

（6）有关业主的资信情况。

一般情况下投标前期调研工作不可能太详细，如中标获得项目后还应做详细的现场考察。

4.5.1.3　投标决策

在获得信息中，业务部门和领导首先必须决定投标的项目，即对项目进行评估和选择。这是提高中标率，获得较好的经济效益的第一步，是一项非常重要的工作，也是在投标过程中投标人面临的第一个决策。

影响投标决策的因素是多方面的，而且都是既相互制约又相互关联的，投标前必须认真分析利弊。

（1）业主方面的因素　主要考虑工程项目的背景条件，如业主的信誉和工程项目的资金来源、招标条件的公平合理性以及业主所在国家的政治、经济形势、法律规定、社会情况、对外商的限制条件等。很多国家规定，外国承包商或公司在本国承包工程必须同当地的公司成立联营体才能承包该国的工程。如果这样，还要对合作伙伴的信誉、资历、技术水平、资金、债权与债务等方面进行全面分析，然后再决定是否投标。又如外汇管制情况，外汇管制关系到承包公司能否将在当地所获外汇收益转移回国的问题。

目前，各国管制法规不一，有的允许自由兑换、汇出，基本上无任何管制；有的则有一定限制，必须履行一定的审批手续；有的规定外国公司不能将全部利润汇出，只能汇出一部分，其余在当地用作扩大再生产或再投资。这是在该类国家承包工程必须注意的"亏汇"问题。还有工程所在国的税收制度，诸如关税、进口调节税、营业税、印花税、所得税、建筑税、排污税以及临时进入机械押金等。

（2）工程方面的因素　这方面和国内投标基本相同，并且与企业自身的情况相联系的。主要有工程性质和规模、施工的复杂性、工程现成的条件、工程准备期和工期、材料和设备的供应条件等。

（3）承包商方面的因素　根据本身的经验、施工能力和技术经济方面的实力，确定能否满足工程项目的要求。在施工能力和技术方面，一般公司的实力应与工程项目的大小和难易程度相适应，虽然大型的承包公司技术水平高，善于管理大型复杂工程，适应性强，可以承包的工程项目范围大，但由于经济和社会效益的缘故，大型复杂工程一般倾向于大型的承包公司，中小型的简单工程由中小型工程公司或当地的工程公司承包可能性大。

在经济方面，国际上有的业主要求"带资承包工程"或"实物支付工程"。所谓"带资承包工程"，是指工程由承包商筹资兴建，从建设中期或建成后某一时期开始，业主分批偿还承包商的投资及利息，但有时这种利率低于银行贷款利息。承包这种工程时，承包商需投入大量资金。所谓"实物支付工程"是指有的发包方用该国滞销的农产品、矿产品折价支付工程款。遇上这种项目必须要慎重对待，确定是否有能力垫付工程款或以有利价格变现实物。

（4）竞争对手的因素　竞争对手的实力、优势也是影响投标决策的一个因素。另外，竞争对手的在建工程情况也十分重要。如果竞争者的在建工程即将完工，可能急于获得新承包项目，投标报价不会很高，条件也会较优惠；如其在建工程规模大、时间长，但仍参加投标，则标价可能会很高，不会有太大优惠。如果竞争者中有的承包公司，它们在当地有熟悉的材料、劳力供应渠道及管理人员也相对比较多等优势，还要注意工程所在国是否对本国公司有优惠条件。

4.5.1.4　投标准备

当承包商分析研究作出决策对某工程进行投标后，应进行大量的准备工作，包括：组建投标班子、物色咨询机构或代理人、寻找合作伙伴、参加资格预审、购买并研读招标文件、现场勘察、复核或计算工程量、参加标前会议、制定施工组织规划等。

（1）组建投标班子　投标班子的人员应由设计施工的工程师、精通报价的造价师、采购和财会人员组成。参加国际投标的人员应具有一定的外文水平，对工程所在国有关法律法规有一定的了解，熟悉国际招标的程序。

（2）选定代理人（公司）　国际承包工程活动中通行代理制度，即外国承包商进入工程项目所在国须通过合法的代理人开展业务活动。代理人实际上是为外国承包商提供综合服务的咨询机构，有的是个人独立开业咨询的工程师，有的是合伙企业或公司。

其服务内容主要有：

① 协助外国承包商争取参加本地招标工程项目投标资格预审和取得招标文件；

② 协助办理外国人出入境签证、居留证、工作证以及汽车驾驶执照等；

③ 为外国公司介绍本地合法对象和办理注册手续；

④ 提供当地有关法律和规章制度方面的咨询；

⑤ 提供当地市场信息和有关商业活动的知识；

⑥ 协助办理建筑器材和施工机械设备以及生活资料的进出口手续，诸如申请许可证、申报关税、申请免税、办理运输等；

⑦ 促进与当地官方及工商界、金融界的友好关系。

代理人的活动往往对一个工程项目投标的成功与否，起着相当重要的作用。因此，对物色代理人应给予足够的重视。一个好代理人应该具备的条件是：有丰富的业务知识和工作经验；资信可靠，能忠实地为委托人服务，尽力维护委托人的合法权益；活动能力强，信息灵通，有强大的政治、经济界的后台。找到合适的代理人以后，应及时签订代理合同，并颁发委托书、代理合同。

代理费用一般为工程标价的 2% ～ 3%，视工程项目大小和代理业务繁简而定。代理费的支付以工程中标为前提条件。不中标者不付给代理费。代理费应分期支付或在合同期满后一次支付。不论中标与否，合同期满或由于不可抗力的原因而中止合同，都应付给代理人一笔特别酬金。只有在代理人失职或无正当理由而不履行合同的条件下，才可以不付给特别酬金。代理人委托书实际上就是委托人的授权证书，须经有关方面认证方能生效。

（3）寻求合作伙伴　有的国家要求外国公司必须与本国公司合营，共同承包工程项目，共同享受盈利和承担风险。有些合作人并不入股，只帮助外国公司招揽工程、雇佣当地劳务及办理各种行政事务，承包公司付给佣金；有的国家，则明文规定凡在境内开办商业性公司的，必须有本国股东，并且他们要占 50% 以上股份。有的项目虽无强制要求，但工程所在国公司可享受优惠条件，与它们联合可增加竞争力。选择合作公司时必须进行深入细致的调查研究。首先要了解其信誉和在当地的社会地位，其次了解它的经济状况、施工能力、在建工程和发展趋势。

（4）参加资格预审　有兴趣投标的承包商要先购买资格预审文件，按照资格预审文件的要求如实填写。预审文件中的企业资质等级、财务状况、技术能力、以往业绩、关键技术人员的资格能力等是例行的内容，在平时的工作中应积累一套完整的资料，准备随时应用。对于资格预审中针对该项目的内容应慎重对待，如拟派出人员、项目的实施机构等，要有针对性，并能展现企业在此项目上的优势。投标人必须在规定时间内完成资格预审文件的填写，在截止日期前送达或寄送到指定地点。

（5）购买并研读招标文件　承包商在派人对现场进行考察期间和整个投标报价期间，均应组织参加投标报价的人员认真细致地阅读招标文件，必要时还要组织人员把投标文件译成中文。在动手计算投标价前，首先要清楚招标文件的要求和报价内容，并特别要注意：

① 承包者的责任和报价范围，以避免在报价中发生任何遗漏。

② 各项技术要求，以便确定经济适用而又可加速工期的施工方案。

③ 工程中需使用的特殊材料和设备，以便在计算报价之前调查价格，避免因盲目估价而失误。另外，应整理出招标文件中含糊不清的问题，有一些问题应及时提请业主或咨询工程师予以澄清。

为进一步制定施工方案、进度计划，算出标价，投标者还应从以下几个主要方面研究招标文件：

① 投标书附件与合同条件。投标书附件与合同条件是国际工程招标文件十分重要的组成部分，其目的在于使承包商明确中标后应享受的权利和所要承担的义务及责任，以便在报价时考虑这些因素。

a. 工期。包括对开工日期的规定、施工期限，以及是否有分段、分批竣工的要求。工期对制定施工计划、施工方案、施工机械设备和人员配备均是重要依据。

b. 误期损害赔偿的有关规定。这对施工计划安排和拖期的风险大小有影响。

c. 缺陷责任期的有关规定。这对何时可收回工程"尾款"、承包商的资金利息和保函费用计算有影响。

d. 保函的要求。保函包括履约保函、预付款保函、临时进口施工机具税收保函以及维修期保函等。保函中包含数值的要求和有效期的规定、允许开保函的银行限制。这与投标者计算保函手续费和用于银行开保函所需占用的抵押资金有重要关系。

e. 保险。是否指定了保险公司、保险的种类（例如工程一切保险、第三方责任保险、现场人员的人身事故和医疗保险、社会保险等）和最低保险金额，这将决定保险费用的计算。

f. 付款条件。是否具有预付款，如何扣回，材料设备到达现场并检验合格后是否可以获得部分材料设备预付款，是否按订货、到工地等分阶段付款。期中付款方法，包括付款比例、保留金比例、保留金最高限额、退回保留金的时间和方法，拖延付款的利息支付等，每次期中付款有无最小金额限制、业主付款的时间限制等。这些是影响承包商计算流动资金及其利息费用的重要因素。

g. 税收。是否免税或部分免税，可免何种税收，可否临时进口机具设备而不收海关关税。这些将严重影响材料设备的价格计算。

h. 货币。支付和结算的货币规定，外汇兑换和汇款的规定，向国外订购的材料设备需用外汇的申请和支付办法。

i. 劳务国籍的限制。这对计算劳务成本有用。

j. 战争和自然灾害等人力不可抗拒因素造成损害的补偿办法和规定，中途停工的处理办法和补救措施等。

k. 有无提前竣工的奖励。

② 争议，仲裁或诉诸法律等的规定。在世界银行贷款项目招标文件中，以上各项有关要求，有的在"投标者须知"中作出说明和规定，有的放在"合同条件"第二部分中具体规定。

③ 技术规范。研究招标文件中所附施工技术规范，是参照或采用英国规范、美国规范或是其他国际规范，以及对此技术规范的熟悉程度，有无特殊施工技术要求和有无特殊材料设备技术要求，有关选择代用材料、设备的规定，以便针对相应的定额，计算有特殊要求项目的价格。

④ 报价要求。

a. 应当注意合同种类是属于总价合同、单价合同、成本补偿合同、"交钥匙"合同或是单价与包干混合制合同。例如有的住房项目招标文件，对其中的房屋部分要求采用总价合同方式；而对室外工程部分，由于设计较为粗略，有些土石方和挡土墙等难以估算出准确的工程量，因而要求采用单价合同。对承包商来说，在总价合同中承担着工程量方面的风险，就应仔细校核工程量并对每一子项工程的单价作出详尽细致的分析和综合。

b.应当仔细研究招标文件中的工程量表的编制体系和方法，是否将施工详图设计、勘察、临时工程机具设备、进场道路、临时水电设施等列入工程量表。特别要认真研究工程量的分类方法，及每一子项工程的具体含义和内容。要研究永久性工程之外的项目有何报价要求，以便考虑如何将之列入到工程总价中去。例如对旧建筑物和构筑物的拆除、监理工程师的现场办公室和各项开支（包括他们使用的家具车辆、水电、试验仪器、服务设施和杂务费用等），模型、广告、工程照片和会议费用等，招标文件有何具体规定。弄清是否将一切费用纳入工程总报价，不得有任何遗漏或归类的错误。

c.对某些部位的工程或设备提供，是否必须由业主确定"指定的分包商"进行分包。文件规定总包对分包商应提供何种条件，承包何种责任，以及文件是否规定分包商计价方法。对于材料、设备工资在施工期限内涨价及当地货币贬值有无补偿，即合同有无任何调价条款以及调价计算公式。

⑤ 承包商风险。认真研究招标文件中对承包商不利、需承担很大风险的各种规定和条款，例如有些合同中，业主有这样一个条款："承包商不得以任何理由索取合同价格以外补偿"。那么承包商就得考虑加大风险费。

（6）现场考察　现场考察是整个投标报价中的一项重要活动，对于正确考虑施工方案和合理计算报价具有重要意义。现场考察的一般程度和做法是：现场考察组应由报价人员、实施项目经理和公司领导决策人员组成，根据对招标文件研究和投标报价的需要，制定考察提纲，考察后应提供出实事求是和包含比较准确可靠数据的考察报告，以供投标报价使用。

现场考察应包括以下内容：

① 自然地理条件。

a.气象资料：年平均气温、年最高气温；风玫瑰图、最大风速、风压值；日照；年最大降雨量、平均降雨量、年平均湿度、最高及最低湿度；室内计算温度、湿度。

b.水文资料：潮汐、风浪、台风等（对于港口工程）。

c.地质情况：地质构造及特征；承载能力，如地基是否有大孔土、膨胀土（需用钻孔或探坑等手段查明）；地震及其设防等级。

d.上述问题对施工的主要影响。

② 有关材料问题。

a.地方材料的供应品种，如水泥、钢材、木材、砖、砂、石料及预制构件的生产和供应。

b.装修材料的品种和供应，如瓷砖、水磨石、大理石、墙纸、吊顶、喷涂材料、铝合金门窗、水电器材、空调等的产地和质量，各种材料器材的价格、样本。

c.第三国采购的渠道及其当地代理情况。

d.实地参观访问当地材料的成品及半成品等生产厂、加工厂和制作场地。

③ 交通运输。

a.空运、海运、河运和陆地运输情况。

b.主要运输工具购置和租赁价格。

④ 编制报价的有关规定。

a.所在国国家工程部门颁发的有关费率和取费标准。

b.人工工资及其附加费用，当地工人工效以及同我国工人的工效对比，如何招募当地工人等。

c. 临建工程的标准和收费。

d. 当地及国际市场材料、机械设备价格的变动；运输费和税率的变动。

⑤ 施工机具。

a. 该国施工设备和机具的生产、购置和租赁；转口机具和设备材料的供应；有关设备机具的配置及维修。

b. 当地施工用特殊机具。

c. 当地机具加工能力。

⑥ 规划设计和施工现场。

a. 工程的地形、地物、地貌；城市坐标，用地范围；工程周围的道路、管线位置、标高、管径、压力；市政管网设施等。

b. 市政给排水设施；废水、污水处理方式；市政雨水排放设施；市政消防供水管道管径、压力。

c. 当地供电方式、电压、供电方位、距离。

d. 电视和通信线路的铺设。

e. 政府有关部门对现场管理的一般的要求、特殊要求及规定。

f. 施工现场的"三通一平"情况。

g. 当地施工方法及注意事项。

h. 当地建筑物的结构特征和习惯做法；建筑形式、色调、装饰、装修、细部处理；所在国的建筑风格。

i. 重点参观有代表性的著名建筑物和现代化建筑。

⑦ 业主和竞争对手情况。

a. 业主情况。

b. 工程资金来源。

c. 竞争对手情况。

⑧ 承包工程所在国的政治情况、有关法规、条例。

a. 掌握该国的一般政治、经济情况；与邻国的关系；与我国的关系。

b. 了解我国外交部、商务部对该国的评价，请我国驻外使馆介绍有关情况。

c. 了解该国关于外国承包公司注册设点的程序性规定；需要递交资料的详细内容。

d. 搜集或购买工程设计规范、施工技术规范、招标法规制度及工程审查和验收制度。

⑨ 市场情况。

a. 建筑材料、施工机械设备、燃料、动力、水和生活用品供应情况。

b. 劳务市场状况，包括工人的技术水平、工资水平，有关劳动保险和福利待遇的规定，以及外籍工人是否被允许入境等。

c. 外汇汇率。

d. 银行信贷利率。

e. 工程所在国本国承包企业和注册的外国承包企业的经营情况。

f. 工程项目的资金来源和业主的资信情况。

g. 对购买器材和雇用工人有无限制条件（例如是否规定必须采购当地某种建筑材料的份额或雇用当地工人的比例等）。

h. 对外国承包商和本国承包商有无差别待遇（例如在标价上给本国承包商以优惠等）。

i. 工程价款的支付方式、外汇所占比例。

j. 业主、监理工程师的资历和工作作风等。

以上只是调查的一般要求，应针对工程具体情况而增删。考察后要写出简洁明了的考察报告，附有参考资料、结论和建议，使报价人员看后一目了然，把握要领。一个高质量的考察报告，对研究报标报价策略和提高中标率有着十分重要的意义。

（7）复核或计算工程量　国际工程招标中一般都有工程量清单，报价之前，要对工程数量进行校核。国际上通用的工程量计算方法为《建筑工程量计算原则（国际通用）》和《建筑工程量标准计算方法（英国）》。招标文件中如果没有工程量清单，则须根据图纸计算全部工程量。如对计算方法有规定，应按照规定的方法计算；如无规定，亦可用国内惯用的方法计算。

（8）参加标前会议　召开标前会议的目的，是为了使业主澄清投标者对招标文件的疑问，回答投标者提出的各类问题。通过介绍项目情况，使投标者进一步了解招标文件的要求、规定和现场情况，更好地准备投标文件。一般大型和较复杂的工程要召开此类会议，而且往往与组织投标者考察现场结合进行，在"投标邀请书"中规定好会议日期、时间和地点。

投标者如有问题要提出，应在召开标前会议一周前以书面或电传形式发出。业主将对提出的问题以及标前会议的记录用书面答复的形式给每个投标者，并作为正式招标文件的一部分。世界银行贷款项目，对标前会和现场考察的情况及对主要问题的澄清、解答还应作出书面纪要并报送世界银行。

（9）制定施工组织规划　招标文件中要求投标者在报价的同时要附上其施工规划。施工规划内容一般包括施工技术方案、施工进度计划、施工机械设备和劳动力计划安排以及临建设施规划。

制定施工规划的原则是在保证工程质量和工期的前提下，尽可能使工程成本最低，投标价格合理。施工方案的可行性和进度安排的合理安排与工程报价有着密切的关系，编制一个好的施工规划可以大大降低标价，提高竞争力。因此，投标人要采用对比和综合分析的方法寻求最佳方案，避免孤立地、片面地看问题。应根据现场施工条件、工期要求、机械设备来源、劳动力的来源等，全面考虑采用最佳方案。

（10）报价方针与报价策略　报价方针与报价策略是投标人投标成功与否的关键因素。在投标竞争中，手段是五花八门的，情况也是错综复杂的，投标人不能按常规行事，或照搬过去的经验。报价方针与报价策略主要研究在激烈的竞争中，如何为项目投标制定正确的指导方针，如何采用正确的谋略，如何用有限的资源取得最大的经济效果。

（11）计算单价、汇总标价　关于报价的计算方法内容较多，感兴趣者可以参照有关书籍学习关于国际工程造价组成及其计算的具体内容，本书不再详述。

（12）标价评估及调整　标价的评估方法同国内工程相同，只是对照指标不同。调整标价应根据投标人的投标策略和报价技巧将报价加以调整，并最后确定报价。

（13）办理投标保函、注册手续　投标人应按招标文件要求办理投标保函，它表明投标人有信用和诚意履行投标义务。其担保责任为：

① 投标人在投标截止日以前投递的标书，有效期内不得撤回；

② 投标人中标后，必须在收到中标通知后的规定时间内去签订合同；

③ 在签约时，提供一份履约保函。

若投标人不能履行以上责任，则业主有权没收投标保证金（一般为标价的 3%～5%）作为损害赔偿。投标保函的有效期限一般是从投标截止日起到确定中标人止。若由于评标时间过长而使保函到期，业主要通知承包商延长保函有效期。招标结束后，未中标的投标者可向业主索回投标保函，以便向银行办理注销或使押金解冻，中标的承包商在签订合同时，向业主提交履约保函，业主即可退回投标保函。

目前，我国采用国际竞争性投标方式的大型土建项目中，对担保单位的要求是投标保函可由中国银行、中国银行海外分行、招标公司和业主认可的任何一家外国银行开具，或由外国银行通过中国银行转开。

外国承包商必须按项目所在国的规定办理注册手续，取得合法地位。有的国家要求投标前注册，有的允许中标后再注册。注册时需要提交规定的文件，主要有：企业章程、营业证书、世界各地分支机构清单、企业主要成员名单、申请注册的分支机构名称和地址、分支机构负责人的委任状、招标项目业主与企业签订的有关证明文件等。

4.5.2　国际工程投标文件的编制

投标单位对招标工程作出报价决策之后，应编制标书，也就是投标者须知道规定投标单位必须提交的全部文件。这些文件主要有：

（1）投标书及其附件。投标书就是由投标的承包商负责人签署的正式报价信，我国通称标函。中标后，投标书及其附件即成为合同文件的重要组成部分。

（2）划价的工程量清单和单价表，按规定格式填写，核对无误即可。

（3）与报价有关的技术文件、图纸、技术说明、施工方案、主要施工机械设备清单、某些重要或特殊材料的说明书和小样等。

（4）投标保证书。如果同时进行资格审查，则应报送的有关资料。

全部投标文件编好之后，经校核无误，由负责人签署，按投标须知的规定分装然后密封，派专人在投标截止期之前送到招标单位指定地点，并取得收据。

在编制标书的同时，投标单位应注意将有关报价的全部计算、分析资料汇编归档，一份完整的投标报价书至少应具备和包括下列资料：

（1）工程量表；

（2）报价单；

（3）主要材料计划表；

（4）主要工程设备清单；

（5）工程施工机械一览表；

（6）施工总体规划进度表；

（7）工程报价汇总表；

（8）预付款支付计划表；

（9）劳动力需用计划表；

（10）投标书附录一览表；

（11）报价书说明；

（12）临时设施、监理工程师办公室和施工总平面布置图等。

以上这些内容，有的是招标文件上必须要求送的，如（1）（2）（6）（7）（9）（11）等项，有的是承包商本身控制成本所必须做的，有的是二者兼顾的。

4.5.3　投标报价的确定

国际工程的投标报价是投标过程中的关键问题，而且影响投标报价的因素很多，需要综合考虑，制定相应的策略，最终确定报价。

4.5.3.1　工程投标报价的程序

工程投标报价的程序如下：

（1）认真研究招标文件，其中包括标前会议的记录、答疑的书面文件、现场勘察的结果。

（2）复核工程量。对业主提供的工程量清单进行审查，其中包括工程量、该项目包含的工作内容。

（3）制定施工规划。进行施工方案设计，制定出施工进度计划。

（4）计算直接费。分别计算构成工程直接费的人工、材料、设备费用，确定分包费用。

（5）计算间接费。

（6）按工程量清单汇总计价。

（7）根据报价策略确定投标报价。

4.5.3.2　国际工程投标报价的费用组成

国际工程投标报价的主要费用组成如图 4.6 所示。

国际工程投标报价费用组成	人工费		
	材料费		
	施工机具使用费		
	待摊费	现场管理费	工作人员费、办公费、差旅交通费、文体宣教费、固定资产使用费、国外生活设施使用费、工具用具使用费、劳动保护费、检验试验费、其他费用
		其他待摊费	临时设施工程费、保险费、税金、保函手续费、经营业务费、工程辅助费、贷款利息、总部管理费、利润、风险费
	开办费		
	分包工程费	分包报价	
		总包管理费和利润	
	暂定金额(招标人备用金)		

图4.6　国际工程投标报价的主要费用组成

（1）工日基价的计算　工日基价是指国内派出的工人和在工程所在国招募的工人，每个工作日的平均工资。

（2）材料、半成品和设备预算价格的计算　在工程所在国当地采购的材料设备，其预算价格应为施工现场交货价格。通常按下式计算：预算价格 = 市场价 + 运输费 + 采购保管损耗。

（3）待摊费　现场管理费是指由于组织施工与管理工作而发生的各种费用，涵盖费用项目较多，主要包括下列几方面。

① 工作人员费，包括行政管理人员的国内工资、福利费、差旅费（如国内外往返车船机票等）、服装费、卧具费、国外伙食费、国外零用费、人身保险费、奖金、加班费、探亲及出国前后所需时间内的调遣工资等。如果雇用外国雇员，则包括工资、加班费、津贴（一般包括房租及交通津贴费等）、招聘及解雇费等。

② 办公费，包括行政管理部门的文具、纸张、印刷、账册、报表、邮电、会议、水电、烧水、采暖或空调等费用。

③ 差旅交通费，包括国内外因公出差费（其中包括病员及陪送人员回国机票等路费，临时出国、回国人员路费等）、交通工具使用费、养路费、牌照税等。

④ 文体宣教费，包括学习资料、报纸、期刊、图书、电影、电视、录像设备的购置摊销、影片及录像带的租赁费、放映开支（如租用场地、招待费等）、体育设施及文体活动费等。

⑤ 固定资产使用费，包括行政部门使用的房屋、设备、仪器、机动交通车辆等的折旧摊销费、维修费、租赁费、房地产税等。

⑥ 国外生活设施使用费，包括厨房设备（如电冰箱、电冰柜、灶具等）、由个人保管使用的食具、食堂家具、洗碗用热水器、洗涤盆、职工日常生活用的洗衣机、缝纫机、电熨斗、理发用具、职工宿舍内的家具、开水、洗澡等设备的购置费及摊销费、维修费等。

⑦ 工具用具使用费，包括除中小型机械和模板以外的零星机具、工具、卡具，人力运输车辆，办公用的家具、器具、计算机、消防器材和办公环境的遮光、照明、计时、清洁等低值易耗品的购置、摊销、维修，生产工人自备工具的补助费和运杂费等。

⑧ 劳动保护费，包括安全技术设备，用具的购置、摊销、维修费，发给职工个人保管使用的劳动保护用品的购置费，防暑降温费，对有害健康（如沥青等）作业者发给的保健津贴、营养品等费用。

⑨ 检验试验费，包括材料、半成品的检验、鉴定、试压、技术革新研究、试验等费用。

⑩ 其他费用，包括零星现场的图纸、摄影、现场材料保管等费用。

（4）暂定金额　暂定金额是业主在招标文件中明确规定了数额的一笔资金，标明用于工程施工，或供应货物与材料，或提供服务，或应付意外情况，亦称待定金额或备用金。每个承包商在投标报价时均应将此暂定金额数计入工程总报价，但承包商无权做主使用此资金，这些项目的费用将按照业主工程师的指示与决定，全部或部分使用。

基础考核

一、填空题

1. 按性质分，投标有风险标和保险标；按效益分，投标有＿＿＿＿标、＿＿＿＿标和亏损标。

2.所谓投标有效期是指自_____至_____之时为止。招标文件应当规定一个适当的投标有效期，以保证招标人有足够的时间完成评标和与中标人签订书面合同。

3.中标人确定后，招标人应当向_____发出中标通知书，同时将中标结果通知_____投标人。

4.建设工程评标方法有很多种，我国目前常用的评标办法有_____、_____等。

5.中标通知书对招标人和中标人具有法律效力。中标通知书发出后，招标人_____的，或者中标人_____的，应当依法承担法律责任。

二、单选题

1.为了提高中标的可能性和中标后利益，在保证工程质量的前提下，进行合理报价，根据投标报价的原则，对（　　）项目可以报低价。

    A.工期要求急、投标对手少   B.施工条件差、投标对手少

    C.投标对手多、支付条件好   D.施工条件差，投标风险大

2.投标报价人员在总价基本不变的情况下可以采用不平衡报价法使中标后企业利益最大化，在清单工程量不准确的情况下，对可能增加的工程量，可以报（　　）。

    A.高单价   B.低单价

    C.原单价   D.市场价

3.投标文件的内容是投标的关键，下列不属于施工投标文件的内容是（　　）。

    A.投标函   B.投标报价

    C.拟签订合同的主要条款   D.施工组织设计

4.招标人和中标人应当自中标通知书发出之日起（　　）内，按照招标文件和中标人的投标文件订立书面合同。

    A.15天   B.20天

    C.25天   D.30天

5.某项目招标，经评标委员会评审认为所有投标都不符合招标文件的要求，这时应当（　　）。

    A.与相对接近要求的投标人协商，改为议标确定中标人

    B.改为直接发包

    C.用原招标文件重新招标

    D.修改招标文件后重新招标

三、多选题

1.投标文件中（　　）必须有法人单位公章、法定代表人或其委托代理人的印鉴投标书。

    A.投标书   B.投标书情况汇总表

    C.密封签   D.工期目标

    E.详细预算及主要材料用量

2.详细评审是指在初步评审的基础上，对经初步评审合格的投标文件，按照招标文件确定的评标标准和方法，对其（　　）进一步评审、比较。

    A.符合性   B.技术部分

  C.商务部分   D.投标文件的澄清和说明

  E.应当作为废标处理的情况

 3.按照住建部的规定，建设项目的投标有（ ）情况的也应当按照废标处理。

  A.未按要求密封

  B.无单位和法定代表人或者代理人的印鉴，或未按规定加盖印鉴

  C.未按规定的格式填写，内容不全或字迹模糊、辨认不清

  D.逾期送达

  E.细微偏差

 4.投标单位有（ ）行为时，招标单位可视其为严重违约行为而没收投标保证金。

  A.通过资格预审后不投标   B.不参加开标会议

  C.中标后拒绝签订合同   D.开标后要求撤回投标书

  E.不参加现场考察

 5.开标时投标书被宣布为废标的情况包括（ ）。

  A.未按招标文件中规定封记   B.投标人不参加开标会议

  C.未按规定格式填写标书   D.投标报价高于标底价的标书

  E.无投标授权人签字的标书

四、简答题

 1.投标的工作程序有哪些?

 2.投标文件一般包括哪些内容？

五、案例分析题

  某市越江隧道工程全部由政府投资。该项目为该市建设规划的重要项目之一，且已列入地方年度固定资产投资计划，概算已经被主管部门批准，征地工作尚未全部完成，施工图及有关技术资料齐全。现决定对该项目进行施工招标。因估计除本市施工企业参加投标外，还可能有外省市施工企业参加投标，故业主委托咨询单位编制了两个标底，准备分别用于对本市和外省市施工企业投标价的评定。业主对投标单位就招标文件所提出的所有问题统一做了书面答复，并以备忘录的形式分发给各投标单位，为简明起见，采用表格形式，见表4.4。

表4.4　招标文件答疑备忘录

序号	问题	提问单位	提问时间	答复
1				
...				
n				

  在书面答复投标单位的提问后，业主组织各投标单位进行了施工现场踏勘。在投标截止日期前10日，业主书面通知各投标单位，由于某种原因，决定将收费站工程从原招标范围内删除。

  问题：该项目施工招标在哪些方面存在问题或不当之处？请逐一说明。

开标、评标与定标

学习目标

知识要点	能力目标	驱动问题	权重
掌握开标流程	能够组织开标会	1.开标应遵循怎样的程序？ 2.无效标怎么认定？	40%
1.掌握评标方法； 2.熟悉评标程序； 3.熟悉评标的流程及相关组织	能够应用评标方法	1.评标委员会的构成要求是什么？ 2.评标的方法有哪些？ 3.详细评审的内容有哪些？	60%

思政元素

内容引导	思考问题	课程思政元素
模拟开标、评标流程	1.开标、评标的基本流程是什么？ 2.开标、评标的注意要点是什么？	工匠精神、实践能力
废标的认定	1.废标认定的法律依据是什么？ 2.对你的启示是什么？	法治意识、职业道德、自主学习

导入案例

　　某工程项目，经过有关部门批准后，决定由业主自行组织施工公开招标。该工程项目为政府的公共工程，已经列入地方的年度固定资产投资计划，概算已经被主管部门批准，但征地工作尚未完成，施工图及有关技术资料齐全。因估计除本市施工企业参加投标外，还可能有外省市施工企业参加投标，因此业主委托咨询公司编制了两个标底，准备分别用于对本市和外省市施工企业投标的评定。业主要求将技术标和商务标分别封装。某承包商在封口处加盖了本单位的公章，并由项目经理签字后，在投标截止日期的前1天将投标文件报送业主。当天下午，该承包商又递交了一份补充材料，声明将原报价降低5%，但是业主的有关人员认为，一个承包商不得递交2份投标文件，因而拒收承包商的补充材料。开标会议由市招投标管理机构主持，市公证处有关人员到会。开标前，市公证处人员对投标单位的资质进行了审查，确认所有投标文件均有效后正式开标。业主在评标之前组建了评标委员会，成员共8人，其中业主人员占5人。招标工作主要内容如下：

　　（1）发投标邀请函；（2）发放招标文件；（3）进行资格后审；（4）召开投标质疑会

议；（5）组织现场勘察；（6）接收投标文件；（7）开标；（8）确定中标单位；（9）评标；（10）发出中标通知书；（11）签订施工合同。

　　问题：1. 工程项目的标底可以采用什么方法编制？

　　　　　2. 该项目招标中有哪些不当之处？请逐一列举。

　　　　　3. 招标工作的内容是否正确？如不正确请改正，并排出正确顺序。

5.1　建设工程开标

5.1.1　建设工程开标概述

　　开标是指在投标人提交投标文件后，招标人依据招标文件规定的时间和地点，开启投标人提交的投标文件，公开宣布投标人的名称、投标价格及其他主要内容的行为。

5.1　开标

5.1.2　建设工程开标的时间、地点与人员

　　公开招标与邀请招标都应举行开标会议。开标应在招标文件规定的提交投标文件截止的同一时间，在有形建筑市场公开进行，已经建立公共资源交易中心的地方，开标应当在当地公共资源交易中心举行。

　　开标应当公开进行。所谓公开进行，就是开标活动都应当向所有提交投标文件的投标人公开，应当使所有提交投标文件的投标人到场参加开标。通过公开开标，投标人可以发现竞争对手的优势和劣势，可以判断自己中标的可能性大小，以决定下一步应采取什么行动。法律这样规定，是为了保护投标人的合法权益。只有公开开标，才能体现和维护"公开透明、公平公正"的原则。

5.1.3　建设工程开标的程序

　　（1）投标人出席开标会的代表签到　投标人授权出席开标会的代表本人填写开标会签到表，招标人专人负责核对签到人身份，应与签到的内容一致。

　　（2）开标会主持人宣布开标会开始　主持人宣布开标人、唱标人、记录人和监督人员。主持人一般为招标人代表，也可以是招标人指定的招标代理机构的代表。开标人一般为招标人或招标代理机构的工作人员，唱标人可以是投标人的代表或者招标人或招标代理机构的工作人员，记录人由招标人指派，有形建筑市场工作人员同时记录唱标内容，招标办监管人员或招标办授权的有形建筑市场工作人员进行监督，记录人按开标会记录的要求开始记录。

（3）开标会主持人介绍主要与会人员　主要与会人员包括到会的招标人代表、招标代理机构代表、各投标人代表、公证机构公证人员、见证人员及监督人员等。

（4）宣布开标会纪律　开标会纪律一般包括：

① 场内严禁吸烟；

② 凡与开标无关人员不得进入开标会场；

③ 参加会议的所有人员应关闭寻呼机、手机等，开标期间不得大声喧哗；

④ 投标人代表有疑问应举手发言，参加会议人员未经主持人同意不得在场内随意走动。

（5）核对投标人授权代表的相关资料　核对投标人授权代表的身份证件、授权委托书及出席开标会人数。

招标人代表出示法定代表人委托书和有效身份证件，同时招标人代表当众核查投标人的授权代表的授权委托书和有效身份证件，确认授权代表的有效性，并留存授权委托书和身份证件的复印件。法定代表人出席开标会的要出示其有效证件。主持人还应当核查各投标人出席开标会代表的人数，无关人员应当退场。

（6）主持人介绍，投标人确认　主持人介绍招标文件、补充文件或答疑文件的组成和发放情况，投标人确认。主要介绍招标文件组成部分、发标时间、答疑时间、补充文件或答疑文件组成、发放和签收情况，可以同时强调主要条款和招标文件中的实质性要求。

（7）主持人宣布投标文件截止和实际送达时间　宣布招标文件规定的递交投标文件的截止时间和各投标单位实际送达时间。在截止时间后送达的投标文件应当场废标。

（8）代表共同检查各投标书密封情况　招标人和投标人的代表（或公证机关）共同检查各投标书密封情况。密封不符合招标文件要求的投标文件应当场废标，不得进入评标。密封不符合招标文件要求的，招标人应当通知招标办监管人员到场见证。

（9）主持人宣布开标并依次唱标　一般按投标书送达时间逆顺序开标、唱标。开标由指定的开标人在监督人员及与会代表的监督下当众拆封，拆封后应当检查投标文件组成情况并记入开标会记录，开标人应将投标书和投标书附件以及招标文件中可能规定需要唱标的其他文件交唱标人进行唱标。唱标内容一般包括投标报价、工期和质量标准、质量奖项等方面的承诺、替代方案报价、投标保证金、主要人员等，在递交投标文件截止时间前收到的投标人对投标文件的补充、修改同时宣布，在递交投标文件截止时间前收到投标人撤回其投标的书面通知的投标文件不再唱标，但须在开标会上说明。

（10）开标会记录签字确认　开标会记录应当如实记录开标过程中的重要事项，包括开标时间、开标地点、出席开标会的各单位及人员、唱标记录、开标会程序、开标过程中出现的需要评标委员会评审的情况，有公证机构出席公证的还应记录公证结果。投标人的授权代表应当在开标会记录上签字确认，投标人对开标有异议的，应当当场提出，招标人应当当场予以答复，并做好记录。投标人基于开标现场事项投诉的，应当先行提出异议。

（11）公布标底　招标人设有标底的，标底必须公布。唱标人公布标底。

（12）送封闭评标区封存　投标文件、开标会记录等送封闭评标区封存。实行工程量清单招标的，招标文件约定在评标前先进行清标工作的，封存投标文件正本，副本可用于清标工作。主持人宣布开标会结束。开标记录表见表5.1。

表5.1 开标记录表

招标工程名称：   第＿＿＿次开标

投标截止日期	＿＿年＿＿月＿＿日＿＿：＿＿			
开标地点	×××售楼部二楼会议室			
开标时间	＿＿年＿＿月＿＿日＿＿：＿＿			
投 标 记 录				
序号	投标人	开标价	投标保证金缴纳情况	备注
1				
2				
3				
4				
5				
开标主持部门	成本部			
开标情况	有效标：			
	无效标：			
开标人员				
				年　月　日

5.2 建设工程评标

5.2.1 建设工程评标概述

评标是指评标委员会和招标人依据招标文件规定的评标标准及方法对投标文件进行审查、评审和比较的行为。评标是招标投标活动中十分重要的阶段，评标是否真正做到公开、公平、公正，决定着整个招标投标活动是否公平和公正；评标的质量决定着能否从众多投标竞争者中选出最能满足招标项目各项要求的中标者。

5.2 评标

依照《中华人民共和国招标投标法》及相关规定，依法必须招标的项目，其评标活动遵循公平、公正、科学、择优的原则。评标活动依法进行，任何单位和个人不得非法干预或者影响评标的过程和结果。招标人应当采取必要措施，保证评标活动在严格保密的情况下进行。评标活动及其当事人应当接受依法实施的监督。

5.2.2　建设工程评标要求

评标委员会须由下列人员组成：

（1）招标人的代表　招标人的代表参加评标委员会，可在评标过程中充分表达招标人的意见，与评标委员会的其他成员进行沟通，并对评标的全过程实施必要的监督。

（2）相关技术方面的专家　由招标项目相关专业的技术专家参加评标委员会，对投标文件所提方案的技术上的可行性、合理性、先进性和质量可靠性等技术指标进行评审比较，以确定在技术和质量方面确能满足招标文件要求的投标。

（3）经济方面的专家　由经济方面的专家对投标文件所报的投标价格、投标方案的运营成本、投标人的财务状况等投标文件的商务条款进行评审比较，以确定在经济上对招标人最有利的投标。

（4）其他方面的专家　根据招标项目的不同情况，招标人还可聘请除技术专家和经济专家以外的其他方面的专家参加评标委员会。比如，对一些大型的或国际性的招标采购项目，还可聘请法律方面的专家参加评标委员会，以对投标文件的合法性进行审查把关。

评标委员会成员人数须为五人以上单数。评标委员会成员人数过少，不利于集思广益，不利于从经济、技术各方面对投标文件进行全面的分析比较，以保证评审结论的科学性、合理性。当然，评标委员会成员人数也不宜过多，否则会影响评审工作效率，增加评审费用。要求评审委员会成员人数须为单数，以便于在各成员评审意见不一致时，可按照多数通过的原则产生评标委员会的评审结论，推荐中标候选人或直接确定中标人。

评标委员会成员中，有关技术、经济等方面的专家的人数不得少于成员总数的2/3，以保证各方面专家的人数在评标委员会成员中占绝对多数，充分发挥专家在评标活动中的权威作用，保证评审结论的科学性、合理性。

参加评标委员会的专家应当同时具备以下条件：从事相关领域工作满8年；具有高级职称或者具有同等专业水平。具有高级职称，即具有经国家规定的职称评定机构评定，取得高级职称证书，包括高级工程师，高级经济师，高级会计师，正、副教授，正、副研究员等。对于某些专业水平已达到与本专业具有高级职称的人员相当的水平，有丰富的实践经验，但因某些原因尚未取得高级职称的专家，也可聘请作为评标委员会成员。

> **知识拓展**
>
> 与投标人有利害关系的人不得进入相关项目的评标委员会。与投标人有利害关系的人，包括投标人的亲属、与投标人有隶属关系的人员或者中标结果的确定涉及其利益的其他人员。与投标人有利害关系的人只是不能进入相关项目的评标委员会，与投标人有利害关系的人已经进入评标委员会，经审查发现后，应当按照法律规定更换，评标委员会的成员自己也应当主动退出。评标委员会成员的名单在中标结果确定前应当保密，以防止有些投标人对评标委员会成员采取行贿等手段，以谋取中标。

评标原则如下：

（1）公平竞争、机会均等的原则　制定评标定标办法时，对各投标人应一视同仁，不得存在对某一方有利或不利的条款。在定标结果正式出来之前，中标的机会是均等的，不允许针对某一特定的投标人在某一方面的优势或劣势而在评标定标的具体条款中带有倾向性。

（2）客观公正、科学合理的原则　对投标文件的评价、比较和分析要客观公正，不以主观好恶为标准。对评审指标的设置和评分标准的具体划分，都要在充分考虑招标项目的具体特点和招标人合理意愿的基础上，尽量避免和减少人为因素，做到科学合理。

（3）实事求是、择优定标的原则　对投标文件的评审，要从实际出发，实事求是。评标定标活动既要全面，也要有重点，不能泛泛进行。

5.2.3　建设工程评标程序

评标的目的是根据招标文件中确定的标准和方法，对每个投标商的标书进行评价和比较，以评出中标人。评标必须以招标文件为依据，不得采用招标文件规定以外的标准和方法进行评标，凡是评标中需要考虑的因素都必须写入招标文件之中。一般国际性招标项目评标大约需要3～6个月，但小型工程由于承包工作内容较为简单、合同金额不大，可以采用即开、即评、即定的方式，可由评标委员会直接确定中标人。国内大型工程项目的评审因评审内容复杂、涉及面宽，通常分为初步评标和详细评标两个阶段进行。

5.2.3.1　组建评标委员会

评标委员会可以设主任一名，必要时可增设副主任一名，负责评标活动的组织协调工作，评标委员会主任在评标前由评标委员会成员通过民主方式推选产生，或由招标人或其代理机构指定（招标人代表不得作为主任人选）。评标委员会主任与评标委员会其他成员享有同等的表决权。若采用电子评标系统，则须选定评标委员会主任，由其操作"开始投票"和"拆封"。

有的招标文件要求对所有投标文件设主审评委、复审评委各一名，主审、复审人选可由招标人或其代理机构在评标前确定，或由评标委员会主任进行分工。

5.2.3.2　评标准备

（1）了解和熟悉相关内容
① 招标目标；
② 招标项目范围和性质；
③ 招标文件中规定的主要技术要求、标准和商务条款；
④ 招标文件规定的评标标准、评标方法和在评标过程中考虑的相关因素；
⑤ 有的招标文件（主要是工程项目）发售后，进行了数次的书面答疑、修正，故评委应将其全部汇集装订。
（2）分工、编制表格　根据招标文件的要求或招标内容的评审特点，确定评委分工；招标文件未提供评分表格的，评标委员会应编制相应的表格；此外，若评标标准不够细化时，应先予以细化。

（3）暗标编码　对需要匿名评审的文本进行暗标编码。

5.2.3.3　初步评标

初步评标也称对投标书的响应性审查，工作比较简单，但却是非常重要的一步。此阶段不是比较各投标书的优劣，而是以投标须知为依据，检查各投标书是否为响应性投标，确定投标书的有效性，主要包括以下内容：

（1）买方将审查投标书是否完整，是否提交了投标保证金，文件签署是否合格，投标书的总体编排是否合理。

（2）是否有算术错误，若有则进行更正。如果用文字表示的数值与用数字表示的数值不一致，应以文字表示的数值为准。更改后，评标委员会要向投标人发出通知，告知情况，并取得投标人关于同意这项修改的确认。对于较大的错误，评标委员会视其性质，通知投标人亲自修改。如果投标人不接受该委员会对投标算术错误的更正或拒绝改正，评标委员会将不再接受该项投标。

（3）对于投标书中不构成实质性偏差的不正规、不一致或不规则的地方，买方可以接受，但这种接受不能损害或影响任何投标人的相对排序。

（4）在详细评标之前，买方要审查每份投标书是否实质上响应了招标文件的要求。实质上响应的投标应该与招标文件要求的全部条款、条件和规格相符，没有重大偏离的投标。对关键条文的偏离、保留或反对，如关于投标保证金、适用法律、税及关税偏离，将被认为是实质上的偏离。买方决定投标书的响应性只根据投标书本身的内容，而不寻求外部的证据。如果投标书实质上没有响应招标文件的要求，买方将予以拒绝，投标人不得通过修正或撤销不合要求从而使其投标成为实质上响应的投标。

（5）以最低标为标准，剔除过高的报价。具体方法是，先找出两个最低标，将二者加权平均得出一个基数，再在此基数上规定适当的百分比，划出合理报价的范围。然后，将所有高出此基数一定比例的投标全部排除。上述比例定在多少合适，要根据招标合同金额的大小和招标项目的价格等特点而定。

知识拓展

投标文件根据对招标文件实质性要求和条件响应的偏差分为重大偏差和细微偏差。所有存在重大偏差的投标文件都属于初评阶段应淘汰的投标书。细微偏差是指投标文件在实质上响应招标文件的要求，但在个别地方存在漏项或者提供了不完整的技术信息和数据等情况，并且补正这些遗漏不会对其他投标人造成不公平的结果发生。细微偏差不影响投标文件的有效性。评标委员会应当书面要求存在细微偏差的投标人在评标结束前予以补正。拒不补正的，在详细评审时可以对细微偏差做不利于该投标人的量化，量化标准应按照投标文件中规定进行。

5.2.3.4　详细评标

在完成初步评标以后，下一步就进入到详细评定和比较阶段。只有在初评中确定为基本合格的投标，才有资格进入详细评定和比较阶段。具体的评标方法取决于招标文件中的规定，并按评标价的高低，由低到高评定出各投标的排列次序。在评标时，当出现最低评标价远远高于标底或缺乏竞争性等情况时，应废除全部投标。

一般情况下，详细评标分商务性评审和技术性评审两个方面，当然也不排除评审资质信誉及售后服务等方面。

（1）商务性评审主要考察成本、财务及经济方面的内容，主要内容如下：

① 投标报价的可靠性；

② 报价结构或分项报价的合理性；

③ 经营成果、财务状况及银行资信；

④ 优惠条件，如商业折扣等。

（2）技术性评审主要考察投标人的技术实力、方案的科学性、可靠性及项目的实施能力等方面的内容，主要内容如下：

① 招标文件是否包括了招标文件所需要提交的各项技术文件，这些技术文件是否同招标文件中的技术说明或图纸一致。

② 企业的施工能力。评审投标人是否满足工程施工的基本条件以及项目部配备的项目经理、主要工程技术人员以及施工员、质量员、安全员、预算员、机械员等五大员的配备数量和资历。

③ 施工方案的可行性。主要评审施工方案是否科学、合理，施工方案、施工工艺流程是否符合国家、行业、地方强制性标准规范或招标文件约定的推荐性标准规范的要求，是否体现了施工作业的特点。

④ 工程质量保证体系和所采取的技术措施。评审投标人质量管理体系是否健全、完善。投标书是否完善、有无可行的工程质量保证体系和防止质量通病的措施及满足工程要求的质量检测设备等。

⑤ 施工进度计划及保证措施。评审施工进度安排是否科学、合理，所报工期是否符合招标文件的要求，施工分段与所要求的关键日期或进度安排标志是否一致，有无可行的进度安排横道图、网络图，有无保证工程进度的具体可行措施。

⑥ 施工平面图。评审施工平面图布置得是否科学、合理。

⑦ 劳动力、机具、资金需用计划及主要材料、构配件安排计划。

⑧ 评审在本工程中采用的国家、省建设行政主管部门推广的新工艺、新技术、新材料的情况。

⑨ 合理化建议。即本工程是否有可行的合理化建议，能否节约投资，有无对比计算数额。

⑩ 文明施工现场及施工安全措施。

5.2.3.5 编写评标报告

评标工作结束后，除招标人授权直接确定中标人外，评标委员会按照评标后投标人的名次排列，向招标人推荐1~3名中标候选人。当然经评审，评标委员会认为所有投标都不符合招标文件的要求，其可以否决所有投标，这时强制招标项目应重新进行招标。评标委员会完成评标后，应当向招标人提交书面评标报告，并报送有关行政监督部门。评标报告应当如实记录以下内容：

（1）本招标项目情况和数据表；

（2）评标委员会成员名单；

（3）开标记录；

（4）符合要求的投标人一览表；

（5）废标情况说明；

（6）评标标准、评标方法或者评标因素一览表；

（7）经评审的价格或者评分比较一览表；

（8）经评审的投标人排序；

（9）直接确定的中标人或推荐的中标候选人名单与签订合同前要处理的事宜；

（10）澄清、说明、补正事项纪要。

向招标人提交书面评标报告后，评标委员会即告解散。评标过程中使用的文件、表格及其他资料应当即时归还招标人。依法必须进行招标的项目，招标人应当自收到评标报告之日起3日内公示中标候选人，公示期不得少于3日。

5.2.4　建设工程评标方法

建设工程评标的方法很多，我国目前常用的评标方法有经评审的最低投标价法和综合评估法等。

5.3　评标方法

5.2.4.1　经评审的最低投标价法

经评审的最低投标价法是指评标委员会对满足招标文件实质要求的投标文件，根据详细评审标准规定的量化因素及量化标准进行价格折算，按照经评审的投标价由低到高的顺序推荐中标候选人，或根据招标人授权直接确定中标人，但投标报价低于其成本的除外。经评审的投标价相等时，投标报价低的优先；投标报价也相等的，由招标人自行确定。

（1）经评审的最低投标价法适用条件　经评审的最低投标价法一般适用于具有通用技术、性能标准或者招标人对其技术、性能没有特殊要求的招标项目。这种评标方法应当是一般项目的首选评标方法。

（2）经评审的最低投标价法评审要求

① 采用经评审的最低投标价法的，评标委员会应当根据招标文件中规定的评标价格调整方法，对所有投标人的投标报价以及投标文件的商务部分做必要的价格调整。

② 中标人的投标应当符合招标文件规定的技术要求和标准，但评标委员会无需对投标文件的技术部分进行价格折算。

③ 根据经评审的最低投标价法完成详细评审后，评标委员会应当拟定一份"价格比较一览表"，连同书面评标报告提交招标人。"价格比较一览表"应当载明投标人的投标报价、对商务偏差的价格调整和说明以及已评审的最终投标价。

④ 除招标文件中授权评标委员会直接确定中标人外，评标委员会应该按照经评审的价格由低到高的顺序推荐中标候选人。

5.2.4.2　综合评估法

综合评分法，也称打分法，是指评标委员会按预先确定的评分标准，对各招标文件需评审的要素（报价和其他非价格因素）进行量化、评审记分，以标书综合分的高低确定中标单位的方法。由于项目招标需要评定比较的要素较多，且各项内容的计量单位又不一致，因此综合评分法可以较全面地反映出投标人的素质。它是使用最广泛的评标方法。

评审要素确定后，首先将需要评审的内容划分为几大类，并根据招标项目的性质、特点，以及各要素对招标人总投资的影响程度来具体分配分值权重（即得分），然后再将各类要素细化成评定小项并确定评分的标准。这种方法往往将各评审因素指标分解为100分，因此也称百分法。推荐中标候选人时应注意，若某投标文件总分不低，但某一项得分低于该项预定及格分时，也应充分考虑授标给该投标单位后，实施过程中可能的风险。

综合评估法按其具体分析方式的不同，可分为定性综合评估法和定量综合评估法。

（1）定性综合评估法　定性综合评估法的做法是分项进行定性比较分析、全面评审，综合评议较优者作为中标人，也可采取举手表决或无记名投票方式决定中标人。其特点是不量化各项评审指标，简单易行，能在广泛深入地开展讨论分析的基础上集中各方面观点，有利于评标委员会成员之间的直接对话和深入交流，集中体现各方意见，能使综合实力强、方案先进的投标单位处于优势地位。但是评估标准弹性较大，衡量尺度不具体，透明度不高，受评标专家人为因素影响较大，可能会出现评标意见相差悬殊，使定标决策左右为难。

（2）定量综合评估法　定量综合评估法又称打分法、百分制计分评价法。它是逐项进行分析记分、加权汇总，计算出各投标单位的综合评分，然后按照综合评分由高到低的顺序确定中标候选人或直接选定得分最高者为中标人。这种做法是目前我国各地广泛采用的评标方法。特点是量化所有评标指标，由评标委员会专家分别打分，减少了评标过程中的相互干扰，增强了评标的科学性和公正性。

5.3　建设工程定标

5.3.1　建设工程定标概述

中标候选人的确定应推荐投标候选人1～3人，并标明排列顺序。《招标投标法》第四十一条规定中标人应符合下列条件之一：

（1）能够最大限度地满足招标文件规定的各项综合评价标准；

（2）能够满足招标文件的实质性要求，并经评审投标报价最低；但投标低于成本的除外。

5.3.2　建设工程定标程序

（1）由定标组织对评标报告进行审议，审议的方式可以是直接进行书面审查，也可以采用类似评标会的方式召开定标会进行审查。

（2）定标组织形成定标意见。

（3）将定标意见报建设工程招标投标管理机构核准。

（4）按经核准的定标意见发出中标通知书。

至此，定标程序结束。

5.3.3　签订合同

5.3.3.1　合同签订

招标人和中标人应当在中标通知书发出后的 30 日内，按照招标文件和中标人的投标文件订立书面合同，招标人和中标人不得再行订立背离合同实质性内容的其他协议，这项规定是要用法定的形式肯定招标的成果，或者说招标人、中标人双方都必须尊重竞争的结果，不得任意改变。

5.3.3.2　保证金的处理

（1）退还投标保证金　《工程建设项目货物招标投标办法》第 52 条规定，工程建设项目招标人与中标人签订合同后五个工作日内，应当向中标人和未中标的投标人一次性退还投标保证金。

《政府采购货物和服务招标投标管理办法》第 38 条规定，政府采购项目投标人在投标截止时间前撤回已提交的投标文件的，采购人或者采购代理机构应当自收到投标人书面撤回通知之日起 5 个工作日内，退还已收取的投标保证金，但因投标人自身原因导致无法及时退还的除外。

采购人或者采购代理机构应当自中标通知书发出之日起 5 个工作日内退还未中标人的投标保证金，自采购合同签订之日起 5 个工作日内退还中标人的投标保证金或者转为中标人的履约保证金。

采购人或者采购代理机构逾期退还投标保证金的，除应当退还投标保证金本金外，还应当按中国人民银行同期贷款基准利率上浮 20% 后的利率支付超期资金占用费，但因投标人自身原因导致无法及时退还的除外。

（2）提交履约保证金　招标文件要求中标人提交履约保证金的，中标人应当提交。若中标人不能按时提供履约保证金，可以视为投标人违约，没收其投标保证金，招标人再与下一位候选中标人签订合同。当招标文件要求中标人提供履约保证金时，招标人也应当向中标人提供工程款支付担保。

（3）中标人完成合同约定的义务　中标人应当按照合同约定履行义务，完成中标项目，中标人不得向他人转让中标项目，也不得将中标项目肢解后分别向他人转让，中标人按照合同约定或者经招标人同意，可以将中标项目的部分非主体、非关键性工作分包给他人完成，但不得再次分包，分包项目由中标人向招标人负责，接受分包的人承担连带责任。

5.4　建设工程施工评标案例

例 1　某土建工程项目确定采用公开招标的方式招标，造价工程师测算确定该工程标底为 4000 万元，定额工期为 540 天。在本工程招标的资格预审办法里规定投标单位应满足以下条件：①取得营业执照的建筑施工企业法人；②二级资质以上施工企业；③有两项以上同类工程的施工经验；④本专业系统隶属企业；⑤近三年内没有违约被起诉历史；⑥技术、管理人员满足工程施工要求；⑦技术装备满足工程施工要求；⑧具有不少于合同价 20% 的可为业主垫支的资金。经招标小组研究后确定采用综合评分法评标，评分方法及原则如下。

（1）报价与标底的偏差程度 70 分，按表 5.2 标准评分。

表5.2　评分标准表

报价与标底偏差程度	−5%～−2.5%	−2.4%～0%	0.1%～2.4%	2.5%～5%
得分	50	70	60	40

（2）报价费用组成的合理性 30 分。

（3）施工组织与管理能力满分为 100 分，其中工期 40 分，按以下方法评定：投标人所报工期比定额工期提前 30 天及 30 天以上者为满分，以比定额工期提前 30 天为准，每增加1 天，扣减 1 分。

（4）业绩与信誉满分为 100 分，评标方法中还规定，投标报价、施工组织与管理能力和业绩与信誉三方面的得分值均不得低于 60 分，低于 60 分者淘汰。对以上三方面进行综合评分时，投标报价的权重为 0.5，施工组织与管理能力的权重为 0.3，业绩与信誉的权重为 0.2。表 5.3 为投标单位的报价与工期的情况。

表5.3　投标单位报价和工期

项目	A	B	C	D	E
报价/万元	4120	4080	3980	3900	4200
工期/天	510	530	520	540	510

各单位的得分如表 5.4 所示。

表5.4　投标单位得分记录

各项得分		A	B	C	D	E
投标报价（100分）	报价（70分）					
	合理性（30分）	20	28	25	20	25
施工组织与管理能力（100分）	工期（40分）					
	施工组织方案（30分）	25	28	26	20	25
	质量保证体系（20分）	18	18	16	15	15
	安全管理（10分）	8	7	7	8	8
业绩与信誉（100分）	企业信誉（40分）	35	35	36	38	34
	施工经历（40分）	35	32	37	35	37
	质量回访（20分）	17	18	19	15	18

请思考：

（1）资质预审办法中规定的投标单位应满足的条件哪几项是正确的？哪几项不正确？

（2）列式计算各投标单位报价偏差得分值。

（3）列式计算各投标单位工期项的得分值。

（4）按综合评分方法确定中标单位。

【案例评析】

（1）不正确的条件是②、④、⑧。

（2）各投标单位报价偏差得分值：

A 单位：（4120-4000）/4000×100%=3%，得 40 分；

B 单位：（4080-4000）/4000×100%=2%，得 60 分；

C 单位：（3980-4000）/4000×100%=-0.5%，得 70 分；

D 单位：（3900-4000）/4000×100%=-2.5%，得 50 分；

E 单位：（4200-4000）/4000×100%=5%，得 40 分。

（3）各投标单位工期项的得分值：

A 单位：（540-30-510）天 =0 天，得 40 分；

B 单位：（540-30-530）天 =-20 天，得 20 分；

C 单位：（540-30-520）天 =-10 天，得 30 分；

D 单位：（540-30-540）天 =-30 天，得 10 分；

E 单位：（540-30-510）天 =0 天，得 40 分。

（4）确定中标单位：

① 投标报价得分：

A 单位：40 分 +20 分 =60 分；

B 单位：60 分 +28 分 =88 分；

C 单位：70 分 +25 分 =95 分；

D 单位：50 分 +20 分 =70 分；

E 单位：40 分 +25 分 =65 分。

② 施工组织与管理能力分值：

A 单位：40 分 +25 分 +18 分 +8 分 =91 分；

B 单位：20 分 +28 分 +18 分 +7 分 =73 分；

C 单位：30 分 +26 分 +16 分 +7 分 =79 分；

D 单位：10 分 +20 分 +15 分 +8 分 =53 分；

E 单位：40 分 +25 分 +15 分 +8 分 =88 分。

③ 业绩与信誉分值：

A 单位：35 分 +35 分 +17 分 =87 分；

B 单位：35 分 +32 分 +18 分 =85 分；

C 单位：36 分 +37 分 +19 分 =92 分；

D 单位：38 分 +35 分 +15 分 =88 分；

E 单位：34 分 +37 分 +18 分 =89 分。

④ 五家单位的综合得分：

A 单位：60 分 ×0.5+91 分 ×0.3+87 分 ×0.2=74.7 分；

B 单位：88 分 ×0.5+73 分 ×0.3+85 分 ×0.2=82.9 分；

C 单位：95 分 ×0.5+79 分 ×0.3+92 分 ×0.2=89.6 分；

D 单位：70 分 ×0.5+53 分 ×0.3+88 分 ×0.2=68.5 分；

E 单位：65 分 ×0.5+88 分 ×0.3+89 分 ×0.2=76.7 分。

因 C 单位得分最高，故 C 单位应中标。

例 2　某省一企业的综合办公楼工程，进行公开招投标。根据该省关于施工招投标评标细则，业主要求投标单位将技术标和商务标分别装订报送，并且采用综合评估法评审。经招标领导小组研究确定的评标规定如下。

通过符合性审查和响应性检验，即初步评审投标书，按投标报价、主要材料用量、施工能力、施工方案、企业业绩和信誉等以定量方式综合评定。其分值设置为总分 100 分，其中：投标报价 70 分；施工能力 5 分；施工方案 15 分；企业信誉和业绩 10 分。

（1）投标报价 70 分　投标报价在复合标底价 −6% ～ +4%(含 −6%、+4%) 范围内可参加评标，超出此范围者不得参加评标。复合标底价是指开标前由评标委员会负责人当众临时抽签决定的组合值。其设置范围是标底与投标人有效报价算术平均值的比值，分别为：0.2：0.8、0.3：0.7、0.4：0.6、0.5：0.5、0.6：0.4、0.7：0.3。

评标指标是复合标底价在开标前由评标委员会负责人以当众随机抽取的方式确定浮动点后重新计算的指标价，其浮动点分别为 1%、0.5%、0%、−0.5%、−1%、−1.5%、−2%。其计算公式为：

$$评标指标 = 复合标底价 / (1+ 浮动点绝对值)$$

投标报价等于评标指标价时得满分。投标报价与评标指标价相比每向上或向下浮动 0.5% 扣 1 分 (高于 0.5% 按 1% 计，低于 0.5% 按 0.5% 计)。

（2）施工能力 5 分

① 满足工程施工的基本条件者得 2 分 (按工程规模在招标文件中提出要求)。

② 项目主要管理人员及工程技术人员的配备数量和资历 3 分。其中：项目配备的项目经理资格高于工程要求者得 1 分；项目主要技术负责人具有中级以上技术职称者得 1 分；项目部配备了持证上岗的施工员、质量员、安全员、预算员、机械员者共得 1 分，其中每一员持证得 0.2 分，不满足则该项不得分。

（3）施工方案 15 分

① 施工方案的可行性 2 分。主要施工方案科学、合理，能够指导施工，有满足需要的施工程序及施工大纲者得满分。

② 工程质量保证体系和所采取的技术措施 3 分。投标人质量管理体系健全，自检体系完善。投标书符合招标文件及国家、行业、地方强制性标准规范的要求，并有完善、可行的工程质量保证体系和防止质量通病的措施及满足工程要求的质量检测设备者得满分。

③ 施工进度计划及保证措施 3 分。施工进度安排科学、合理，所报工期符合招标文件的要求，施工分段与所要求的关键日期或进度安排标志一致，有可行的进度安排横道图、网络图，有保证工程进度的具体可行措施者得满分。

④ 施工平面图 0.5 分。有布置合理的施工平面图者得满分。

⑤ 劳动力计划安排 1 分。有合理的劳动力组织计划安排和用工平衡表，各工种人员的搭配合理者得满分。

⑥ 机具计划 1 分。有满足施工要求的主要施工机具计划，并注明到场施工机具的产地、规格、完好率及目前所在地处于什么状态，何时能到场，满足要求者得满分。

⑦ 资金需用计划及主要材料、构配件计划 0.5 分。施工中所需资金计划及分批、分期所用的主要材料、构配件的计划符合进度安排者得满分。

⑧ 在本工程中拟采用国家、省建设行政主管部门推广的新工艺、新技术、新材料能保证工程质量或节约投资，并有对比方案者得 0.5 分。

⑨ 在本工程上有可行的合理化建议，并能节约投资，有对比计算数额者得 0.5 分。

⑩ 文明施工现场措施 1 分。对生活区、生产区的环境有保护与改善措施者得满分。

⑪ 施工安全措施 1 分。有保证施工安全的技术措施及保证体系并已取得安全认证者得满分。

⑫ 投标人已经取得 ISO 9000 质量体系认证者得 1 分。

（4）企业信誉和业绩 10 分

① 投标的项目经理近五年承担过与招标工程同类工程者得 0.75 分。投标人近五年施工过与招标工程同类工程者得 0.25 分。

② 投标的项目经理近三年每获得过一项国家鲁班奖工程者得 1.5 分；投标人近三年每获得过一项国家鲁班奖工程者得 1 分。投标的项目经理近两年每获得过一项省飞天奖工程者得 1 分；投标人近两年每获得过一项飞天奖工程者得 0.75 分。投标的项目经理上年度以来每获得过一项地（州、市）建设行政主管部门颁发或受地（州、市）建设行政主管部门委托的行业协会颁发的在当地设置的相当于优质工程奖项者得 0.5 分；投标人上年度以来每获得过一项上述奖项者得 0.25 分。本项满分 8 分，记满为止。

项目经理所获鲁班奖、飞天奖、其他质量证书的认证以交易中心备案记录为依据。同一工程按最高奖记分，不得重复计算。

③ 投标人上年度以来在省建设行政主管部门组织或受省建设行政主管部门委托的行业协会组织的质量管理、安全管理、文明施工、建筑市场执法检查中受表彰的，每项（次）加 0.2 分；受到地（州、市）建设行政主管部门或受地（州、市）建设行政主管部门委托的行业级的上述表彰的，每项（次）加 0.1 分。受建设行政主管部门委托的由行业协会组织评选的"三优一文明"获奖者（只记投标人）记分同上。上述各项（次）得分按最高级别计算，同项目不得重复计算。上述表彰获奖者为投标人下属二级单位（分公司、项目部、某工地等）的，只有该二级单位是投标的具体实施人时方可记分，投标人内部不得通用）记分按上述标准减半计算。本项满分 1 分，记满为止。

本次招标活动共有七家施工企业投标，项目开标后，他们的报价、工期、质量分别如表 5.5 所示。标底为 3600 万元。

表5.5　投标单位的报价、工期、质量表

投标单位	A	B	C	D	E	F	G
报价/万元	3500	3620	3740	3800	3550	3650	3680
工期/天	300	300	300	300	300	300	300
质量	合格	合格	合格	合格	合格	合格	合格

【案例评析】

① 现场通过随机方式抽取计算符合标底价的权重值为 0.4 ：0.6，复合标底价及投标报价的有效范围计算如下。

复合标底价为：

$3\,600 \times 0.4 + (3500+3620+3740+3800+3550+3650+3680)/7 \times 0.6 = 3629$（万元）

投标报价的有效范围为：

上限：$3\,629 \times (1-6\%) = 3411$（万元）；

下限：$3\,629 \times (1+4\%) = 3774$（万元）。

即投标报价的有效范围 3411 万 ~ 3774 万元。

七家投标单位中，D 单位报价超出有效范围，退出评标，其余单位报价均符合要求。

② 现场通过随机方式抽取评标指标的浮动点为 -0.5%，计算评标指标为 $3629/(1+|-0.5\%|) = 3611$（万元）。

③ 计算各投标单位报价得分值。A单位为 −3.07%，扣7分，得63分。

同理计算，B、C、E、F、G单位报价得分分别为69分、63分、65分、68分、67分，见表5.6。

④ 施工能力得分。评标委员会通过核对各投标施工单位的投标文件以及职称证书、资格证的原始证明文件，分别给出各单位的施工能力得分。表5.7为A单位的施工能力的各位专家打分，表5.8为各单位的施工能力得分汇总表。

⑤ 施工方案评分。评标委员会的各位专家给每个投标单位的施工方案打分。最后去掉一个最高分和一个最低分后，计算算数平均数得出各投标单位的施工方案最后得分，见表5.9及表5.10。

⑥ 企业业绩和信誉得分。通过查看各获奖证书的原件，评标委员会按照评标规则得出各投标单位的企业业绩和信誉得分，见表5.11。

各投标单位综合得分为：

A：63+5+12.4+3.2=83.6（分）

B：69+5+11.8+2.8=88.6（分）

C：63+4+12.0+2.5=81.5（分）

E：65+5+12.6+2.5=85.1（分）

F：68+5+12.8+3.5=89.3（分）

G：67+5+11.2+3.0=86.2（分）

各投标单位综合得分从高到低顺序依次是F、B、G、E、A、C。因此，中标候选人依次是F、B、G。

表5.6　各投标单位报价得分

投标单位	A	B	C	E	F	G
得分/分	63	69	63	65	68	67

表5.7　A投标单位施工能力得分表

评委	1	2	3	4	5	6	7
得分/分	5	5	5	5	5	5	5
备注	项目经理为一级资质，技术负责人职称为工程师，施工员、质量员、安全员、预算员、机械员证书齐全、满足工程施工的基本条件						

表5.8　各投标单位施工能力得分汇总表

投标单位	A	B	C	E	F	G
得分/分	5	5	4	5	5	5

表5.9　A投标单位施工方案得分表

评委	1	2	3	4	5	6	7
得分/分	12.5	13	11.5	12	12.5	13.5	12
平均得分/分	12.4						
备注	在2005年取得ISO 9000质量体系认证						

表5.10　各投标单位施工方案得分汇总表

投标单位	A	B	C	E	F	G
得分/分	12.4	11.8	12.0	12.6	12.8	11.2

表5.11　各投标单位业绩和信誉得分汇总表

投标单位	A	B	C	E	F	G
得分/分	3.2	2.8	2.5	2.5	3.5	3.0

基础考核

一、单选题

1. 关于评标委员会成员的义务，下列说法中错误的是（　　　）。

  A.评标委员会成员应当客观、公正地履行职务

  B.评标委员会成员可以私下接触投标人，但不得收受投标人的财物或者其他好处

  C.评标委员会成员不得透露对投标文件的评审和比较的情况

  D.评标委员会成员不得透露对中标候选人的推荐情况

2. 评标委员会成员中技术、经济等方面的专家不得少于成员总数的（　　　）。

  A.三分之一　　　　　　　　　　　B.一半

  C.三分之二　　　　　　　　　　　D.五分之二

3. 招标投标法规定开标的时间应当是（　　　）。

  A.提交投标文件截止时间的同一时间

  B.提交投标文件截止时间的24小时内

  C.提交投标文件截止时间的30天内

  D.提交投标文件截止时间后的任何时间

4. 根据《招标投标法》的有关规定，下列说法符合开标程序的是（　　　）。

  A.开标应当在招标文件确定的提交投标文件截止时间的同一时间公开进行

  B.开标地点由招标人在开标前通知

  C.开标由建设行政主管部门主持，邀请中标人参加

  D.开标由建设行政主管部门主持，邀请所有投标人参加

5. 根据《招标投标法》的有关规定，评标委员会由招标人的代表和有关技术、经济等方面的专家组成，成员人数为（　　　）以上单数，其中技术、经济等方面的专家不得少于成员总数的三分之二。

  A.3人　　　　　　　　　　　　　B.5人

  C.7人　　　　　　　　　　　　　D.9人

二、多选题

1. 下列关于评标委员会的叙述符合《招标投标法》有关规定的有（　　　）。

  A.评标由招标人依法组建的评标委员会负责

  B.评标委员会由招标人的代表和有关技术、经济等方面的专家组成，成员人数为五人以上单数

C.评标委员会由招标人的代表和有关技术、经济等方面的专家组成，其中技术、经济等方面的专家不得少于成员总数的二分之一

D.与投标人有利害关系的人不得进入相关项目的评标委员会

E.评标委员会成员的名单在中标结果确定前应当保密

2.开标时可能当场宣布投标单位所投标书为废标的情况包括（　　）。

A.未密封递送的标书

B.投标工期长于招标文件中要求工期的标书

C.未按规定格式填写的标书

D.没有投标授权人签字的标书

E.未参加开标会议单位的标书

3.下列关于评标的规定，符合《招标投标法》有关规定的有（　　）。

A.招标人应当采取必要的措施，保证评标在严格保密的情况下进行

B.评标委员会完成评标后，应当向招标人提出书面评标报告，并决定合格的中标候选人

C.招标人可以授权评标委员会直接确定中标人

D.评标委员会经评审，认为所有投标都不符合招标文件要求的，可以否决所有投标

E.任何单位和个人不得非法干预、影响评标的过程和结果

三、简答题

1.什么是不平衡报价法？什么是多方案报价法？如何应用不平衡报价法？

2.什么是综合评标法、最低报价评标法、最低评标价法？

3.评标委员会的组成及要求是什么？

四、案例分析题

国有企业计划投资 700 万元新建一栋办公大选取中标单位，共有 A、B、C、D、E 五家投标单位参加了投标，开标时出现了如下情形：

1.A 投标单位的投标文件未按招标文件的要求密封，建设单位委托了一家符合资质要求的监理单位进行该工程的施工招标代理工作，由于招标时间紧，建设单位要求招标代理单位采取内部议标的方式的习惯做法密封；

2.B 投标单位虽按招标文件的要求编制了投标文件，但有一页文件漏打了页码；

3.C 投标单位投标保证金超过了招标文件中规定的金额；

4.D 投标单位投标文件记载的招标项目完成期限超过招标文件规定的完成期限；

5.E 投标单位某分项工程的报价有个别漏项。

为了在评标时统一意见，根据建设单位的要求评标委员会由 6 人组成，其中 3 人是由建设单位的总经理、总工程师和工程部经理参加，3 人由建设单位以外的评标专家库中抽取。经过评标委员会评定，最终由低于成本价格的投标单位确定为中标单位。

问题：1.采取的内部招标方式是否妥当？说明理由。

2.五家投标单位的投标文件是否有效或应被淘汰？分别说明理由。

3.评标委员会的组建是否妥当？若不妥，请说明理由。

4.确定的中标单位是否合理？请说明理由。

学习目标

知识要点	能力目标	驱动问题	权重
1.了解合同的概念、类型、订立、违约责任等； 2.掌握合同的履行、合同的效力	能够结合案例做出法律层面分析	1.现阶段合同的法律基础有哪些？ 2.如何判定合同的效力？	20%
1.掌握建设工程施工合同订立的条件和原则； 2.掌握施工合同文件的组成及解释顺序； 3.掌握建设工程施工合同管理的特点、目标、作用及地位	1.能够结合具体工程项目运用合同订立的条件和原则拟定施工合同； 2.初步具备合同谈判能力	1.什么是建设工程施工合同？ 2.合同谈判有什么技巧？ 3.什么是合同管理？	60%
1.熟悉FIDIC合同条件的构成、组成及优先次序； 2.掌握FIDIC合同条件中涉及费用、进度、质量控制的要求	能够比较分析国内外合同条件的差异	1.FIDIC合同对工程师的职责和权利有哪些规定？ 2.FIDIC对工程索赔时限有哪些要求？	20%

思政元素

内容引导	思考问题	课程思政元素
工程合同管理师市场缺口巨大	1.我国建筑行业内工程合同管理人才需求如何？ 2.大学生怎样完成社会理想与个人理想的统一？	职业理想、社会责任
合同纠纷之抗辩权使用	1.抗辩体系的构成是什么？ 2.对你的启示是什么？	法治意识、职业道德

导入案例

　　甲公司为开发新项目，于2013年3月12日向乙公司借钱15万元。经双方协商一致，订立合同约定：乙公司借给甲公司15万元，借期6个月，月息为同期银行贷款利息的1.5倍，2013年9月12日甲公司一起还本付息。甲公司因新项目开发不顺利，2013年9月12日无法偿还欠乙公司的借款，乙公司向甲公司催促还款无果。2013年9月20日，乙公司得知丙单位曾向甲公司借款20万元，现已到还款期，甲公司却对丙单位称不用还款。于是，乙公司向人民法院起诉，请求甲公司以丙单位的还款来偿还债务，甲公司辩称该债权已放弃，无法清偿债务。

请思考：

（1）甲公司的行为是否构成违约？请说明理由。

（2）乙公司是否可以行使撤销权？请说明理由。

（3）乙公司是否可以行使代位权？请说明理由。

6.1 合同法律概述

6.1.1 合同及其法律依据

《中华人民共和国民法典》（以下简称《民法典》）第 464 条第一款规定"合同是民事主体之间设立、变更、终止民事法律关系的协议"。

6.1 合同及其相关概念

（1）合同的形式 《民法典》第 469 条规定：当事人订立合同，可以采用书面形式、口头形式或者其他形式。书面形式是合同书、信件、电报、电传、传真等可以有形地表现所载内容的形式。以电子数据交换、电子邮件等方式能够有形地表现所载内容，并可以随时调取查用的数据电文，视为书面形式。

（2）合同的内容 《民法典》第 470 条规定，合同的内容由当事人约定，一般包括下列条款：

① 当事人的姓名或者名称和住所；

② 标的；

③ 数量；

④ 质量；

⑤ 价款或者报酬；

⑥ 履行期限、地点和方式；

⑦ 违约责任；

⑧ 解决争议的方法。

当事人可以参照各类合同的示范文本订立合同。

6.1.2 合同的订立

合同的订立过程也就是合同的形成过程和协商过程。订立合同的方式有多种，但经过的步骤只有两个：要约和承诺。

6.1.2.1 要约

（1）要约的概念 《民法典》第 472 条规定，要约是希望与他人订立合同的意思表示，该意思表示应当符合下列条件：①内容具体确定；②表明经受要约人承诺，要约人即受该意思表示约束。

（2）要约的撤回　要约的撤回适用《民法典》第141条的规定：行为人可以撤回意思表示。撤回意思表示的通知应当在意思表示到达相对人前或者与意思表示同时到达相对人。

（3）要约的撤销　《民法典》第476条规定：要约可以撤销。要约撤销是指要约生效后，要约人欲使其丧失法律效力的意思表示。要约人撤销要约的通知应当在受要约人发出承诺通知之前送达受要约人。但是有下列情形之一的除外：①要约人以确定承诺期限或者其他形式明示要约不可撤销；②受要约人有理由认为要约是不可撤销的，并已经为履行合同做了合理准备工作，比如向银行贷款、购买原材料、租赁运输工具等。

撤销要约的意思表示以对话方式作出的，该意思表示的内容应当在受要约人作出承诺之前为受要约人所知道；撤销要约的意思表示以非对话方式作出的，应当在受要约人作出承诺之前到达受要约人。

（4）要约的失效　《民法典》第478条规定，有下列情形之一的，要约失效：①要约被拒绝；②要约被依法撤销；③承诺期限届满，受要约人未作出承诺；④受要约人对要约的内容作出实质性变更。

（5）要约邀请　要约邀请是希望他人向自己发出要约的表示。这种意思表示的内容往往不确定，不含有合同订立的主要内容。拍卖公告、招标公告、招股说明书、债券募集办法、基金招募说明书、商业广告和宣传、寄送的价目表等为要约邀请。但是悬赏广告是要约而不是要约邀请，因为它符合要约规定。要约邀请不是合同订立过程中的必然过程，它是当事人订立合同的预备行为，在法律上无须承担责任。

6.1.2.2　承诺

（1）承诺的概述　承诺是受要约人同意要约的意思表示。承诺生效时合同成立，但是法律另有规定或者当事人另有约定的除外。

（2）承诺的撤回　承诺可以撤回。承诺的撤回是承诺人阻止或者消灭承诺发生法律效力的意思表示。撤回承诺的通知应当在承诺通知到达要约人之前或者与承诺的通知同时到达要约人。承诺迟延的，除要约人及时通知受要约人该承诺有效的以外，视为新要约。承诺不可以撤销。

（3）承诺的生效　承诺应当在要约确定的期限内到达要约人。要约没有确定承诺期限的，承诺应当依照下列规定到达：①要约以对话方式作出的，应当即时作出承诺；②要约以非对话方式作出的，承诺应当在合理期限内到达。

要约以信件或者电报作出的，承诺期限自信件载明的日期或者电报交发之日开始计算。信件未载明日期的，自投寄该信件的邮戳日期开始计算。要约以电话、传真、电子邮件等快速通信方式作出的，承诺期限自要约到达受要约人时开始计算。

知识拓展

　　承诺的内容应当与要约的内容一致。受要约人对要约的内容作出实质性变更的，为新要约。有关合同标的、数量、质量、价款或者报酬、履行期限、履行地点和方式、违约责任和解决争议方法等的变更，是对要约内容的实质性变更。

6.1.3 合同的效力

6.1.3.1 合同的生效

依法成立的合同，自成立时生效，但是法律另有规定或者当事人另有约定的除外。

依照法律、行政法规的规定，合同应当办理批准等手续的，依照其规定。未办理批准等手续影响合同生效的，不影响合同中履行报批等义务条款以及相关条款的效力。应当办理申请批准等手续的当事人未履行义务的，对方可以请求其承担违反该义务的责任。

依照法律、行政法规的规定，合同的变更、转让、解除等情形应当办理批准等手续的，适用前款规定。

6.1.3.2 合同的效力

（1）无权代理人以被代理人的名义订立合同，被代理人已经开始履行合同义务或者接受相对人履行的，视为对合同的追认。

（2）法人的法定代表人或者非法人组织的负责人超越权限订立的合同，除相对人知道或者应当知道其超越权限外，该代表行为有效，订立的合同对法人或者非法人组织发生效力。

（3）当事人超越经营范围订立的合同的效力，应当依照《民法典》第一编第六章第三节和第三编的有关规定确定，不得仅以超越经营范围确认合同无效。

（4）合同中的下列免责条款无效：①造成对方人身损害的；②因故意或者重大过失造成对方财产损失的。

6.1.4 合同的履行

当事人应当按照约定全面履行自己的义务。当事人应当遵循诚实信用原则，根据合同的性质、目的和交易习惯履行通知、协助、保密等义务。当事人在履行合同过程中，应当避免浪费资源、污染环境和破坏生态。

6.1.4.1 合同履行的要求

合同生效后，当事人就质量、价款或者报酬、履行地点等内容没有约定或者约定不明确的，可以协议补充；不能达成补充协议的，按照合同有关条款或者交易习惯确定。

当事人就有关合同内容约定不明确，依据《民法典》第五百一十条规定仍不能确定的，适用下列规定：

（1）质量要求不明确的，按照强制性国家标准履行；没有强制性国家标准的，按照推荐性国家标准履行；没有推荐性国家标准的，按照行业标准履行；没有国家标准、行业标准的，按照通常标准或者符合合同目的的特定标准履行。

（2）价款或者报酬不明确的，按照订立合同时履行地的市场价格履行；依法应当执行政府定价或者政府指导价的，依照规定履行。

（3）履行地点不明确、给付货币的，在接受货币一方所在地履行；交付不动产的，在不动产所在地履行；其他标的，在履行义务一方所在地履行。

（4）履行期限不明确的，债务人可以随时履行，债权人也可以随时请求履行，但是应当给对方必要的准备时间。

（5）履行方式不明确的，按照有利于实现合同目的的方式履行。

（6）履行费用的负担不明确的，由履行义务一方负担；因债权人原因增加的履行费用，由债权人负担。

6.1.4.2　合同履行中的抗辩权

抗辩权是指妨碍他人行使其权利的对抗权。

（1）同时履行抗辩权　当事人互负债务，没有先后履行顺序的，应当同时履行。一方在对方履行之前有权拒绝其履行请求。一方在对方履行债务不符合约定时，有权拒绝其相应的履行请求。同时履行抗辩权的构成要件如下：

① 须有同一双务合同互负债务。同时履行抗辩权的根据在于双务合同功能上的牵连性，因而它适用于双务合同，而不适用于单务合同和不真正的双务合同。

② 须双方互负的债务均已届清偿期。同时履行抗辩权制度，旨在使双方当事人所负的债务同时履行，所以只有双方的债务同时届期时，才能行使同时履行抗辩权。如果一方当事人负有先履行的义务，就不由同时履行抗辩权制度管辖，而让位于不安抗辩权或先履行抗辩权。

③ 须对方未履行债务或未提出履行债务。原告向被告请求履行债务时，须自己已为履行或提出履行，否则被告可行使同时履行抗辩权，拒绝履行自己的债务。

④ 须对方的对待给付是可能履行的。同时履行抗辩权制度旨在促使双方当事人同时履行其债务。对方当事人的对待给付已不可能时，则同时履行的目的已不可能达到，不发生同时履行抗辩权问题，应由合同解除制度解决。

（2）先履行抗辩权　当事人互负债务，有先后履行顺序，先履行债务一方未履行的，后履行一方有权拒绝其履行请求。先履行一方履行债务不符合约定的，后履行一方有权拒绝其相应的履行请求。

先履行抗辩权的构成要件如下：

① 须双方当事人互负债务。

② 两个债务须有先后履行顺序。

③ 先履行一方未履行或其履行不符合债的本旨。

④ 对方的对价给付是可能履行的义务。

（3）不安抗辩权　不安抗辩权是指当事人互负债务，有先后履行顺序的，先履行的一方有确切证据表明另一方丧失履行债务能力时，在对方没有履行或者没有提供担保之前，有权中止合同履行的权利。规定不安抗辩权是为了切实保护当事人的合法权益，防止借合同进行欺诈，促使对方履行义务。

应当先履行债务的当事人，有确切证据证明对方有下列情形之一的，可以中止履行：

① 经营状况严重恶化；

② 转移财产、抽逃资金，以逃避债务；

③ 丧失商业信誉；

④ 有丧失或者可能丧失履行债务能力的其他情形。

当事人没有确切证据中止履行的，应当承担违约责任。

6.1.5　合同的变更和转让

6.1.5.1　合同的变更

《民法典》第 543 条规定：当事人协商一致，可以变更合同。法律、行政法规规定变更合同应当办理批准、登记等手续的，依照其规定。

6.1.5.2　合同的转让

债权人转让债权，未通知债务人的，该转让对债务人不发生效力。债权转让的通知不得撤销，但是经受让人同意的除外。

债权人转让债权的，受让人取得与债权有关的从权利，但是该从权利专属于债权人自身的除外。受让人取得从权利不因该从权利未办理转移登记手续或者未转移占有而受到影响。

债权人可以将债权的全部或者部分转让给第三人，但是有下列情形之一的除外：

（1）根据债权性质不得转让；

（2）按照当事人约定不得转让；

（3）依照法律规定不得转让。

债务人接到债权转让通知后，债务人对让与人的抗辩，可以向受让人主张。

有下列情形之一的，债务人可以向受让人主张抵销：①债务人接到债权转让通知时，债务人对让与人享有债权，且债务人的债权先于转让的债权到期或者同时到期；②债务人的债权与转让的债权是基于同一合同产生。

因债权转让增加的履行费用，由让与人负担。债务人将债务的全部或者部分转移给第三人的，应当经债权人同意。债务人或者第三人可以催告债权人在合理期限内予以同意，债权人未作表示的，视为不同意。

债务人转移债务的，新债务人可以主张原债务人对债权人的抗辩；原债务人对债权人享有债权的，新债务人不得向债权人主张抵销。债务人转移债务的，新债务人应当承担与主债务有关的从债务，但是该从债务专属于原债务人自身的除外。

当事人一方经对方同意，可以将自己在合同中的权利和义务一并转让给第三人。合同的权利和义务一并转让的，适用债权转让、债务转移的有关规定。

6.1.6　合同的权利义务终止

有下列情形之一的，债权债务终止：

（1）债务已经履行；

（2）债务相互抵销；

（3）债务人依法将标的物提存；

（4）债权人免除债务；

（5）债权债务同归于一人；

（6）法律规定或者当事人约定终止的其他情形。

当事人协商一致，可以解除合同。当事人可以约定一方解除合同的条件。解除合同的条件成立时，解除权人可以解除合同。合同解除的，该合同的权利义务关系终止。

有下列情形之一的，当事人可以解除合同：

（1）因不可抗力致使不能实现合同目的；

（2）在履行期限届满前，当事人一方明确表示或者以自己的行为表明不履行主要债务；

（3）当事人一方迟延履行主要债务，经催告后在合理期限内仍未履行；

（4）当事人一方迟延履行债务或者有其他违约行为致使不能实现合同目的；

（5）法律规定的其他情形。

6.1.7　违约责任

当事人一方不履行合同义务或者履行合同义务不符合约定的，应当承担继续履行、采取补救措施或者赔偿损失等违约责任。

当事人一方明确表示或者以自己的行为表明不履行合同义务的，对方可以在履行期限届满前请求其承担违约责任。

当事人一方不履行非金钱债务或者履行非金钱债务不符合约定的，对方可以请求履行，但是有下列情形之一的除外：

（1）法律上或者事实上不能履行；

（2）债务的标的不适于强制履行或者履行费用过高；

（3）债权人在合理期限内未请求履行。

有前款规定的除外情形之一，致使不能实现合同目的的，人民法院或者仲裁机构可以根据当事人的请求终止合同权利义务关系，但是不影响违约责任的承担。

当事人一方因不可抗力不能履行合同的，根据不可抗力的影响，部分或者全部免除责任，但是法律另有规定的除外。因不可抗力不能履行合同的，应当及时通知对方，以减轻可能给对方造成的损失，并应当在合理期限内提供证明。

当事人迟延履行后发生不可抗力的，不免除其违约责任。

6.1.8　合同争议的解决

合同争执通常具体表现在，当事人双方对合同规定的义务和权利理解不一致，最终导致对合同的履行或不履行的后果和责任的分担产生争端。合同争执的解决通常有如下几个途径：

（1）协商　这是一种最常见的、也是首先采用的解决方法。当事人双方在自愿、互谅的基础上，通过双方谈判达成解决争执的协议。

（2）调解　调解是在第三者的参与下，以事实、合同条款和法律为根据，通过对当事人的说服，使合同双方自愿地、公平合理地达成解决协议。如果双方经调解后达成协议，由合同双方和调解人共同签订调解协议书。

（3）仲裁　仲裁是仲裁委员会对合同争执所进行的裁决。我国实行一裁终局制，裁决作出后合同当事人就同一争执若再申请仲裁或向人民法院起诉，则不再予以受理。

（4）诉讼　诉讼是运用司法程序解决争执，由人民法院受理并行使审判权，对合同双方的争执作出强制性判决。法院在判决前再作一次调解，如仍达不成协议，可依法判决。

6.2　建设工程合同管理的概念和特征

6.2.1　建设工程合同的基本概念

《民法典》第788条规定："建设工程合同是承包人进行工程建设，发包人支付价款的合同。"建设工程的主体是发包人和承包人。发包人，一般为建设工程的建设单位，即投资建设该项目的单位，通常也叫作"业主"，包括业主委托的管理机构。承包人，是指实施建设工程勘察、设计、施工等业务的单位。这里的建设工程是指土木工程、建筑工程、线路管道和设备安装工程以及装修工程。

6.2　建设工程
合同概述

在建设工程合同中，建设工程项目的参与者（业主、施工承包单位、施工分包单位、设计单位、劳务分包单位、材料设备供应单位、监理单位、咨询服务单位等）之间互相签订合同。在不同的管理模式下，有不同的合同种类和不同的合同内容，合同双方的职责也不同。

由于业主在建设工程项目管理中处于优势地位，业主一般具有工程项目管理模式的选择权以及发包选择权。因此，建设工程主要合同是指业主与相关单位之间签订的系列合同，如与勘察、设计单位之间签订的勘察、设计合同，与施工承包单位之间签订的施工合同、机电设备安装合同，与监理单位之间签订的监理合同，与材料设备供应单位之间的材料采购（供应）合同、设备采购（供应）合同等。

建设工程合同属于承揽合同的特殊类型，因此，法律对建设工程合同没有特别规定的，适用法律对承揽合同的相关规定。

6.2.2　建设工程合同的特征

（1）建设工程合同主体资格的合法性　建设工程合同主体就是建设工程合同的当事人，即建设工程合同发包人和承包人。不同种类的建设工程合同具有不同的合同当事人。由于建设工程活动的特殊性，我国建设法律法规对建设工程合同的主体有非常严格的要求。所有建设工程合同主体资格必须合法，必须为法人单位，并且具备相应的资质。

（2）建设工程合同客体的层次性　合同客体是合同法律关系的标的，是合同当事人权利和义务共同指向的对象，包括物、行为和智力成果。建设工程合同客体就是建设工程合同所指向的内容，如工程的施工、安装、设计、勘察、咨询和管理服务等。

（3）建设工程合同交易的特殊性　以施工承包合同为主的建设工程合同，在签订合同时确定的价格一般为暂定的合同价格。合同实际价格只有等合同履行全部结束并结算后才能最终确定。建设工程合同交易具有多次性、渐进性，与其他一次性交易合同有很大不同。即使低于成本价格的合同初始价格，在工程合同履行期间，通过工程变更、索赔和价格调整，承包人仍然可能获得可观利润。

（4）建设工程合同的行政监督性　我国建设工程合同的订立、履行和结束等全过程都必须符合基本建设程序，接受国家相关行政主管部门的监督和管理。行政监督既涉及工程项目建设的全过程，如工程建设立项、规划设计、初步设计、施工图纸、土地使用、招标投标、施工、竣工验收等，也涉及工程项目的参与者，如参与者的资质等级、分包和转包、市场准入等。

（5）建设工程合同履行的地域性　由于建设工程具有产品的固定性，工程合同履行需围绕固定的工程展开，同时工程咨询服务合同也应尽可能在工程所在地履行。因此，建设工程合同履行具有明显的地域性，影响合同履行效果、合同纠纷的解决方式。

（6）建设工程合同的书面性　虽然《民法典》规定合法的合同可以是书面形式、口头形式和其他形式，但我国相关法律均规定建设工程合同应当采用书面形式。由于建设工程合同一般具有合同标的数额大、合同内容复杂、履行期较长等特点，以及在工程建设中经常会发生影响合同履行的纠纷，因此，建设工程合同应当采用书面形式。这是国家工程建设进行监督管理的需要。

6.2.3　建设工程合同的类型

建设工程合同类型见表6.1。

表6.1　建设工程合同类型

序号	分类条件	合同名称
1	根据承包的内容不同	工程勘察合同
		工程设计合同
		工程施工合同
2	根据合同联系结构不同	总承包合同与分别承包合同
		总包合同与分包合同
3	根据项目管理模式与参与者关系	传统模式条件下的合同
		设计-建造/EPC/交钥匙模式条件下的合同
		施工管理模式条件下的合同
		BPT模式条件下的合同

建设工程合同根据承包的内容不同，可分为建设工程勘察合同、建设工程设计合同和建设工程施工合同。

（1）建设工程勘察合同，是指勘察人（承包人）根据发包人的委托，完成对建设工程项目的勘察工作，由发包人支付报酬的合同。

（2）建设工程设计合同，是指设计人（承包人）根据发包人的委托，完成对建设工程项目的设计工作，由发包人支付报酬的合同。勘察、设计合同的内容包括提交有关基础资料和文件（包括概预算）的期限、质量要求、费用以及其他协作条件等条款。

（3）建设工程施工合同，是指施工人（承包人）根据发包人的委托，完成建设工程项目的施工工作，发包人接受工作成果并支付报酬的合同。施工合同的内容包括工程范围、建设工期、中间交工工程的开工和竣工时间、工程质量、工程造价、技术资料交付时间、材料和设备供应责任、拨款和结算、竣工验收、质量保修范围和质量保证期、双方相互协作等条款。

建设工程合同根据合同联系结构不同，可分为总承包合同与分别承包合同，还可分为总包合同与分包合同。

（1）总承包合同与分别承包合同

总承包合同，是指发包人将整个建设工程承包给一个总承包人而订立的建设工程合同。总承包人就整个工程对发包人负责。

分别承包合同，是指发包人将建设工程的勘察、设计、施工工作分别承包给勘察人、设计人、施工人而订立的勘察合同、设计合同、施工合同。勘察人、设计人、施工人作为承包人，就其各自承包的工程勘察、设计、施工部分，分别对发包人负责。

（2）总包合同与分包合同

总包合同，是指发包人与总承包人或者勘察人、设计人、施工人就整个建设工程或者建设工程的勘察、设计、施工工作所订立的承包合同。总包合同包括总承包合同与分别承包合同，总承包人和承包人都直接对发包人负责。

分包合同，是指总承包人或者勘察人、设计人、施工人经发包人同意，将其承包的部分工作承包给第三人所订立的合同。分包合同与总包合同是不可分离的。分包合同的发包人就是总包合同的总承包人或者承包人（勘察人、设计人、施工人）。分包合同的承包人即分包人，就其承包的部分工作与总承包人或者勘察、设计、施工承包人向总包合同的发包人承担连带责任。

上述几种承包方式，均为我国法律所承认和保护。但对于建设工程的肢解承包、转包以及再分包这几种承包方式，均为我国法律所禁止。

建设工程合同根据项目管理模式与参与者关系，分为传统模式、设计－建造/EPC/交钥匙模式、施工管理模式、BPT 模式等不同模式条件下的合同。

（1）建设工程项目传统模式的合同　　在建设工程传统模式下，业主与不同承包人之间的主要合同包括咨询服务合同、勘察合同、设计合同、施工承包合同、设备安装合同、材料设备供应合同、监理合同、造价咨询合同、保险合同等，此外，还包括各承包人与分包人之间签订的大量分包合同。

（2）建设工程项目设计－建造/EPC/交钥匙模式的合同　　在建设工程项目设计－建造/EPC/交钥匙模式下，业主与不同承包人之间的主要合同包括咨询服务合同、设计－建造合同、EPC（设计－采购－施工）合同、交钥匙合同、监理合同、保险合同等，此外，还包括工程项目承包人与其他分包人之间签订的大量分包合同。

（3）建设工程项目施工管理模式的合同　　在建设工程项目施工管理模式下，施工管理人作为独立的第四方（除业主、设计人、施工承包人外）参与工程管理。业主与不同承包人之间的主要合同包括咨询服务合同、勘察合同、设计合同、施工管理合同、施工承包合同、设备安装合同、材料设备供应合同、保险合同等，此外，还包括各承包人与分包人之间签订的大量分包合同。

（4）建设工程其他模式下的合同　在建设工程项目中还存在许多其他模式，如 PFI/PPP 模式、BPT 模式、简单模式等，业主与不同参与者之间根据需要签订不同的合同。

6.2.4　建设工程合同管理的基本原则

建设工程合同基本原则与《民法典》的基本原则一致，是签订和履行建设工程合同的指导思想。

（1）平等原则　建设工程合同平等原则指的是当事人的民事法律地位平等，包括合同的订立、履行、变更、转让、解除、承担违约责任等各个环节，一方不得将自己的意志强加给另一方。

（2）自愿原则　建设工程合同的自愿原则，既表现在当事人之间，因一方欺诈、胁迫订立的合同无效或者可撤销，也表现在合同当事人与其他人之间，任何单位和个人不得非法干预。自愿原则是指当事人依法享有缔结合同、选择交易伙伴、决定合同内容以及在变更和解除合同、选择合同补救方式等方面的自由。

（3）公平原则　建设工程合同当事人应当遵循公平原则确定各方的权利和义务。公平性既表现在订立合同时显失公平的合同可以撤销，又可以表现在发生合同纠纷时的公平处理；既要保护守约方的合法利益，也不能使违约方因较小的过失承担过重的责任。公平性还表现在当因客观情况发生异常变化，履行合同使当事人之间的利益产生重大失衡时，公平地调整当事人之间的利益。

（4）诚实信用原则　指民事主体在从事民事活动时应诚实守信，以善意的方式履行其义务，不得滥用权力，规避法律规定的或合同约定的义务。诚实信用主要包括三方面：一是诚实，表里如一，因欺诈订立的合同，无效或可以撤销；二是守信，言行一致；三是从当事人协商合同条款时起，就处于特殊的合作关系中，当事人应当恪守商业道德，履行相互协助、通知、保密等义务。

6.3　建设工程勘察设计合同管理

6.3.1　建设工程勘察设计合同的概念

建设工程勘察设计合同是委托方与承包方为完成一定的勘察设计任务，明确相互权利和义务关系的协议。委托方是建设单位或有关单位，承包方是持有勘察设计证书的勘察设计单位。

6.3.2 建设工程勘察设计合同的订立

勘察设计包括初步设计和施工设计。勘察设计单位接到发包人的要约和计划任务书、建设地址报告后，经双方协商一致而成立，通常在书面合同经当事人签字或盖章后生效。

具体程序如下：

（1）承包方审查建设工程项目的批准文件；

（2）委托方提出勘察设计的要求，包括期限、精度、质量等；

（3）承包方确定取费标准和进度；

（4）双方当事人协商，就合同的各项条款取得一致意见；

（5）签订勘察设计合同。

勘察设计如由同一单位完成，可签订一个勘察设计合同；若由两个不同单位承担，则应分别订立合同。

建设工程的设计由几个设计单位共同进行时，建设单位可与主体工程设计人签订总承包合同，由总承包人与分包人签订分包合同。总承包人就全部工程设计向发包人负责，分包人就其承包的部分对总承包人负责并对发包人承担连带责任。

6.3.3 建设工程勘察设计合同的履行

6.3.3.1 委托方义务

在勘察工作开展前，委托方应向承包方提交由设计单位提供、经建设单位同意的勘察范围的地形图和建筑平面布置图，提交勘察技术要求及附图。委托方应负责勘察现场的水电供应、道路平整、现场清理等工作，以保证勘察工作的顺利开展。

6.3.3.2 承包方义务

承包方应按照规定的标准、规范、规程和技术条例进行工程测量、工程地质、水文地质等勘察工作，并按合同规定的进度、质量要求提供勘察成果。

6.3.3.3 违约责任

（1）委托方若不履行合同，无权要求退还定金。若承包方不履行合同，应当双倍返还定金。

（2）如果委托方变更计划，提供不准确的资料，未按合同规定提供勘察设计工作必需的资料和工作条件，或修改设计，造成勘察设计工作的返工、停工、窝工，委托方应按承包方实际消耗的工作量增付费用。因委托方责任而造成重大返工或重新进行勘察设计时，应另增加勘察设计费。

（3）勘察设计的成果按期、按质、按量交付后，委托方要按期、按量支付勘察设计费。若委托方超过合同期限付费，应偿付逾期违约金。

（4）因勘察设计质量低劣引起返工，或未按期提交勘察设计文件，拖延工程工期造成委托方损失，应由承包方继续完善勘察、完成设计，并视造成的损失、浪费的大小，减收或免收勘察设计费。

（5）因勘察设计错误而造成工程重大质量事故，承包方除免收损失部分的勘察设计费外，还应支付与该部分勘察设计费相当的赔偿金。

6.3.3.4　争执的处理

建设工程勘察设计合同在实施中发生争执，双方应及时协商解决；若协商不成，可由上级主管部门调解；调解不成，可按合同申请仲裁，或直接向人民法院起诉。

6.4　建设工程监理合同管理

6.4.1　建设工程监理合同的概念

建设工程监理合同是委托人与监理人之间就工程现场管理签订的合同。《民法典》第七百九十六条规定：建设工程实行监理的，发包人应当与监理人采用书面形式订立委托监理合同。发包人与监理人的权利和义务以及法律责任，应当依照本编委托合同以及其他有关法律、行政法规的规定。

6.4.2　建设工程监理合同的特征

建设工程监理合同的委托人必须是具有国家批准的建设项目，落实投资计划的企事业单位、其他社会组织及个人。监理人必须是依法成立的具有法人资格的监理单位，并且所承担的建设工程监理业务应与单位资质相符合。签订建设工程监理合同必须符合工程项目建设程序。

建设单位与监理单位签订的建设工程监理合同，与其在工程建设实施阶段所签订的其他合同的最大区别表现在标的物性质上的差异。勘察合同、设计合同、物资采购合同、施工合同等的标的物是产生新的物质成果或信息成果，而监理合同的标的物是服务，即监理工程师凭借自己的知识、经验、技能，受建设单位委托为其所签订的其他合同的履行实施监督和管理的职责。

监理单位与施工单位之间是监理与被监理的关系，双方没有经济利益间的联系。当施工单位接受了监理工程师的指导而节省成本时，监理单位也不参与其赢利分成。

6.4.3　建设工程委托监理合同示范文本

《建设工程监理合同（示范文本）》由3部分组成：协议书、通用条件、专用条件。

6.4.3.1 协议书

建设工程监理合同协议书是合同文本的正文，是合同双方签章的部分，是整个监理合同文件的核心。协议书中明确了当事人双方确定的委托监理工程的概况（工程名称、地点、工程规模、总投资），词语限定，组成合同的文件，总监理工程师，签约酬金，监理期限，合同订立的时间、地点，双方履约的承诺。

6.4.3.2 通用条件

建设工程监理合同的通用条件着重阐述双方一般性的权利和义务，适用于各类建设工程项目监理。在正常情况下合同双方原则上应当遵守，在签约和履约过程中一般不做改动。通用条件的内容包括词语定义与解释，监理人的义务，委托人的义务，违约责任，支付，合同生效、变更、暂停、解除与终止，争议解决，以及其他一些情况。

6.4.3.3 专用条件

建设工程监理合同专用条件是合同双方根据具体工程项目的特点对合同条款的一种完善和补充，如工程中的具体内容，例如工程规模、监理项目、工程造价、监理合同期、监理费用、特殊检测项目及费用、奖励条件等都应在专用条款中写明，由合同双方协商一致后填写。合同专用条款的编号与合同标准条件的编号是一致的，顺序也是相同的。若双方认为需要，可在其中增加约定的补充条款、修正条款以及附加条款。

6.4.4 建设工程监理合同的订立及履行

6.4.4.1 合同的订立

监理单位在获得建设单位的招标文件之后，应对招标文件中的合同文本进行分析、审查，并对工程所需要费用进行预算，提出报价。

具体做法：

（1）剖析合同，对合同有一个全面的了解。

（2）检查合同内容上完整性，看有无遗漏问题。

（3）分析评价每一合同条款，在使用示范文本时，特别要分析每一条款执行后的法律后果以及将给监理单位带来的风险。

不论是直接委托还是招标中标，建设单位和监理单位都要对合同的主要条款和应负责任具体谈判，在充分讨论、磋商的基础上，监理单位对建设单位提出的要约作出是否能够全部承诺的明确答复，对重大问题不能迁就和无原则地让步。

经过谈判，建设单位和监理单位双方就建设工程监理合同各项条款达成一致，即可正式签订合同文件。

6.4.4.2　合同的履行

（1）委托人的履行　严格按照合同的规定履行应尽义务。建设工程监理合同内规定的应由委托人负责的工作，是使合同目标最终实现的基础，如内外部关系的协调。委托人必须严格按照监理合同的规定履行应尽的义务，才有权要求监理人履行合同义务。委托人应按照建设工程监理合同的规定行使权利。在全部工程项目竣工后，委托人应将全部合同文件按照有关规定建档保管。

（2）监理人的履行　确定项目总监理工程师，成立项目监理部。对于每一个拟监理的工程项目，监理人都应根据工程项目规模、性质，委托人对监理的要求，委派称职的人员担任项目的总监理工程师，并成立项目监理组织。总监理工程师代表监理单位全面负责该项目的监理工作，总监理工程师对内向监理单位负责，对外向委托人负责。

制订工程项目监理规划。工程项目监理规划是开展项目监理活动的纲领性文件，是根据委托人要求，在详细占有监理项目有关资料的基础上，结合监理的具体条件编制的开展监理工作的指导性文件。主要内容包括：工程概况，监理范围和目标，监理方法和措施，监理组织，监理工作制度等。

制订各专业监理工作计划或实施细则。在监理规划的指导下，为具体进行投资控制、质量控制、进度控制工作，监理人还需结合工程项目的实际情况，制订相应的实施性计划或细则。

根据制订的监理工作计划和工作制度，规范化地开展监理工作。在监理工作中注意工作的顺序性，职责分工的严密性和工作目标的确定性。

监理工作总结。建设监理工作总结应包括向委托人提交的监理工作总结和向监理人提交的监理工作总结两部分内容。

向委托人提交的监理工作总结的内容主要包括：监理委托合同履行情况概述，监理任务或监理目标完成情况评价，由业主提供的供监理活动使用的办公用房、车辆、试验设施等清单，表明监理工作终结的说明等。

向监理人提交的监理工作总结的内容主要包括监理工作的经验、在监理工作中存在的问题及改进的建议等，以指导今后的监理工作。

6.4.5　建设工程监理合同双方的权利、义务

6.4.5.1　委托人权利

（1）委托人有选定工程总承包人，以及与其订立合同的权利。

（2）委托人有对工程规模、设计标准、规划设计、生产工艺设计和设计使用功能要求的认定权，以及对工程设计变更的审批权。

（3）监理人调换总监理工程师须事先经委托人同意。

（4）委托人有权要求监理人提交监理工作月报及监理业务范围的专项报告。

（5）当委托人发现监理人员不按监理合同履行监理职责，或与承包人串通给委托人或工

程造成损失的，委托人有权要求监理人更换监理人员，直到终止合同并要求监理人承担相应的赔偿责任或连带赔偿责任。

6.4.5.2　监理人权利

监理人在委托人委托的工程范围内享有以下权利：

（1）选择工程总承包人的建议权。

（2）选择工程分包人的认可权。

（3）对工程建设有关事项，包括工程规模、设计标准、规划设计、生产工艺设计和使用功能要求，向委托人建议的建议权。

（4）对工程设计中的技术问题，按照安全和优化的原则，向设计人提出建议。如果拟提出的建议可能会提高工程造价，或延长工期，应当事先征得委托人的同意。当发现工程设计不符合国家颁布的建设工程质量标准或设计合同约定的质量标准时，监理人应当书面报告委托人并要求设计人更正。

（5）审批工程施工组织设计和技术方案，按照保质量、保工期和降低成本的原则，向承包人提出建议，并向委托人提出书面报告。

（6）主持工程建设有关协作单位的组织协调，重要协调事项应当事先向委托人报告。

（7）征得委托人同意，监理人有权发布开工令、停工令、复工令，但应当事先向委托人报告。如在紧急情况下未能事先报告时，则应在24小时内向委托人作出书面报告。

（8）工程上使用的材料和施工质量的检验权。对于不符合设计要求和合同约定及国家质量标准的材料、构配件、设备，有权通知承包人停止使用；对于不符合规范和质量标准的工序、分部分项工程和不安全施工作业，有权通知承包人停工整改、返工。承包人得到监理机构复工令后才能复工。

（9）工程施工进度的检查、监督权，以及工程实际竣工日期提前或超过工程施工合同规定的竣工期限的签认权。

（10）在工程施工合同约定的工程价格范围内，工程款支付的审核和签认权，以及工程结算的复核确认权与否决权。未经总监理工程师签字确认，委托人不支付工程款。

（11）监理人在委托人授权下，可对任何承包人合同规定的义务提出变更。如果由此严重影响了工程费用或质量、或进度，则这种变更须经委托人事先批准。在紧急情况下未能事先报委托人批准时，监理人所做的变更也应尽快通知委托人。在监理过程中如发现工程承包人人员工作不力，监理机构可要求承包人调换有关人员。

（12）在委托的工程范围内，委托人或承包人对对方的任何意见和要求（包括索赔要求），均必须首先向监理机构提出，由监理机构研究处置意见，再同双方协商确定。当委托人和承包人发生争议时，监理机构应根据自己的职能，以独立的身份判断，公正地进行调解。当双方的争议由政府建设行政主管部门调解或仲裁机构仲裁时，应当提供佐证的事实材料。

6.4.5.3　委托人义务

（1）委托人在监理人开展监理业务之前应向监理人支付预付款。

（2）委托人应当负责工程建设的所有外部关系的协调，为监理工作提供外部条件。根据需要，如将部分或全部协调工作委托监理人承担，则应在专用条件中明确委托的工作和相应的报酬。

（3）委托人应当在双方约定的时间内免费向监理人提供与工程有关的为监理工作所需要的工程资料。

（4）委托人应当在专用条款约定的时间内就监理人书面提交并要求作出决定的一切事宜作出书面决定。

（5）委托人应当授权一名熟悉工程情况、能在规定时间内作出决定的常驻代表（在专用条款中约定），负责与监理人联系。更换常驻代表，要提前通知监理人。

（6）委托人应当将授予监理人的监理权利，以及监理人主要成员的职能分工、监理权限及时书面通知已选定的承包合同的承包人，并在与第三人签订的合同中予以明确。

（7）委托人应在不影响监理人开展监理工作的时间内提供如下资料：

① 与本工程合作的原材料、构配件、设备等生产厂家名录。

② 与本工程有关的协作单位、配合单位的名录。

（8）委托人应免费向监理人提供办公用房、办公桌椅、电话、监理合同专用条件约定的设施。

（9）根据情况需要，如果双方约定，由委托人免费向监理人提供其他人员，应在监理合同专用条件中予以明确。

6.4.5.4　监理人义务

（1）监理人按合同约定派出监理工作需要的监理机构及监理人员，向委托人报送委派的总监理工程师及其监理机构主要成员名单、监理规划，完成监理合同专用条件中约定的监理工程范围内的监理业务。在履行合同义务期间，应按合同约定定期向委托人报告监理工作。

（2）监理人在履行本合同的义务期间，应认真、勤奋地工作，为委托人提供与其水平相适应的咨询意见，公正维护各方面的合法权益。

（3）监理人使用委托人提供的设施和物品属委托人的财产。在监理工作完成或中止时，应将其设施和剩余的物品按合同约定的时间和方式移交给委托人。

（4）在合同期内或合同终止后，未征得有关方同意，不得泄露与本工程、本合同业务有关的保密资料。

6.5　建设工程施工合同管理

6.5.1　建设工程施工合同管理概述

6.5.1.1　建设工程施工合同的概念及特征

（1）建设工程施工合同的概念　工程施工合同是指施工承包人进行工程施工、发包人支付价款的合同。工程施工合同也叫施工承包合同或者建筑安装工程承包合同。建设工程承包合同主要包括建筑工程施工、管线设备安装

6.3　建设工程
施工合同

两方面。其中，建筑工程施工是指建筑工程，包括土木工程的现场建设行为；管线设备安装是指与工程有关的各类线路、管道、设备等设施的装配。根据工程施工合同，施工承包人应完成合同规定的土木和建筑工程、安装工程施工任务，发包人应提供必要的施工条件并支付工程价款。

（2）建设工程施工合同的特征　工程施工合同是发包人与施工承包人之间签订的合同，是工程建设的核心合同，为工程建设从图纸转化为工程实体的过程提供全方位的管理。工程施工合同虽然仅在发包人和施工承包人之间签订，但是工程施工几乎涉及工程建设的所有参与者，是所有工程合同中最复杂、最重要的合同。

目前，我国运用最广泛的施工合同为《建设工程施工合同（示范文本）》，其借鉴 FIDIC《土木工程施工合同条件》的实践经验，规范了我国工程建设的发包人、施工承包人、工程师三者之间的关系。

工程师或者监理工程师为发包人提供工程现场的管理服务。施工承包人的现场质量、安全、进度等工作需要获得工程师的现场认可，然后发包人才能支付工程进度款。发包人对施工承包人的大量指令可以通过工程师签发，可以使发包人摆脱现场管理纷杂的状况，同时发包人能够保持对工程现场施工的高度控制。

6.5.1.2　建设工程施工合同订立的依据和条件

建设工程合同订立，是指业主和承包人之间为了建立发承包合同关系，通过对施工合同具体内容进行协商而形成合意的过程。订立施工合同必须依据《民法典》《建筑法》《招标投标法》《建设工程质量管理条例》等有关法律、法规，按照《建设工程施工合同（示范文本）》的"合同条件"，明确规定双方的权利、义务，各尽其责，共同保证工程项目按合同规定的工期、质量、造价等要求完成。

订立建设工程施工合同必须具备以下条件：

（1）初步设计和总概算已经批准。

（2）国家投资的工程项目已经列入国家或地方年度建设计划。

（3）有能够满足施工需要的设计文件和有关技术资料。

（4）建设资金和重要建筑材料设备来源已经落实。

（5）建设场地、水源、电源、道路已具备或在开工前完成。

（6）工程发包人和承包人具有签订合同的相应资格。

（7）工程发包人和承包人具有履行合同的能力。

（8）中标通知书已经下达。

6.5.2　建设工程施工合同示范文本

《建设工程施工合同（示范文本）》由协议书、通用合同条款和专用合同条款三部分组成。

6.4　《建设工程施工
合同（示范文本）》
中涉及发包人的条款

6.5.2.1　协议书

协议书是总纲性文件，反映了标准化的协议书格式，其中空格的内容需要当事人双方结合工程特点协商填写。协议书虽然篇幅小，但是规定了合同当事人双方最主要的权利与义务，规定了组成合同的文件及合同当事人对履行合同义务的承诺，并且合同当事人在这份文件上签字盖章，具有很高的法律效力。

《建设工程施工合同（示范文本）》合同协议书共计13条，主要包括工程概况、合同工期、质量标准、签约合同价和合同价格形式、项目经理、合同文件构成、承诺以及合同生效条件等重要内容，集中约定了合同当事人基本的合同权利义务。

6.5.2.2　通用合同条款

通用合同条款是合同当事人根据《建筑法》《民法典》等法律法规的规定，就工程建设的实施及相关事项，对合同当事人的权利义务作出的原则性约定。

6.5　《建设工程施工合同（示范文本）》中涉及承包人的条款

通用合同条款共计20条，具体条款分别为：一般约定、发包人、承包人、监理人、工程质量、安全文明施工与环境保护、工期和进度、材料与设备、试验与检验、变更、价格调整、合同价格、计量与支付、验收和工程试车、竣工结算、缺陷责任与保修、违约、不可抗力、保险、索赔和争议解决。前述条款安排既考虑了现行法律法规对工程建设的有关要求，也考虑了建设工程施工管理的特殊需要。

6.5.2.3　专用合同条款

专用合同条款是对通用合同条款原则性约定的细化、完善、补充、修改或另行约定的条款。合同当事人可以根据不同建设工程的特点及具体情况，通过双方的谈判、协商，对相应的专用合同条款进行修改补充。在使用专用合同条款时，应注意以下事项：

（1）专用合同条款的编号应与相应的通用合同条款的编号一致；

（2）合同当事人可以通过对专用合同条款的修改，满足具体建设工程的特殊要求，避免直接修改通用合同条款；

（3）在专用合同条款中有横道线的地方，合同当事人可针对相应的通用合同条款进行细化、完善、补充、修改或另行约定；如无细化、完善、补充、修改或另行约定，则填写"无"或画"/"。

《建设工程施工合同（示范文本）》为非强制性使用文本。《建设工程施工合同（示范文本）》适用于房屋建筑工程、土木工程、线路管道和设备安装工程、装修工程等建设工程的施工发承包活动，合同当事人可结合建设工程具体情况，根据《建设工程施工合同（示范文本）》订立合同，并按照法律法规规定和合同约定承担相应的法律责任及合同权利义务。

6.5.3 建设工程施工合同管理内容

6.5.3.1 建设工程施工合同的订立

《民法典》第 471 条规定:"当事人订立合同,可以采取要约、承诺方式或者其他方式。"

对于建设工程施工项目采取招投标方式的,必须符合《招标投标法》及相关法律法规。根据《招标投标法》对招标、投标的规定,招标、投标、中标实质上就是要约、承诺的一种具体方式。招标人通过媒体发布招标公告,或向符合条件的投标人发出招标文件,为要约邀请;投标人根据招标文件内容在约定的期限内向招标人提交投标文件,为要约;招标人通过评标确定中标人,发出中标通知书,为承诺;招标人和中标人按照中标通知书、招标文件和中标人的投标文件等订立书面合同时,合同成立并生效。

(1)发包人工作 发包人按专用条款约定的内容和时间完成以下工作:

① 办理土地征用、拆迁补偿、平整施工场地等工作,使施工场地具备施工条件,在开工后继续负责解决以上事项遗留问题;

② 将施工所需水、电、通信线路从施工场地外部接至专用条款约定地点,保证施工期间的需要;

③ 开通施工场地与城乡公共道路的通道,以及专用条款约定的施工场地内的主要道路,满足施工运输的需要,保证施工期间的畅通;

④ 向承包人提供施工场地的工程地质和地下管线资料,对资料的真实准确性负责;

⑤ 办理施工许可证及其他施工所需证件、批件和临时用地、停水、停电、中断道路交通、爆破作业等的申请批准手续(证明承包人自身资质的证件除外);

⑥ 确定水准点与坐标控制点,以书面形式交给承包人,进行现场交验;

⑦ 组织承包人和设计单位进行图纸会审和设计交底;

⑧ 协调处理施工场地周围地下管线和邻近建筑物、构筑物(包括文物保护建筑)、古树名木的保护工作,承担有关费用;

⑨ 发包人应做的其他工作,双方在专用条款内约定。

发包人可以将上述部分工作委托承包人办理,双方在专用条款内约定,其费用由发包人承担。发包人未能履行上述各项义务,导致工期延误或给承包人造成损失的,发包人赔偿承包人有关损失,顺延延误的工期。

(2)承包人工作 承包人按专用条款约定的内容和时间完成以下工作:

① 根据发包人委托,在其设计资质等级和业务允许的范围内,完成施工图设计或与工程配套的设计,经工程师确认后使用,发包人承担由此发生的费用;

② 向工程师提供年、季、月度工程进度计划及相应进度统计报表;

③ 根据工程需要,提供和维修非夜间施工使用的照明、围栏设施,负责安全保卫;

④ 按专用条款约定的数量和要求,向发包人提供施工场地办公和生活的房屋及设施,发包人承担由此发生的费用;

⑤ 遵守政府有关主管部门对施工场地交通、施工噪声以及环境保护和安全生产等的管理规定,按规定办理有关手续,并以书面形式通知发包人,发包人承担由此发生的费用,因承包人责任造成的罚款除外;

⑥ 已竣工工程未交付发包人之前，承包人按专用条款约定负责已完工程的保护工作，保护期间发生损坏，承包人自费予以修复；发包人要求承包人采取特殊措施保护的工程部位和相应的追加合同价款，双方在专用条款内约定；

⑦ 按专用条款约定做好施工场地地下管线和邻近建筑物、构筑物（包括文物保护建筑）、古树名木的保护工作；

⑧ 保证施工场地清洁符合环境卫生管理的有关规定，交工前清理现场达到专用条款约定的要求，承担因自身原因违反有关规定造成的损失和罚款；

⑨ 承包人应做的其他工作，双方在专用条款内约定。

承包人未能履行上述各项义务，造成发包人损失的，承包人赔偿发包人有关损失。

（3）发包人供应材料设备　实行发包人供应材料设备的，双方应当约定发包人供应材料设备的一览表，作为本合同附件。一览表包括发包人供应材料设备的品种、规格、型号、数量、单价、质量等级、提供时间和地点。发包人按一览表约定的内容提供材料设备，并向承包人提供产品合格证明，对其质量负责。发包人在所供材料设备到货前24小时，以书面形式通知承包人，由承包人派人与发包人共同清点。

发包人供应的材料设备，承包人派人参加清点后由承包人妥善保管，发包人支付相应保管费用。因承包人原因发生丢失损坏，由承包人负责赔偿。发包人未通知承包人清点，承包人不负责材料设备的保管，丢失损坏由发包人负责。发包人供应的材料设备与一览表不符时，发包人承担有关责任。发包人应承担责任的具体内容，双方根据下列情况在专用条款内约定：

① 材料设备单价与一览表不符，由发包人承担所有价差；

② 材料设备的品种、规格、型号、质量等级与一览表不符，承包人可拒绝接收保管，由发包人运出施工场地并重新采购；

③ 发包人供应的材料规格、型号与一览表不符，经发包人同意，承包人可代为调剂串换，由发包人承担相应费用；

④ 到货地点与一览表不符，由发包人负责运至一览表指定地点；

⑤ 供应数量少于一览表约定的数量时，由发包人补齐；多于一览表约定数量时，发包人负责将多出部分运出施工场地；

⑥ 到货时间早于一览表约定时间，由发包人承担因此发生的保管费用；到货时间迟于一览表约定的供应时间，发包人赔偿由此造成的承包人损失，造成工期延误的，相应顺延工期。

发包人供应的材料设备使用前，由承包人负责检验或试验，不合格的不得使用，检验或试验费用由发包人承担。发包人供应材料设备的结算方法，双方在专用条款内约定。

（4）承包人采购材料设备　承包人负责采购材料设备的，应按照专用条款约定及设计和有关标准要求采购，并提供产品合格证明，对材料设备质量负责。承包人在材料设备到货前24小时通知工程师清点。承包人采购的材料设备与设计标准要求不符时，承包人应按工程师要求的时间运出施工场地，重新采购符合要求的产品，承担由此发生的费用，由此延误的工期不予顺延。

承包人采购的材料设备在使用前，承包人应按工程师的要求进行检验或试验，不合格的不得使用，检验或试验费用由承包人承担。工程师发现承包人采购并使用不符合设计和标准要求的材料设备时，应要求承包人负责修复、拆除或重新采购，由承包人承担发生的费用，由此延误的工期不予顺延。承包人需要使用代用材料时，应经工程师认可后才能使用，由此增减的合同价款双方以书面形式议定。由承包人采购的材料设备，发包人不得指定生产厂或供应商。

（5）发包人违约

① 发包人不按时支付工程预付款；

② 发包人不按合同约定支付工程款，导致施工无法进行；

③ 发包人无正当理由不支付工程竣工结算价款；

④ 发包人不履行合同义务或不按合同约定履行义务的其他情况。

发包人承担违约责任，赔偿因其违约给承包人造成的经济损失，顺延延误的工期。双方在专用条款内约定发包人赔偿承包人损失的计算方法或者发包人应当支付违约金的数额或计算方法。

（6）承包人违约

① 因承包人原因不能按照协议书约定的竣工日期或工程师同意顺延的工期竣工；

② 因承包人原因工程质量达不到协议书约定的质量标准；

③ 承包人不履行合同义务或不按合同约定履行义务的其他情况。

承包人承担违约责任，赔偿因其违约造成发包人的损失。双方在专用条款内约定承包人赔偿发包人损失的计算方法或者承包人应当支付违约金的数额或计算方法。

一方违约后，另一方要求违约方继续履行合同时，违约方承担上述违约责任后仍应继续履行合同。

（7）索赔　当一方向另一方提出索赔时，要有正当索赔理由，且有索赔事件发生时的有效证据。发包人未能按合同约定履行自己的各项义务或发生错误以及应由发包人承担责任的其他情况，造成工期延误和（或）承包人不能及时得到合同价款及承包人的其他经济损失，承包人可按下列程序以书面形式向发包人索赔：

① 索赔事件发生后 28 天内，向工程师发出索赔意向通知；

② 发出索赔意向通知后 28 天内，向工程师提出延长工期和（或）补偿经济损失的索赔报告及有关资料；

③ 工程师在收到承包人送交的索赔报告和有关资料后，于 28 天内给予答复，或要求承包人进一步补充索赔理由和证据；

④ 工程师在收到承包人送交的索赔报告和有关资料后 28 天内未予答复或未对承包人做进一步要求，视为该项索赔已经认可。

当该索赔事件持续进行时，承包人应当阶段性地向工程师发出索赔意向，在索赔事件终了后 28 天内，向工程师送交索赔的有关资料和最终索赔报告。承包人未能按合同约定履行自己的各项义务或发生错误，给发包人造成经济损失，发包人可在规定的时限向承包人提出索赔。

（8）争议　发包人、承包人在履行合同时发生争议，可以和解或者要求有关主管部门调解。当事人不愿和解、调解或者和解、调解不成的，双方可以在专用条款内约定以下一种方式解决争议：

① 双方达成仲裁协议，向约定的仲裁委员会申请仲裁；

② 向有管辖权的人民法院起诉。

发生争议后，除非出现下列情况的，双方都应继续履行合同，保持施工连续，保护好已完工程：

① 单方违约导致合同确已无法履行，双方协议停止施工；

② 调解要求停止施工，且为双方接受；

③ 仲裁机构要求停止施工；

④ 法院要求停止施工。

6.5.3.2　施工准备阶段的合同管理

（1）施工图纸

① 发包人提供的图纸。

a. 提供图纸的时间：在合同约定的日期前发放给承包人，以保证承包人及时编制施工进度计划和组织施工。

**6.6　建设工程
施工合同管理案
例一**

b. 提供图纸的方式：施工图纸可以一次提供，也可以各单位工程开始施工前分阶段提供，只要符合专用条款的约定，不影响承包人按时开工即可。

c. 图纸的费用承担：发包人应免费按专用条款约定的份数供应承包人图纸。承包人要求增加图纸套数时，发包人应代为复制，但复制费用由承包人承担。

发放承包人的图纸中，应在施工现场保留一套完整图纸供工程师及有关人员进行工程检查时使用。

② 承包人负责设计的图纸。有些情况下承包人享有专利权的施工技术，若具有设计资质和能力，可以由其完成部分施工图的设计，或由其委托设计分包人完成。在承包工作范围内，包括部分由承包人负责设计的图纸，则应在合同约定的时间内将按规定的审查程序批准的设计文件提交工程师审核，经过工程师签认后才可以使用。但工程师对承包人设计的认可，不能解除承包人的设计责任。

（2）施工进度计划　就合同工程的施工组织而言，招标阶段承包人在投标书内提交的施工方案或施工组织设计的深度相对较浅，签订合同后通过对现场的进一步考察和工程交底，对工程的施工有了更深入的了解，因此，承包人应当在专用条款约定的日期，将施工组织设计和施工进度计划提交工程师。

承包人应当在专用条款约定的日期，将施工组织设计和施工进度计划提交工程师。承包人群体工程中采取分阶段进行施工的单项工程，承包人则应按照发包人提供图纸及有关资料的时间，按单项工程编制进度计划，分别向工程师提交。

工程师接到承包人提交的进度计划后，应当予以确认或者提出修改意见，时间限制则由双方在专用条款中约定；如果工程师逾期不确认也不提出书面意见，则视为已经同意。

（3）双方做好施工前的有关准备工作

① 发包人：按照专用条款的规定使施工现场具备施工条件、开通施工现场公共道路。

② 承包人：应当做好施工人员和设备的调配工作。

③ 工程师：特别需要做好水准点与坐标控制点的交验，按时提供标准、规范；做好设计单位的协调工作，按照专用条款的约定组织图纸会审和设计交底。

（4）开工

① 承包人要求的延期开工。如果是承包人要求的延期开工，则工程师有权批准是否同意延期开工。承包人不能按时开工，应在不迟于协议书约定的开工日期前7天，以书面形式向工程师提出延期开工的理由和要求。如果承包人未在规定时间内提出延期开工要求，工期

也不予顺延。工程师在接到延期开工申请后的 48 小时内未予答复，视为同意承包人的要求，工期相应顺延。如果工程师不同意延期要求，工期不予顺延。

② 发包人原因的延期开工。因发包人的原因施工现场尚不具备施工的条件，影响了承包人不能按照协议书约定的日期开工时，工程师应以书面形式通知承包人推迟开工日期。发包人应当赔偿承包人因此造成的损失，相应顺延工期。

（5）工程的分包　施工合同范本的通用条件规定，未经发包人同意，承包人不得将承包工程的任何部分分包；工程分包不能解除承包人的任何责任和义务。

发包人控制工程分包的基本原则是，主体工程的施工任务不允许分包，主要工程量必须由承包人完成。经过发包人同意的分包工程，承包人选择的分包人需要提请工程师同意。工程师主要审查分包人是否具备实施分包工程的资质和能力，未经工程师同意的分包人不得进入现场参与施工。

工程分包不能解除承包人对发包人应承担在该工程部位施工的合同义务。同样，为了保证分包合同的顺利履行，发包人未经承包人同意，不得以任何形式向分包人支付各种工程款项。

（6）支付工程预付款　合同约定有工程预付款的，发包人应按规定的时间和数额支付预付款。为了保证承包人如期开始施工前的准备工作和开始施工，预付时间应不迟于约定的开工日期前 7 天。发包人不按约定预付，承包人在约定预付时间 7 天后向发包人发出要求预付的通知。发包人收到通知后仍不能按要求预付，承包人可在发出通知后 7 天停止施工，发包人应从约定应付之日起向承包人支付应付款的贷款利息，并承担违约责任。

6.5.3.3　施工过程中的合同管理

（1）质量与检验

① 工程质量。工程质量应当达到协议书约定的质量标准，质量标准的评定以国家或行业的质量检验评定标准为依据。因承包人原因工程质量达不到约定的质量标准，承包人承担违约责任。双方对工程质量有争议，由双方同意的工程质量检测机构鉴定，所需费用及因此造成的损失，由责任方承担。双方均有责任，由双方根据其责任分别承担。

6.7　建设工程
施工合同管理案
例二

② 检查和返工。承包人应认真按照标准、规范和设计图纸要求以及工程师依据合同发出的指令施工，随时接受工程师的检查检验，为检查检验提供便利条件。

工程质量达不到约定标准的部分，工程师可要求拆除和重新施工，直到符合约定标准。因承包人原因达不到约定标准，由承包人承担拆除和重新施工的费用，工期不予顺延。

工程师的检查检验不应影响施工正常进行。如影响施工正常进行，检查检验不合格时，影响正常施工的费用由承包人承担。除此之外影响正常施工的追加合同价款由发包人承担，相应顺延工期。因工程师指令失误或其他非承包人原因发生的追加合同价款，由发包人承担。

③ 隐蔽工程和中间验收。工程具备隐蔽条件或达到专用条款约定的中间验收部位，承包人进行自检，并在隐蔽或中间验收前 48 小时以书面形式通知工程师验收。通知包括隐蔽和中间验收的内容、验收时间和地点。承包人准备验收记录，验收合格且工程师在验收记录上签字后，承包人可进行隐蔽和继续施工。验收不合格，承包人在工程师限定的时间内修改

后重新验收。工程师不能按时进行验收的，应在验收前24小时以书面形式向承包人提出延期要求，延期不能超过48小时。工程师未能按以上时间提出延期要求，不进行验收，承包人可自行组织验收，工程师应承认验收记录。经工程师验收，工程质量符合标准、规范和设计图纸等要求，验收24小时后，工程师不在验收记录上签字，视为工程师已经认可验收记录，承包人可进行隐蔽施工或继续施工。

④ 重新检验。无论工程师是否进行验收，当其要求对已经隐蔽的工程重新检验时，承包人应按要求进行剥离或开孔，并在检验后重新覆盖或修复。检验合格，发包人承担由此发生的全部追加合同价款，赔偿承包人损失，并相应顺延工期。检验不合格，承包人承担发生的全部费用，工期不予顺延。

⑤ 工程试车。双方约定需要试车的，试车内容应与承包人承包的安装范围相一致。

设备安装工程具备单机无负荷试车条件，承包人组织试车，并在试车前48小时以书面形式通知工程师，通知包括试车内容、时间、地点。承包人准备试车记录，发包人根据承包人要求为试车提供必要条件。试车合格，工程师在试车记录上签字。工程师不能按时参加试车，须在开始试车前24小时以书面形式向承包人提出延期要求，不参加试车，应承认试车记录。

设备安装工程具备无负荷联动试车条件，发包人组织试车，并明确试车内容、时间、地点和对承包人的要求，承包人按要求做好准备工作。试车合格，双方在试车记录上签字。双方责任如下：

由于设计原因试车达不到验收要求，发包人应要求设计单位修改设计，承包人按修改后的设计重新安装。发包人承担修改设计、拆除及重新安装的全部费用和追加合同价款，工期相应顺延。

由于设备制造原因试车达不到验收要求，由该设备采购方负责重新购置或修理，承包人负责拆除和重新安装。设备由承包人采购的，由承包人承担修理或重新购置、拆除及重新安装的费用，工期不予顺延；设备由发包人采购的，发包人承担上述各项追加合同价款，工期相应顺延。

由于承包人施工原因试车达不到验收要求，承包人按工程师要求重新安装和试车，并承担重新安装和试车的费用，工期不予顺延。

试车费用除已包括在合同价款之内或专用条款另有约定外，均由发包人承担。

工程师在试车合格后不在试车记录上签字，试车结束24小时后，视为工程师已经认可试车记录，承包人可继续施工或办理竣工手续。

投料试车应在工程竣工验收后由发包人负责，如发包人要求在工程竣工验收前进行或需要承包人配合时，应征得承包人同意，另行签订补充协议。

（2）安全施工

① 安全施工与检查。承包人应遵守工程建设安全生产有关管理规定，严格按安全标准组织施工，并随时接受行业安全检查人员依法实施的监督检查，采取必要的安全防护措施，消除事故隐患。由于承包人安全措施不力造成事故的责任和因此发生的费用，由承包人承担。

发包人应对其在施工场地的工作人员进行安全教育，并对他们的安全负责。发包人不得要求承包人违反安全管理的规定进行施工。因发包人原因导致的安全事故，由发包人承担相应责任及发生的费用。

② 安全防护。承包人在动力设备、输电线路、地下管道、密封防震车间、易燃易爆地段以及临街交通要道附近施工时，施工开始前应向工程师提出安全防护措施，经工程师认可后实施，防护措施费用由发包人承担。实施爆破作业，在放射、毒害性环境中施工（含储存、运输、使用）及使用毒害性、腐蚀性物品施工时，承包人应在施工前14天书面通知工程师，并提出相应的安全防护措施，经工程师认可后实施，由发包人承担安全防护措施费用。

③ 事故处理。发生重大伤亡及其他安全事故，承包人应按有关规定立即上报有关部门并通知工程师，同时按政府有关部门要求处理，由事故责任方承担发生的费用。发包人、承包人对事故责任有争议时，应按政府有关部门的认定处理。

（3）合同价款支付

① 工程量的确认。承包人应按专用条款约定的时间，向工程师提交已完工程量的报告。工程师接到报告后7天内按设计图纸核实已完工程量（以下称计量），并在计量前24小时通知承包人，承包人为计量提供便利条件并派人参加。承包人收到通知后不参加计量，计量结果有效，作为工程价款支付的依据。工程师收到承包人报告后7天内未进行计量，从第8天起，承包人报告中开列的工程量即视为被确认，作为工程价款支付的依据。工程师不按约定时间通知承包人，致承包人未能参加计量，计量结果无效。对承包人超出设计图纸范围和因承包人原因造成返工的工程量，工程师不予计量。

② 工程款（进度款）支付。在确认计量结果后14天内，发包人应向承包人支付工程款（进度款）。按约定时间发包人应扣回的预付款，与工程款（进度款）同期结算。发包人超过约定的支付时间不支付工程款（进度款），承包人可向发包人发出要求付款的通知，发包人收到承包人通知后仍不能按要求付款，可与承包人协商签订延期付款协议，经承包人同意后可延期支付。协议应明确延期支付的时间和从计量结果确认后第15天起应付款的贷款利息。发包人不按合同约定支付工程款（进度款），双方又未达成延期付款协议，导致施工无法进行，承包人可停止施工，由发包人承担违约责任。

（4）工程变更

① 工程设计变更。施工中发包人需对原工程设计变更的，应提前14天以书面形式向承包人发出变更通知。变更超过原设计标准或批准的建设规模时，发包人应报规划管理部门和其他有关部门重新审查批准，并由原设计单位提供相应的变更图纸和说明。承包人按照工程师发出的变更通知及有关要求，根据需要进行下列变更：

a. 更改工程有关部分的标高、基线、位置和尺寸；

b. 增减合同中约定的工程量；

c. 改变有关工程的施工时间和顺序；

d. 其他有关工程变更需要的附加工作。

因变更导致合同价款的增减及造成的承包人损失，由发包人承担，延误的工期相应顺延。施工中承包人不得对原工程设计进行变更。因承包人擅自变更设计发生的费用和由此导致发包人的直接损失，由承包人承担，延误的工期不予顺延。

承包人在施工中提出的合理化建议涉及对设计图纸或施工组织设计的更改及对材料、设备的换用，须经工程师同意。未经同意擅自更改或换用时，承包人承担由此发生的费用，并赔偿发包人的有关损失，延误的工期不予顺延。

工程师同意采用承包人合理化建议，所发生的费用和获得的收益，发包人、承包人另行约定分担或分享。

② 其他变更。合同履行中发包人要求变更工程质量标准及发生其他实质性变更，由双方协商解决。

③ 确定变更价款。承包人在工程变更确定后14天内，提出变更工程价款的报告，经工程师确认后调整合同价款。变更合同价款按下列方法进行：

合同中已有适用于变更工程的价格，按合同已有的价格变更合同价款；合同中只有类似于变更工程的价格，可以参照类似价格变更合同价款；合同中没有适用或类似于变更工程的价格，由承包人提出适当的变更价格，经工程师确认后执行。

承包人在双方确定变更后14天内不向工程师提出变更工程价款报告时，视为该项变更不涉及合同价款的变更。工程师应在收到变更工程价款报告之日起14天内予以确认，工程师无正当理由不确认时，自变更工程价款报告送达之日起14天后视为变更工程价款报告已被确认。工程师不同意承包人提出的变更价款，按本通用条款关于争议的约定处理。工程师确认增加的工程变更价款作为追加合同价款，与工程款同期支付。因承包人自身原因导致的工程变更，承包人无权要求追加合同价款。

6.5.3.4　竣工阶段的合同管理

（1）竣工验收　工程具备竣工验收条件，承包人按国家工程竣工验收有关规定，向发包人提供完整竣工资料及竣工验收报告。双方约定由承包人提供竣工图的，应当在专用条款内约定提供的日期和份数。发包人收到竣工验收报告后28天内组织有关单位验收，并在验收后14天内给予认可或提出修改意见。承包人按要求修改，并承担由自身原因造成修改的费用。发包人收到承包人送交的竣工验收报告后28天内不组织验收，或验收后14天内不提出修改意见，视为竣工验收报告已被认可。工程竣工验收通过，承包人送交竣工验收报告的日期为实际竣工日期。工程按发包人要求修改后通过竣工验收的，实际竣工日期为承包人修改后提请发包人验收的日期。

发包人收到承包人竣工验收报告后28天内不组织验收，从第29天起承担工程保管及一切意外责任。中间交工工程的范围和竣工时间，双方在专用条款内约定。因特殊原因，发包人要求部分单位工程或工程部位甩项竣工的，双方另行签订甩项竣工协议，明确双方责任和工程价款的支付方法。

工程未经竣工验收或竣工验收未通过的，发包人不得使用。发包人强行使用时，由此发生的质量问题及其他问题，由发包人承担责任。

（2）竣工结算　工程竣工验收报告经发包人认可后28天内，承包人向发包人递交竣工结算报告及完整的结算资料，双方按照协议书约定的合同价款及专用条款约定的合同价款调整内容，进行工程竣工结算。发包人收到承包人递交的竣工结算报告及结算资料后28天内进行核实，给予确认或者提出修改意见。发包人确认竣工结算报告通知经办银行向承包人支付工程竣工结算价款。承包人收到竣工结算价款后14天内将竣工工程交付发包人。发包人收到竣工结算报告及结算资料后28天内无正当理由不支付工程竣工结算价款，从第29天起按承包人同期向银行贷款利率支付拖欠工程价款的利息，并承担违约责任。

发包人收到竣工结算报告及结算资料后28天内不支付工程竣工结算价款，承包人可以催告发包人支付结算价款。发包人在收到竣工结算报告及结算资料后56天内仍不支付的，承包人可以与发包人协议将该工程折价，也可以由承包人申请人民法院将该工程依法拍卖，承包人就该工程折价或者拍卖的价款优先受偿。工程竣工验收报告经发包人认可后 28 天内，承包人未能向发包人递交竣工结算报告及完整的结算资料，造成工程竣工结算不能正常进行或工程竣工结算价款不能及时支付，发包人要求交付工程的，承包人应当交付；发包人不要求交付工程的，承包人承担保管责任。

（3）质量保修　承包人应按法律、行政法规或国家关于工程质量保修的有关规定，对交付发包人使用的工程在质量保修期内承担质量保修责任。承包人应在工程竣工验收之前，与发包人签订质量保修书，作为本合同附件。

质量保修书的主要内容包括：

① 质量保修项目内容及范围；

② 质量保修期；

③ 质量保修责任；

④ 质量保修金的支付方法。

6.6　建设工程物资采购合同管理

6.6.1　建设工程物资采购合同的概念

建设工程物资采购合同，是指具有平等主体的自然人、法人、其他组织之间为实现工程材料设备买卖，设立、变更、终止权利义务关系的协议。依照协议，出卖人转移工程材料设备的所有权于买受人，买受人接受该项工程材料设备并支付相应价款，包括工程材料采购合同和工程设备采购合同。

6.6.2　建设工程物资采购合同的特征

建设工程物资采购活动具有一定的特殊性，工程物资采购合同中的标的物数量大，技术性能要求和质量要求复杂，且需要根据工程建设进度计划分期分批均衡履行，同时还涉及售后服务甚至安装等工作，合同履行周期长。因此，建设工程物资合同面临的条件比一般买卖合同复杂。特点如下：

（1）建设工程物资采购合同应依据工程施工合同订立。工程施工合同确定了工程施工建设的进度，而工程物资的供应必须与工程建设进度相协调。不论是发包人供应还是承包人供应，都应依据工程施工合同条款采购物资。例如，根据施工合同的工程量确定工程所需的物资技术性能要求、种类、数量、供货时间、地点等。因此，工程施工合同一般是订立工程物资采购合同的前提。

（2）建设工程物资采购合同以转移财物和支付价款为基本内容。工程物资采购合同内容繁多、条款复杂，涉及物资的数量、质量、包装、运输方式、结算方式等条款。工程物资采购合同的根本条款是双方应尽的义务，即卖方按质、按量、按时地将工程物资的所有权转归买方；买方按时、按量地支付货款。这两项主要义务构成了工程物资采购合同最主要的内容。

（3）建设工程物资采购合同标的物的品种繁多、供货条件复杂。工程物资采购合同的标的物是工程材料和设备，包括工程所需的钢材、木材、水泥、管线材料、建筑辅助材料以及大型机械和电气成套设备等。这些工程物资的特点在品种、质量、数量和价格差异较大，因此，在合同中必须对各种所需货物逐一明确，以确保工程施工的需要。

（4）建设工程物资采购合同应实际履行。由于工程物资采购合同是依据工程施工合同订立的，工程物资采购合同的履行直接影响施工合同的履行，因此工程物资采购合同一旦订立，卖方义务一般不能解除，不允许卖方以支付违约金和赔偿金的方式代替合同的履行，除非合同的迟延履行对买方不必要。

（5）建设工程物资采购合同采用书面形式。工程物资采购合同标的物的特殊性和重要性，导致合同履行周期长、可能存在的纠纷多，因此不宜用口头方式。

6.6.3 建设工程物资采购合同订立及履行

6.6.3.1 材料采购合同订立及履行

（1）材料采购合同的订立 材料采购合同的订立方式可以是：公开招标；邀请招标；询价、报价、签订合同；直接订购。

公开招标一般适用于大宗材料采购合同。如果采用公开招标，其招标程序是：①编制招标文件；②发布招标广告；③购买标书；④投标报价；⑤开标、评标、定标、确定中标单位；⑥签订合同。

如果采用邀请招标，则由招标人事先选择几家厂商投标，从中确定中标人。

（2）材料采购合同 按照《民法典》的分类，材料采购合同属于买卖合同。国内物资购销合同的示范文本规定，材料采购合同条款应包括以下内容：

a.产品名称、商标、型号、生产厂家、订购数量、合同金额、供货时间及每次供应数量；

b.质量要求的技术标准，供货方对质量负责的条件和期限；

c.交（提）货地点、方式；

d.运输方式及到站、到港费用的负担；

e.合理损耗及计算方法；

f.包装标准、包装物的供应及回收；

g.验收标准、方法及提出异议的期限；

h.随机备品、配件工具数量及供应办法；

i.结算方式及期限；

j.如需提供担保，另立合同担保书作为合同附件；

k.违约责任；

l.解决合同争议的方法等。

（2）订购产品的交付

① 询价、直接约定。询价是指买方向卖方发出询价函，要求卖方在规定时间内报价，从中选择价优物美者为中标人。直接约定是指由买方直接向卖方约定，选择供货方签订供货合同。

② 产品的交付方式。订购物质或产品的交付方式包括采购方到合同约定地点自提货物和供货方负责将货物送达指定地点两种。而供货方送货又可细分为将货物负责送抵现场和委托运输部门代运两种形式。为明确货物的运输责任，应在相应条款内写明所采用的交（提）货方。

③ 交（提）货期限。货物的交（提）货期限，是指货物交接的具体时间要求。货物的交（提）货期限关系到合同是否按期履行，以及可能出现货物意外丢失或损坏时的责任承担问题。合同内应注明货物的交（提）货期限，应做到尽量具体。如果合同内规定分批交货时，还须注明各批次交货的时间，以便明确责任。

6.6.3.2　设备采购合同订立及履行

（1）设备采购合同的订立　同材料采购合同订立一样，设备采购合同的订立分公开招标、邀请招标、询价报价签订合同、直接订购等四种方式。

（2）履约保证金　卖方应向买方提交专用条款规定金额的履约保证金。履约保证金应用商议好的货币种类，用下列方式之一提交：

① 在中华人民共和国注册和营业的银行或买方可以接受的国外的一家信誉好的银行出具的银行保函，或不可撤销的信用证；

② 银行本票或保付汇票。

除非专用条款另有规定，在卖方完成专用条款规定的质保期后30日内，买方将履约保证金退还卖方。

（3）包装　卖方应提供合同设备运至合同规定的目的地所需要的包装，以防止合同设备在转运中损坏或变质，这类包装应足以承受但不限于承受转运过程中的野蛮装卸、暴露于恶劣天气、盐分大和降雨环境，以及露天存放。包装箱的尺寸及重量应考虑货物的最终目的地偏远程度以及在所有转运地点缺乏重型装卸设施的情况。包装、标记和包装箱内外的单据应严格符合合同的特殊要求，包括专用条款规定的要求以及买方后来发出的指示。

（4）保证

① 卖方应保证合同设备是崭新的、未使用过的，是最新的或目前的型号，工艺先进，以优良的材料制造，货物不应含有设计上和材料上的缺陷，并完全符合合同规定的质量规格和性能的要求。卖方应保证合同设备不会因设计、材料、工艺的原因而有任何故障和缺陷。

② 卖方应保证提交的技术文件、图纸的完整、清楚和正确，达到合同设备设计、安装、运行和维护要求。技术文件如有不准确或不完整，卖方应在接到买方通知后15日内进行更改或重新提供。

③ 在合同设备安装、调试、接收试验期间，如发现因卖方原因造成的合同设备的缺陷或损坏，卖方应尽快免费更换和修复并补偿由此而来的买方的一切直接损失。卖方应承担此项更换和修复工作的一切风险和费用。卖方应保证合同设备在接收试验时各项技术参数满足合同要求。

④ 质量保证期（简称质保期）为业主签发接收通知书之日起 12 个月。

⑤ 在质保期间，如果因为卖方原因造成合同设备有缺陷或不能满足合同规定，买方有权提出索赔。在买方提出索赔之后，卖方应尽快对合同设备进行修复并承担全部费用。如果卖方对索赔有异议，应在收到买方索赔 7 日之内提出，双方进行协商。如卖方在此期限之前没有答复则被视为接受索赔要求。卖方应在接到索赔要求后 15 日内对合同设备进行修复或替换。替换和修复工作的期限，除买方与业主同意的期限外，不得超过 2 个月。对于小的缺陷，在卖方同意的情况下，可以由业主修复，费用由卖方负担。

⑥ 如因卖方原因在质保期内工程系统运行不得不因合同设备维修而停止，则相应合同设备质保期应根据系统停运时间延长。对于维修量大或重新更换的合同设备，质保期应重新计算，为业主验收接受维修或更换合同设备后 12 个月。由买方在质保期内发现的缺陷而提出的索赔要求在质保期后 30 日内仍然保持有效。

6.7 国际工程合同条件

6.7.1 国际工程常用合同

6.7.1.1 国际工程概述

国际工程通常是指一项允许由外国公司来承包建造的工程项目，即面向国际进行招标的工程。在许多发展中国家，根据项目建设资金的来源（例如外国政府贷款、国际金融机构贷款等）和技术复杂程度，以及本国工程公司的能力局限等情况，允许外国公司承包某些工程。国际工程包含咨询和承包两大行业。

（1）国际工程咨询　国际工程咨询包括对工程项目前期的投资机会研究、预可行性研究、可行性研究、项目评估、勘察、设计、招标文件编制、监理、管理、后评价等，是以高水平的智力劳动为主的行业，一般都是为建设单位（发包人）提供服务的，也可应承包人聘请为其进行施工管理、成本管理等。

（2）国际工程承包　国际工程承包包括对工程项目进行投标、施工、设备采购及安装调试、分包、提供劳务等。按照发包人的要求，有时也作施工详图设计和部分永久工程的设计。

国际工程承包合同指国际工程的参与主体之间为了实现特定的目的而签订的明确彼此权利义务关系的协议。常见的国际工程合同有：FIDIC 合同条件、NEC 系列合同条件和 AIA 系列合同条件。

6.7.1.2 FIDIC 合同条件

（1）FIDIC 合同条件概述　FIDIC 即国际咨询工程师联合会的缩写，它于 1913 年在欧洲成立。FIDIC 是世界上多数独立的咨询工程师的代表，是最具权威的咨询工程师组织。FIDIC 专业委员会编制了一系列规范性合同条件，构成了 FIDIC 合同条件体系。

6.8　FIDIC 合同条件

目前使用的 FIDIC 合同条件是 1999 年在原合同条件基础上出版的 4 份新的合同条件，具体如下：

① 施工合同条件 (Conditions of Contract for Construction，简称"新红皮书")。新红皮书与原红皮书相对应，但其名称改变后合同的适用范围更大。该合同主要用于由发包人设计的或由咨询工程师设计的房屋建筑工程 (Building Works) 和土木工程 (Engineering Works)。施工合同条件的主要特点表现为，以竞争性招标投标方式选择承包商，合同履行过程中采用以工程师为核心的工程项目管理模式。

② 永久设备和设计 – 建造合同条件 (Conditions of Contract for Plant and Design-Build，简称"新黄皮书")。新黄皮书与原黄皮书相对应，其名称的改变便于与新红皮书相区别。在新黄皮书条件下，承包人的基本义务是完成永久设备的设计、制造和安装。

③ EPC/ 交钥匙项目合同条件 (Conditions of Contract for EPC/ Projects，简称"银皮书")。银皮书又可译为"设计 – 采购 – 施工交钥匙项目合同条件"，它与橘皮书［原来的设计 – 建造和交钥匙 (工程) 合同］条件相似但不完全相同。它适于工厂建设之类的开发项目，是包含了项目策划、可行性研究、具体设计、采购、建造、安装、试运行等在内的全过程承包方式。承包人"交钥匙"时，提供的是一套配套完整的可以运行的设施。

④ 合同的简短格式 (Short Form of Contract，简称绿皮书)。该合同条件主要适于价值较低的、或形式简单的、或重复性的、或工期短的房屋建筑和土木工程。

（2）FIDIC 系列合同条件特点　FIDIC 系列合同条件具有国际性、通用性和权威性。其合同条款公正合理，职责分明，程序严谨，易于操作。考虑到工程项目的一次性、唯一性等特点，FIDIC 合同条件分成了"通用条件"(General Conditions) 和"专用条件"(Conditions of Particular Application) 两部分。

通用条件适于某一类工程，如红皮书适于整个土木工程 (包括工业厂房、公路、桥梁、水利、港口、铁路、房屋建筑等)。专用条件则针对一个具体的工程项目，是在考虑项目所在国法律法规不同、项目特点和发包人要求不同的基础上，对通用条件进行的具体化的修改和补充。

FIDIC 合同条件的应用方式通常有如下几种：

① 国际金融组织贷款和一些国际项目直接采用；

② 合同管理中对比分析使用；

③ 在合同谈判中使用；

④ 部分选择使用。

6.7.2　FIDIC施工合同条件

6.7.2.1　概述

FIDIC 合同条件由两部分组成：通用条件；专用条件，且附有保证格式、投标函、合同协议书和争端裁决协议书格式。

（1）通用条件　通用条件由三部分组成：正文（20 条 247 款）、附录（争端裁决协议书通用条件）、附件（程序规则）。其中，通用条件的 20 条分别为：一般规定；业主；工程师；

承包商；指定的分包商；职员和劳工；设备、材料和工艺；开工、误期与停工；竣工检验；业主的接收；缺陷责任；计量与计价；变更与调整；合同价格预付款；业主提出终止；承包商提出停工与终止；风险与责任；保险；不可抗力；索赔、争端与仲裁。

（2）专用条件　专用条件编写合同条件时，有许多条款是普遍适用的，但也有一些条款必须根据特定合同的具体情况变动而设置了FIDIC专用合同条件。在使用中可利用专用条件对通用条件的内容进行修改和补充，以满足各类项目和不同需要。通用条件和专用条件共同构成了制约合同各方权利和义务的条件。对于每一份具体的合同，都必须编制专用条件，并且必须考虑到通用条件中提到的专用条件中的条款。

6.7.2.2　业主、承包商及工程师的权利、义务

（1）业主的权利与义务

① 业主的权利。

a. 业主有权不接受最低标；

b. 有权指定分包商；

c. 在一定条件下可直接付款给指定的分包商；

d. 有权决定工程暂停或复工；

e. 在承包商违约时，业主有权接管工程或没收各种保函或保证金；

f. 有权决定在一定的幅度内增减工程量；

g. 不承担承包商因发生在工程所在国以外的任何地方的不可抗力事件所遭受的损失（因炮弹、导弹等所造成的损失除外）；

h. 有权拒绝承包商分包或转让工程（应有充足理由）。

② 业主的义务。

a. 向承包商提供完整、准确、可靠的信息资料和图纸，并对这些资料的准确性负完全的责任；

b. 承担由业主风险所产生的损失或损坏；

c. 确保承包商免于承担属于承包商义务以外情况的一切索赔、诉讼，损害赔偿费、诉讼费、指控费及其他费用；

d. 在多家独立的承包商受雇于同一工程或属于分阶段移交的工程情况下，业主负责办理保险；

e. 按时支付承包商应得的款项，包括预付款；

f. 为承包商办理各种许可，如现场占用许可、道路通行许可、材料设备进口许可、劳务进口许可等；

g. 承担疏浚工程竣工移交后的任何调查费用；

h. 支付超过一定限度的工程变更所导致的费用增加部分；

i. 承担在工程所在国发生的特殊风险以及任何其他地区因炮弹、导弹对承包商造成的损失的赔偿和补偿；

j. 承担因后继法规所导致的工程费用增加额。

（2）承包商的权利和义务

① 承包商的权利。

a. 有权得到提前竣工奖金；

b. 收款权；

c. 索赔权；

d. 因工程变更超过合同规定的限值而享有补偿权；

e. 暂停施工或延缓工程进度；

f. 停工或终止受雇；

g. 不承担业主的风险；

h. 反对或拒不接受指定的分包商；

i. 特定情况下的合同转让与工程分包；

j. 特定情况下有权要求延长工期；

k. 特定情况下有权要求补偿损失；

l. 有权要求进行合同价格调整；

m. 有权要求工程师书面确认口头指示；

n. 有权反对业主随意更换监理工程师。

② 承包商的义务。

a. 遵守合同文件规定，保质保量、按时完成工程任务，并负责保修期内的各种维修；

b. 提交各种要求的担保；

c. 遵守各项投标规定；

d. 提交工程进度计划；

e. 提交现金流量估算；

f. 负责工地的安全和材料的看管；

g. 对其由承包商负责完成的设计图纸中的任何错误和遗漏负责；

h. 遵守有关法规；

i. 为其他承包商提供机会和方便；

j. 保持现场整洁；

k. 保证施工人员的安全和健康；

l. 执行工程师的指令；

m. 向业主偿付应付款项（包括归还预付款）；

n. 承担第三国的风险；

o. 为业主保守机密；

p. 按时缴纳税金；

q. 按时投保各种强制险；

r. 按时参加各种检查和验收。

（3）工程师的权力和义务

① 工程师的权力。

a. 有权拒绝承包商的代表；

b. 有权要求承包商撤走不称职人员；

c. 有权决定工程量的增减及相关费用；有权决定增加工程成本或延长工期；有权确定费率；

d. 有权下达开工令、停工令、复工令（因业主违约而导致承包商停工情况除外）；

e. 有权对工程的各个阶段进行检查，包括已掩埋覆盖的隐蔽工程；

f. 如果发现施工不合格情况，监理工程师有权要求承包商如期修复缺陷或拒绝验收工程；

g. 承包商的设备、材料必须经监理工程师检查，监理工程师有权拒绝接受不符合规定标准的材料和设备；

h. 在紧急情况下，监理工程师有权要求承包商采取紧急措施；

i. 审核批准承包商的工程报表的权力属于监理工程师，付款证书由监理工程师开出；

j. 当业主与承包商发生争端时，监理工程师有权裁决，虽然其决定不是最终的。

② 工程师的义务。工程师作为业主聘用的工程技术负责人，除了必须履行其与业主签订的服务协议书中规定的义务外，还必须履行其作为承包商的工程监理人而尽的职责，FIDIC 条款针对工程师在建筑与安装施工合同中的职责规定了以下义务：

a. 必须根据服务协议书委托的权力进行工作；

b. 行为必须公正，处事公平合理，不能偏听偏信；

c. 应虚心听取业主和承包商两方面的意见，基于事实作出决定；

d. 发出的指示应该是书面的，特殊情况下来不及发出书面指示时，可以发出口头指示，但随后以书面形式予以确认；

e. 应认真履行职责，根据承包商的要求及时对已完工程进行检查或验收，对承包商的工程报表及时进行审核；

f. 应及时审核承包商在履约期间所做的各种记录，特别是承包商提交的作为索赔依据的各种材料；

g. 应实事求是地确定工程费用的增减与工期的延长或压缩；

h. 如因技术问题需同分包商打交道时，须征得总承包商同意，并将处理结果告知总承包商。

6.7.2.3　其他主要条款

（1）风险责任

① 业主的风险。

a. 战争、敌对行动（不论宣战与否）、入侵、外敌行动；

b. 工程所在国内的叛乱、恐怖活动、革命、暴动、军事政变或篡夺政权，或内战；

c. 暴乱、骚乱或混乱，完全局限于承包商的人员以及承包商和分包商的其他雇用人员中间的事件除外；

d. 工程所在国的军火、爆炸性物质、离子辐射或放射性污染，由于承包商使用此类军火、爆炸性物质、辐射或放射性活动的情况除外；

e. 以声速或超音速飞行的飞机或其他飞行装置产生的压力波；

f. 业主使用或占用永久工程的任何部分，合同中另有规定的除外；

g. 因工程任何部分设计不当而造成的，而此类设计是由业主的人员提供的，或由业主所负责的其他人员提供的；

h. 有经验的承包商不可预见且无法合理防范的自然力的作用。

② 承包商对工程的照管。从工程开工日期起直到颁发接收证书的日期为止，承包商应

对工程的照管负全部责任。此后，照管工程的责任移交给业主。如果就工程的某区段或部分颁发了接收证书（或认为已颁发），则该区段或部分工程的照管责任即移交给业主。

在责任相应地移交给业主后，承包商仍有责任照管任何在接收证书上注明的日期内应完成而尚未完成的工作，直至此类扫尾工作已经完成。

在承包商负责照管期间，如果工程、货物或承包商的文件发生的任何损失或损害不是由业主的风险所致，则承包商应自担风险和费用，以弥补此类损失或修补损害，以使工程、货物或承包商的文件符合合同的要求。

承包商还应为在接收证书颁发后由于他的任何行为导致的任何损失或损害负责。同时，对于接收证书颁发后出现，并且是由于在此之前承包商的责任而导致的任何损失或损害，承包商也应负有责任。

（2）合同的转让和分包

① 禁止转包。承包商不得将本合同工程转包给其他单位或个人，或者将本合同工程肢解之后以分包的名义分别转包给其他单位或个人。否则将按承包商违约处理。

② 分包。事先未报经工程师审查并取得业主批准，承包商不得将本合同工程的任何部分分包出去。分包商应具有相应专业承包资质或劳务分包资质，不允许分包商将其承接的工程再次分包。分包工程不准压低单价，分包管理费视工程情况限制在分包合同价的 1% 以内。分包协议书，包括工程量清单，应报工程师核备。

承包商取得批准分包并不解除合同规定的承包商的任何责任或义务，他应对分包商加强监督和管理，并对分包商的工程质量及其职工的行为、违约和疏忽完全负责。分包商就分包项目向业主承担连带责任。

业主对承包商与分包商之间的法律与经济纠纷不承担任何责任和义务。对于承包商提出的劳务分包，分包商应具有相应的劳务分包资质，报监理工程师审查并报业主核备。劳务人员应加入承包商施工班组，并持项目经理签发的劳务人员证上岗。

若承包商将工程分包给不具备相应资质条件的单位；或合同中未有约定，又未经业主批准，承包商将承包的部分建设工程交由其他单位完成；或承包商将建设工程主体结构或关键性工作的施工分包给其他单位；或分包商将其承包的建设工程再行分包的，按承包商违约处理。

（3）工程颁发证书程序　FIDIC 合同条款下共有五种证书：中期支付证书、初验证书、终验证书、最终支付证书和合同终止时的评估证书。

① 中期支付证书：按月向承包商支付已经完成工程量的支付证书，即根据工程师代表和承包商双方同意已经测量的工程量签发支付证书。业主必须在工程师收到承包商的付款请求后的 56 天内支付承包商。如果支付被延迟，则承包商有权对未支付部分按合同约定的利率计算方式收取利息，若延迟时间超过合同规定的期限，承包商有权提出暂时停工。

② 初验证书：承包商按合同规定对已完成的工程或合同规定的部分工程提出申请后的 28 天内，如检验合格，工程师应对申请的整个工程或合同规定的部分工程出具初验证书。

③ 终验证书：工程时应在缺陷责任期过后 28 天内，在对所有工程进行验收并确认所有缺陷在认证书中所列缺陷得到纠正的基础上，向承包商出具终验证书。对承包商而言，只有工程师出具终验证书后才能认为工程被业主正式接受。

④ 最终支付证书：在出具终验证书后，工程师必须在合同规定的期限内向承包商出具最终支付证书。

⑤ 合同终止时的评估证书：按合同规定，业主决定终止合同，工程师应在终止日对工程进行评估，并出具评估证书。

基础考核

一、单选题

1. 甲工程建设单位与乙设计单位签订了两份合同，第一份合同是甲工程建设单位购买了乙设计单位已完成设计的图纸，该合同法律关系的客体是（　　）。第二份合同是甲工程建设单位委托乙设计单位进行施工图设计，该合同法律关系的客体是（　　）。

　　A.物　　　　　　　　　　　B.财

　　C.行为　　　　　　　　　　D.智力成果

2. 甲向乙发出了一份投标邀请函，在投标邀请函中写明，投标书应通过电子邮件的形式提交给甲。该事件中，要约生效的时间是（　　）。

　　A.乙发出电子邮件时的时间

　　B.乙发出电子邮件得到甲确认的时间

　　C.乙发出的电子邮件进入甲邮箱的时间

　　D.甲知道收到邮件时的时间

3. 下列情形中属于效力待定合同的是（　　）。

　　A.出租车司机借抢救重症病人急需租车之际将车价提至10倍

　　B.10周岁的儿童因发明创造而接受奖金

　　C.成年人甲误将本为复制品的油画当成真品购买

　　D.10周岁的少年将自家的电脑卖给40岁的中年人

4. 某承包人一直拖欠材料商的货款，材料商将债权转让给了该工程的建设单位。工程结算时，建设单位提出要将此债权与需要支付的部分工程款进行抵销，施工单位以自己不知道此事为由不同意。对该案例表述正确的是（　　）。

　　A.材料商转让自己的债权无须让承包人知道

　　B.材料商转让自己的债权应经承包人同意

　　C.若转让时材料商通知了承包人，则建设单位可以主张抵销

　　D.即便转让时材料商通知了承包人，建设单位也不可以主张抵销

5. 甲向乙出版社去函，询问乙出版社是否出版了某书，乙出版社立即给甲邮寄了该书，并向甲索取费用40元，甲认为该书不符合其需要，拒绝了乙出版社的要求，因此甲乙双方发生了争议。从该案例来看，甲乙之间（　　）。

　　A.合同已经成立　　　　　　　B.合同未成立

　　C.已经完成要约和承诺阶段　　D.合同是否成立无法确定

二、多选题

1. 下列合同行为中，属于违背诚实信用原则的有（　　　）。
   A.合同签订时，施工企业对建设单位要求的业绩证明造假
   B.合同履行时，现场发生不可抗力，施工企业没有通知甲方，并任由损失扩大
   C.合同履行时，施工企业工人安排不够，导致工期拖延
   D.合同结束时，施工企业泄露本项目要求保密的资料和技术

2. 定金合同属于（　　　）。
   A.双务合同　　　　　　　　　　　　B.单务合同
   C.诺成合同　　　　　　　　　　　　D.实践合同

3. 下列合同中，债权人不得将合同的权利全部或部分转让给第三人的有（　　　）。
   A.当事人因信任订立的委托代理合同
   B.建筑材料供应合同
   C.合同中约定禁止债权人转让权利
   D.供用电、水、气、热力合同

4. FIDIC 合同的各个文件之间相互解释和相互补充，如果各个文件规定出现矛盾时，具有第一优先解释顺序的文件是（　　　）。
   A.投标书　　　　　　　　　　　　　B.技术规范
   C.合同专用条款　　　　　　　　　　D.合同协议书

5. FIDIC 合同条件规定，保留金全部退还给承包商是在（　　　）。
   A.施工完毕之后　　　　　　　　　　B.工程移交之后
   C.保修期满之后　　　　　　　　　　D.竣工验收报告批准之后

三、简答题

1. 简述违约责任的形式及免除。
2. 简述 FIDIC 施工合同条件规定的合同争议解决方式与我国建设工程中相关规定的不同。

四、案例分析题

案例1

某工程，建设单位和施工单位按《建设工程施工合同（示范文本）》签订了施工合同，在施工合同履行过程中发生如下事件：

事件1：工程开工前，总监理工程师主持召开了第一次工地会议。会上，总监理工程师宣布了建设单位对其的授权，并对召开工地例会提出了要求。会后，项目监理机构起草了会议纪要，由总监理工程师签字后分发给有关单位；总监理工程师主持编制了监理规划，报送建设单位。

事件2：施工过程中，由于施工单位遗失工程某部位设计图样，施工人员凭经验施工，现场监理员发现时，该部位的施工已经完毕。监理员报告了总监理工程师，总监理工程师到现场以后，指令施工单位暂停施工，并报告建设单位。建设单位要求对该部位结构进行核

算。经设计单位核算，该部位结构能够满足安全和使用功能的要求，设计单位电话告知建设单位，可以不作处理。

事件3：由于事件2的发生，项目监理机构认为施工单位未按图施工，该部位工程不予计量；施工单位认为停工造成了工期拖延，向项目监理机构提出了工程延期申请。

事件4：主体结构施工时，由于发生不可抗力事件，造成施工现场用于工程的材料损坏，导致经济损失和工期拖延，施工单位按程序提出了工期和费用索赔。

事件5：施工单位为了确保安装质量，在施工组织设计原定检测计划的基础上，又委托一家检测单位加强安装过程的检测。安装工程结束时，施工单位要求项目监理机构支付其增加的检测费用，但被总监理工程师拒绝。

问题：

1. 指出事件1中的不妥之处，写出正确做法。

2. 指出事件2中的不妥之处，写出正确做法。该部位结构是否可以验收？为什么？

3. 事件3中项目监理机构对该部位工程不予计量是否正确？说明理由。项目监理机构是否应该批准工程延期申请？为什么？

4. 事件4中施工单位提出的工期和费用索赔是否成立？为什么？

5. 事件5中总监理工程师的做法是否正确？为什么？

案例2

某施工单位承揽了一项综合办公楼的总承包工程，在施工过程中发生了如下事件：

事件1：施工单位与某材料供应商所签订的材料供应合同中未明确材料的供应时间。急需材料时，施工单位要求材料供应商马上将所需的材料运抵施工现场，遭到材料供应商的拒绝。两天后才将材料运到施工现场。

事件2：某设备供应商由于进行设备调试，超过合同约定的期限交付施工单位订购的设备，恰好此时该设备的价格下降，施工单位按下降后的价格支付给设备供应商，设备供应商要以原价执行，双方产生争执。

事件3：施工单位与某施工机械租赁公司签订合同约定的期限已到，施工单位将租赁的机械交还租赁公司并交付租赁费，此时，双方签订的合同终止。

事件4：该施工单位与某分包单位所签订的合同中明确规定要降低分包工程的质量，从而减少分包单位的合同价款，为施工单位创造更高的利润。

问题：

1. 事件1中材料供应商的做法是否正确？为什么？

2. 事件2中施工单位的做法是否正确？为什么？

3. 事件3中合同终止的原因是什么？除此之外，还有什么情况可以使合同的权利义务终止？

4. 事件4中的合同当事人签订的合同是否有效？

模块 ⑦

建设工程施工索赔

学习目标

知识要点	能力目标	驱动问题	权重
1.了解索赔和索赔管理的基本概念; 2.掌握索赔与索赔管理的基本定义、索赔程序、索赔原则; 3.熟悉索赔报告的编制和索赔的计算; 4.了解反索赔的基本概念	1.能够进行索赔值的计算; 2.能够编制索赔报告并完成索赔流程	1.什么是索赔?工程索赔有什么特点? 2.索赔的工作程序是什么? 3.索赔过程中如果出现争议,如何解决? 4.索赔的裁定方法有哪些?	100%

思政元素

内容引导	思考问题	课程思政元素
施工索赔案例分析	1.索赔事件产生的原因是什么? 2.如何预防索赔事件的发生?	终身学习、社会责任、民族自豪感

导入案例

　　某监理单位承担了一工业项目的施工监理工作。经过招标,建设单位选择了甲、乙施工单位分别承担 A、B 标段工程的施工,并按照《建设工程施工合同(示范文本)》分别和甲、乙施工单位签订了施工合同。建设单位与乙施工单位在合同中约定,B 标段所需的部分设备由建设单位负责采购。乙施工单位按照正常的程序将 B 标段的安装工程分包给丙施工单位。在施工过程中,发生了如下事件。

　　事件一:建设单位在采购 B 标段的锅炉设备时,设备生产厂商提出由自己的施工队伍,进行安装更能保证质量,建设单位便与设备生产厂商签订了供货和安装合同并通知了监理单位和乙施工单位。

　　事件二:总监理工程师根据现场反馈信息及质量记录分析,对 A 标段某部位隐蔽工程的质量有怀疑,随即指令甲施工单位暂停施工,并要求剥离检验。甲施工单位称该部位隐蔽工程已经由专业监理工程师验收,若剥离检验,监理单位需赔偿由此造成的损失并相应延长工期。

　　事件三:专业监理工程师对 B 标段进场的配电设备进行检验时,发现由建设单位采购的某设备不合格,建设单位对该设备进行了更换,从而导致丙施工单位停工。因此,丙施工单位致函监理单位,要求补偿其被迫停工所遭受的损失并延长工期。请思考以下问题:

　　1.请画出建设单位开始设备采购之前该项目各主体之间的合同关系图。

2.在事件一中，建设单位将设备交由厂商安装的做法是否正确？为什么？

3.在事件一中，若乙施工单位同意由该设备生产厂商的施工队伍安装该设备，监理单位应该如何处理？

4.在事件二中，总监理工程师的做法是否正确？为什么？试分析剥离检验的可能结果及总监理工程师相应的处理方法。

5.在事件三中，丙施工单位的索赔要求是否应该向监理单位提出？为什么？对该索赔事件应如何处理？

7.1　工程索赔概述

在市场经济条件下，建筑市场工程索赔是一种正常现象。工程索赔在建筑市场上主要是承包人保护自身正当权益、弥补工程损失、提高经济效益的重要和有效手段。许多国际工程项目，通过成功的索赔能使工程收入得到改善，达到工程造价的 10% ~ 20%，有些工程的索赔额甚至超过了工程合同额本身。"中标靠低价，盈利靠索赔"便是许多国际工程承包商的经验总结。在合同实施过程中，由于条件和环境的变化，使承包商的工期延长，实际工程成本增加，承包商为挽回这些损失，只有通过索赔这种合法的手段才能做到。

7.1.1　工程索赔的概念

7.1.1.1　索赔的定义

关于索赔的定义，在相关词典里的解释是：索赔作为合法的所有者，根据自己的权利提出的有关某一资格、财产、金钱等方面的要求。工程索赔是在当事人在工程承包合同履行中，根据法律、合同规定及惯例，对并非由于自己的过错，而是由于应由对方承担责任的情况造成的，且实际发生的损失，向对方提出给予补偿的要求。在实际工作中，"索赔"是双向的，我国《标准施工招标文件》中通用合同条款中的索赔就是双向的，既包括承包人向发包人的索赔，也包括发包人向承包人的索赔。但在工程实践中，发包人索赔数量较小，而且处理方便，可以通过冲账、扣拨工程款、扣保证金等实现对承包人的索赔；而承包人对发包人的索赔则比较困难一些。通常情况下，索赔是指承包人（施工单位）在合同实施过程中，对非自身原因造成的工程延期、费用增加而要求发包人给予补偿损失的一种权利要求。

7.1　建设工程
施工索赔管理

从索赔的基本定义可以看出，索赔具有以下基本特征：

（1）索赔是双向的，不仅承包人可以向业主索赔，业主同样也可以向承包人索赔。由于工程实践中发包人向承包人索赔发生的频率相对较低，而且在索赔处理中，发包人始终处于主动和有利的地位，他可以直接从应付工程款抵扣或没收履约保函、扣留保留金甚至留置承包人的材料设备作为抵押等来实现自己的索赔要求。因此在工程中，大量发生的处理比较困难的是承包人向发包人的索赔，这也是索赔管理的主要对象和重点内容。承包人的索赔范围非常广泛，一般认为，只要因非承包人自身责任造成工程工期延长或成本增加，都有可能向发包人提出索赔。

（2）只有实际发生了经济损失或权利损害，一方才能向对方索赔。经济损失是指发生了合同以外的额外支出，如人工费、材料费、机械费、管理费等额外开支；权利损害是指虽然没有经济上的损失，但造成一方权力上的损害，如由于恶劣气候条件对工程进度的不利影响，承包人有权要求工期延长等。因此，发生了实际的经济损失或权利损害，应是一方提出索赔的一个基本前提条件。

（3）索赔是一种未经对方确认的单方行为，它与通常所说的工程签证不同。在施工过程中签证时发承包双方就额外费用补偿或工期延长等达成一致的书面证明材料和补充协议，它可以直接作为工程款结算或最终增减工程造价的依据；而索赔则是单方面行为，对对方尚未形成约束力，这种索赔要求能否得到最终实现，必须要通过协商、谈判、调解、仲裁或诉讼等方式才能实现。

在工程实践中，许多人一听到"索赔"两个字，就很容易联想到争议的仲裁、诉讼或双方激烈的对抗，因此往往会躲避索赔，担心因索赔会影响到双方的合作或感情。实质上，索赔是一种正当的权利或要求，是合情、合理、合法的行为，它是在正确履行合同的基础上争取合理的偿付，不是无中生有、无理争利。索赔同守约、合作并不矛盾、对立。相反，索赔恰恰是在符合有关规定或者有关惯例的基础上而做出的合同行为。索赔的关键在于"索"，一方不"索"，另一方就没有义务主动来"赔"。同样，"索"得乏力、无力，即索赔依据不充分、证据不足、方式方法不当，也是很难获得"赔"。国际工程承包的实践经验告诉我们，一个不敢、不会索赔的承包人最终必然是要亏损的。

7.1.1.2 索赔与违约责任的区别

（1）事件的发生，不一定在合同文件中有约定；而工程合同的违约责任，则必然是合同所约定的。

（2）索赔事件的发生，可以是一定行为（包括作为或不作为）造成的，也可以是不可抗力事件所发生的；而追究违约责任，必须要有合同不能履行或不能完全履行的违约事实的存在，发生不可抗力可以免除追究当事人的违约责任。

（3）索赔事件的发生，可以是合同当事人一方引起，也可以是任何第三方行为引起；而违反合同则是由于当事人一方或双方的过错造成的。

（4）一定要有造成损失的结果才能提出索赔，因此索赔具有补偿性；而合同违约不一定要造成损失结果，因为违约具有惩罚性。

（5）索赔的损失结果与被索赔人的行为不一定存在法律上的因果关系，如因业主（发包人）指定分包人造成承包人损失的，承包人可以向业主索赔；而违反合同的行为与违约事实之间存在因果关系。

7.1.2 工程索赔产生的原因

（1）当事人违约　当事人违约常常表现为没有按照合同约定履行自己的义务。发包人违约常常表现为没有为承包人提供合同约定的施工条件、未按照合同约定的期限和数额付款等。监理人未能按照合同约定完成工作，如未能及时发出图纸、指令等也视为发包人违约。承包人违约的情况则主要是没有按照合同约定的质量、期限完成施工，或者由于不当行为给发包人造成其他损害。

（2）不可抗力或不利的物质条件　不可抗力又可以分为自然事件和社会事件。自然事件主要是工程施工过程中不可避免发生并不能克服的自然灾害，包括地震、海啸、瘟疫、水灾等；社会事件则包括国家政策、法律、法令的变更，战争、罢工等。不利的物质条件通常是指承包人在施工现场遇到的不可预见的自然物质条件、非自然的物质障碍和污染物，包括地下和水文条件。

（3）合同缺陷　合同缺陷表现为合同文件规定不严谨甚至矛盾、合同中的遗漏或错误。在这种情况下，工程师应当给予解释，如果这种解释将导致成本增加或工期延长，发包人应当给予补偿。

（4）合同变更　合同变更表现为设计变更、施工方法变更、追加或者取消某些工作、合同规定的其他变更等。

（5）监理人指令　监理人指令有时也会产生索赔，如监理人指令承包人加速施工、进行某项工作、更换某些材料、采取某些措施等，并且这些指令不是由于承包人的原因造成的。

（6）其他第三方原因　由于与工程有关的与发包人签订或约定的第三方所发生的问题，造成对工程工期或费用的影响，也可以作为索赔的原因。这里所指的第三方包括材料供应商、设备供应商、分包商、交通运输部门等。

（7）政策、法规的变化　政策、法规的变化主要是指与工程造价有关的政策、法规，因为工程造价具有很强的时间性、地域性，所以国家及各地相关管理部门都会出台相关政策、法规，有些是不强制执行的，而且会随着市场、技术的变化而经常变化，所以会造成工期与费用的变化，成为索赔的主要起因。

7.1.3　工程索赔管理的特点和原则

7.1.3.1　工程索赔管理的特点

要健康地开展工程索赔工作，必须全面认识索赔，完整理解索赔，端正索赔动机，这样才能正确对待索赔，规范索赔行为，合理地处理索赔事件。因此，发包人、工程师和承包人对施工索赔工作的特点要有全面的认识和理解。

（1）索赔工作贯穿于工程项目的全过程　合同当事人要做好索赔工作，必须从签订合同起，直至履行合同的全过程中，要注意采取预防保护措施，建立健全索赔业务的各项管理制度。在工程项目的招标、投标和合同签订阶段，作为承包人应仔细研究工程所在国的法律、法规及合同条件，特别是关于合同范围、义务、付款、工程变更、违约及罚款、特殊风险、索赔时限和争议解决等条款，必须在合同中明确规定当事人各方的权利和义务，以便为将来可能的索赔提供合法的依据和基础。在合同执行阶段，合同当事人应密切注视对方的合同履行情况，不断地寻求索赔机会；同时，自身应严格履行合同义务，防止被对方索赔。

一些缺乏工程承包经验的承包人，由于对索赔工作的重要性认识不够，往往在工程开始时并不重视，等到发现不能获得应当得到的偿付时才匆忙研究合同中的索赔条款，汇集所需要的数据和论证材料，但已经陷入被动局面；有时经过旷日持久的争执、交涉乃至诉诸法律程序，仍难以索回应得的补偿或损失，影响了自身的经济效益。

（2）索赔是一门融工程技术和法律于一体的综合学问和艺术　索赔问题涉及的层面相当广泛，既要求索赔人员具备丰富的工程技术知识与实际施工经验，使得索赔问题的提出具有科学性和合理性，符合工程实际情况，又要求索赔人员通晓法律与合同知识，使得提出的索赔具有法律依据和事实证据，并且还要求在索赔文件的准备、编制和谈判等方面具有一定的艺术性，使索赔的最终解决表现出一定程度的伸缩性和灵活性。这就对索赔人员的素质提出了很高的要求，他们的个人品格和才能对索赔成功的影响很大。索赔人员应当是头脑冷静、思维敏捷、处事公正、性格刚毅且有耐心，并具有以上多种才能的高素质人才。

（3）影响索赔成功的相关因素多　索赔能否取得成功，除了以上所述的特点外，还与企业的项目管理基础工作密切相关。如在合同管理方面，要收集、整理施工中所发生事件的一切记录，包括图纸、订货单、会谈纪要、来往信件、变更指令、气象图表、工程图像等，并及时地予以科学归档和管理，形成一个能清晰描述和反映整个工程全过程的数据库，为索赔及时提供全面、正确、合法有效的各种证据。在进度管理方面，通过计划工期与实际进度的比较、研究和分析，找出影响工期的各种因素、分清各方责任，及时地向对方提出延长工期及相关费用的索赔，并为工期索赔值的计算提供依据和各种基础数据。在成本管理方面，主要通过编制成本计划，控制和审核成本支出，进行计划成本与实际成本的动态比较分析等，为费用索赔提供各种费用的计算数据。在信息管理方面，要运用计算机对工程项目施工过程中的各种有关信息进行适时的存储，为索赔文件的提出、准备和编制提供大量工程施工中的各种信息资料。

7.1.3.2　工程索赔管理的原则

（1）客观性原则　合同当事人提出的任何索赔要求，首先必须是真实的。合同当事人必须认真、及时、全面地收集有关证据，实事求是地提出索赔要求。

（2）合法性原则　当事人的任何索赔要求，都应当限定在法律和合同许可的范围内。没有法律上或合同上的依据不要盲目索赔，或者当事人所提出的索赔要求至少不为法律所禁止。

（3）合理性原则　索赔要求应合情合理，一方面要采取科学合理的计算方法和计算基础，真实反映索赔事件所造成的实际损失；另一方面也要结合工程的实际情况，兼顾对方的利益，不要滥用索赔，多估冒算，漫天要价。

7.1.4　工程索赔的分类

工程索赔依据不同的标准可以进行不同的分类。

7.1.4.1　按索赔的合同依据分类

（1）合同内索赔　此种索赔是以合同条款为依据，在合同中有明文规定的索赔，如工期延误、工程变更、工程师给出错误数据导致放线的差错、业主不按合同规定支付进度款等等。这种索赔，由于在合同中明文规定往往容易得到。

（2）合同外索赔　此种索赔一般是难于直接从合同的某条款中找到依据，但可以从对合同条件的合理推断或同其他的有关条款联系起来论证该索赔是否属于合同规定的索赔。例如，因天气的影响对承包商造成的损失一般应由承包商自己负责，如果承包商能证明特殊反常的气候条件是有经验的承包商无法预见的，就可利用合同条款中规定的"一个有经验的承包商无法合理预见不利的条件"而得以成功索赔。合同外的索赔需要承包商非常熟悉合同和相关法律，并有比较丰富的索赔经验。

（3）道义索赔　是指承包人在合同内或合同外都无法找到索赔依据，但在履行合同中诚恳可信，与发包人合作良好，而且在施工中确实遭到很大损失，希望向业主寻求优惠性质的额外付款。这种额外付款实际上是一种道义上的救助，只有在遇到通情达理的业主时才有希望成功。

7.1.4.2　按索赔目的分类

按索赔目的可以将工程索赔分为工期索赔和费用索赔。

（1）工期索赔　由于非承包人责任的原因而导致施工进程延误，要求批准顺延合同工期的索赔，称之为工期索赔。工期索赔形式上是对权利的要求，以避免在原定合同竣工日不能完工时，被发包人追究拖期违约责任。一旦获得批准合同工期顺延后，承包人不仅免除了承担拖期违约赔偿费的严重风险，而且可能由于提前工期得到奖励，最终仍反映在经济收益上。

（2）费用索赔　费用索赔的目的是要求经济补偿。当施工的客观条件改变导致承包人增加开支，要求对超出计划成本的附加开支给予补偿，以挽回不应由他承担的经济损失。

7.1.4.3　按索赔事件的性质分类

按索赔事件的性质可以将工程索赔分为工程延误索赔、工程变更索赔、合同被迫终止索赔、工程加速索赔、意外风险和不可预见因素索赔及其他索赔。

（1）工程延误索赔　因发包人未按合同要求提供施工条件，如未及时交付设计图纸、施工现场、道路等，或因发包人指令工程暂停或不可抗力事件等原因造成工期拖延的，承包人对此提出索赔。这是工程中常见的一类索赔。

（2）工程变更索赔　由于发包人或监理人指令增加或减少工程量或增加附加工程、修改设计、变更工程顺序等，造成工期延长和费用增加，承包人对此提出索赔。

（3）合同被迫终止索赔　由于发包人或承包人违约以及不可抗力事件等原因造成合同非正常终止，无责任的受害方因其蒙受经济损失而向对方提出索赔。

（4）工程加速索赔　由于发包人或监理人指令承包人加快施工速度，缩短工期，引起承包人的人、财、物的额外开支而提出的索赔。

（5）意外风险和不可预见因素索赔　在工程实施过程中，因人力不可抗拒的自然灾害、特殊风险以及一个有经验的承包人通常不能合理预见的不利施工条件或外界障碍，如地下水、地质断层、溶洞、地下障碍物等引起的索赔。

（6）其他索赔 如因货币贬值、汇率变化、物价上涨、政策法令变化等原因引起的索赔。

7.1.4.4 按索赔处理方式分类

（1）单项索赔 就是采用一事一索赔的方式，即每一索赔时间发生时或发生后，由合同管理人员立即处理，并在合同规定的索赔有效期内向业主或监理工程师提交索赔要求和报告。单项索赔通常原因单一，责任单一，分析起来相对容易，由于设计金额一般较小，双方容易达成协议，处理也比较简单。因此，合同双方应尽可能地采用此种方式来处理索赔。

单项索赔要求合同管理人员能够迅速识别索赔机会，对索赔事件作出快速反应，根据合同要求，在规定时间内向对方提出索赔要求。

（2）综合索赔 又称总索赔。它是指承包商在工程竣工前后，将施工过程中已提出但未解决的索赔汇总在一起，向业主提出一份总索赔报告的索赔。这种索赔有的是因合同实施过程中，一些单项索赔问题比较复杂，不能立即解决，经双方协商同意留待以后解决；有的是业主对索赔迟迟不作答复采取拖延的办法，使索赔谈判旷日持久；有的是承包商合同管理水平差，平时没有注意对索赔的管理，当工程快完工时，发现即将亏损才进行索赔。

由于在一揽子索赔中许多干扰时间交织在一起，影响因素比较复杂而且相互交叉，责任分析和索赔值计算都比较困难，索赔涉及的金额往往较大，双方都不愿或不容易做出让步，使索赔的谈判和处理都很困难，因此，综合索赔的成功率比单项索赔低得多，承包人应尽量避免采用综合索赔。

7.2 索赔的依据与证据

7.2.1 索赔事件

索赔事件又称干扰事件，是指那些使实际情况与合同约定不符，最终引起工期与费用变化的事件。在工程实践中，承包人可以提出的索赔事件有如下几种：

（1）业主未按合同规定的时间和数量交付设计图纸与资料，未按时交付合格的施工场地及行驶道路，接通水电，造成工期拖延，费用增加。

（2）工程实际地质条件与合同规定不一致。

（3）业主或工程师变更原合同规定的施工顺序和施工步骤，打乱了工程施工计划。

（4）设计变更、设计错误，业主或工程师做出错误的指令，提供错误的数据、资料等造成工程修改、返工、停工、窝工等。

（5）业主或工程师指令增加、减少或删除部分工程，使实际工程量与原定工程量不同。

（6）在合同规定的范围内，业主指令增加附加工程项目，要求承包人提供合同责任以外的服务项目。

（7）业主指令提高设计、施工、材料的质量标准。

（8）业主拖延图纸批准、拖延隐蔽工程验收，拖延对承办商问题的答复，不及时下达指令、决定，造成工程停工。

（9）业主要求加快工程进度，指令承包人采取加速措施。已发生的工期延长责任完全是非承包人引起，业主已认可承包人的工期拖延；实际工期没有拖延，而业主希望工程提前竣工，及早投入使用。

（10）进口材料海运时间过长或在港口停置时间过长，造成工程停工停料。

（11）业主未按合同规定的时间和数量支付工程款。

（12）物价大幅度上涨，造成材料价格、人工工资大幅度上涨。

（13）国家政策、法令的修改，如提高安全措施费率、提高关税、颁布新的外汇管理条例等。

（14）货币贬值，使承包商蒙受较大的汇率损失。

（15）不可抗力因素，如反常的气候条件、洪水、暴乱、内战、政局变化、战争、经济封锁、禁运、罢工，以及一个有经验的承包人无法预见的任何自然力作用致使工程中断或合同终止。

（16）在保修期间，由于业主使用不当或其他非承包人责任者造成损失，业主要求承包人予以修理；业主在验收前或交付前，擅自使用已完或未完工程，造成工程损失。

（17）合同缺陷，如合同条款不全，错误，或合同条件之间相互矛盾。双方就合同理解发生争议。

（18）招标文件不完备，业主提供信息有错误。

上述事件承包人能否作为索赔事件，进行有效索赔，还要看具体的工程项目和合同背景、合同条件，不可一概而论。

7.2.2　索赔证据

索赔证据是当事人用来支持其索赔成立及与索赔有关的证明文件和资料。索赔证据作为索赔文件的组成部分，在很大程度上关系到索赔的成功与否。证据不全、证据不足或没有证据，索赔很难成功。索赔证据必须真实、全面、有法律效力、有当事人认可、有充分说服力，同时也必须是书面材料。

（1）索赔证据的要求

① 真实性。索赔依据必须是在实施合同过程中确定存在和发生的，必须完全反映实际情况，能经得住推敲。

② 全面性。索赔依据应能说明事件的全过程。索赔报告中涉及的索赔理由、事件过程、影响、索赔数额等都应有相应依据，不能零乱和支离破碎。

③ 关联性。索赔依据应当能够相互说明，相互具有关联性，不能互相矛盾。

④ 及时性。索赔依据的取得及提出应当及时，符合合同约定。

⑤ 具有法律证明效力。索赔依据必须是书面文件，有关记录、协议、纪要必须是双方签署的；工程中重大事件、特殊情况的记录、统计必须由合同约定的监理人签证认可。

（2）索赔依据的种类　在工程项目实施过程中，会产生大量的工程信息和资料，这些信息和资料是开展索赔的重要依据。如果项目资料不完整，索赔就难以顺利进行。因此在施工过程中应始终做好资料积累工作，建立完善的资料记录和科学的管理制度，认真系统地积累和管理合同文件、质量、进度及财务收支等方面的资料。对于可能会发生索赔的工程项目，从开始施工时就要有目的地收集证据资料，系统地拍摄现场，妥善保管开支收据，有意识地为索赔积累必要的证据材料。常见的索赔资料主要有：

a.各种工程合同文件。包括工程合同及附件、中标通知书、投标书、标准和技术规范、图纸、工程量清单、工程报价单或预算书、有关技术资料和要求等。如发包人提供的水文地质、地下管网资料、施工所需的证件、批件、临时用地证明手续、坐标控制点资料等。

b.经工程师批准的各种文件。包括经工程师批准的施工进度计划、施工方案、施工项目管理规划和现场的实施情况记录，以及各种施工报表等。

c.各种施工记录。包括施工日报及工长工作日志、备忘录。施工中产生的影响工期或工程资金的所有重大事项均应写入备忘录存档，备忘录应按年、月、日顺序编号，以便查阅。

d.工程形象进度照片。包括工程有关施工部位的照片及录像等，保存完整的工程照片和录像能有效地显示工程进度。因而除了标书上规定需要定期拍摄的工程照片和录像外，承包人自己要经常注意拍摄工程照片和录像，注明日期，作为自己查阅的资料。

e.工程项目有关各方往来文书。包括工程各项信件、电话记录、指令、信函、通知、答复等。

f.工程各项会议纪要。包括工程各项会议纪要、协议及其各种签约、定期与业主的谈话资料等。

g.业主（工程师）发布的各种书面指令书和确认书。包括业主或工程师发布的各种书面指令书和确认书，以及承包人要求、请求、通知书。

h.工程现场气候记录，如有关天气的温度、风力、雨雪等。

i.投标前业主提供的参考资料和现场资料。

j.施工现场记录。包括工程各项有关的设计交底记录、变更图纸、变更施工指令等，以及这些资料的送到份数和日期记录，工程材料和机械设备的采购、订货、运输、进场、验收、使用等方面的凭据及材料供应清单、合格证书，工程送电、送水、道路开通、封闭的日期及数量记录，工程停电、停水和干扰事件影响的日期及恢复施工的日期记录。

k.业主或工程师签认的签证。包括工程实施过程中各项经业主或工程师签认的签证，如承包人要求预付通知、工程量核实确认单等。

l.工程财务资料。包括工程结算资料和有关财务报告，如工程预付款、进度款拨付的数额及日期记录、工程结算书、保修单等。

m.各种检查验收报告和技术鉴定报告。包括质量验收单、验收记录、验评表、竣工验收资料、竣工图。

n.各类财务凭证。需要收集和保存的工程基本会计资料，包括工资单、工资报表、工程款账单、各类收付款原始凭证、总分类账、管理费用报表、工程成本报表等。

o.其他。包括分包合同、官方的物价指数、汇率变化表以及国家、省、市有关影响工程造价、工期的文件、规定等。

7.3　索赔程序

7.3.1　发出索赔意向通知

索赔事件发生后，承包人应在索赔事件发生后的 28 天内向工程师递交索赔意向通知，声明将对此事件提出索赔。该意向通知是承包人就具体的索赔事件向工程师和发包人表示的索赔愿望和要求。超过这个期限，工程师和发包人有权拒绝承包人的索赔要求。索赔事件发生后，承包人有义务做好现场施工的同期记录，工程师有权随时检查和调阅，以判断索赔事件所造成的实际损害。

一般可考虑下述内容：

（1）索赔事件发生的时间、地点、工程部位；

（2）索赔事件发生的有关人员；

（3）索赔事件发生的原因、性质；

（4）承包人对索赔事件发生后的态度、采取的行动；

（5）索赔事件发生后对承包人的不利影响；

（6）提出索赔意向，并注明合同条款依据。

7.3.2　递交索赔报告

索赔意向通知提交后的 28 天内，承包人应递送正式索赔报告。索赔报告是索赔文件的正文，是索赔过程中的重要文件，对索赔的解决有重大的影响，承包人应慎重对待，务求翔实、准确。如果索赔时间的影响持续存在，28 天内还不能算出索赔额和工期展延天数，承包人应按工程师合理要求的时间间隔（一般为 28 天），定期陆续报出每个时间段内的索赔证据资料和索赔要求。在该索赔事件的影响结束后的 28 天内，报出最终详细报告，提出索赔论证资料和累计索赔额。

索赔报告的具体内容，随该索赔事件的性质和特点而有所不同。一般来说，完整的索赔报告应包括以下四个部分。

（1）总论部分　一般包括以下内容：序言；索赔事项概述；具体索赔要求；索赔报告编写及审核人员名单。

文中首先应概要地论述索赔事件的发生日期与过程；施工单位为该索赔事件所付出的努力和附加开支；施工单位的具体索赔要求。在总论部分最后，附上索赔报告编写组主要人员及审核人员的名单，注明有关人员的职称、职务及施工经验，以表示该索赔报告的严肃性和权威性。总论部分的阐述要简明扼要，说明问题。

（2）合同引证部分　本部分是索赔报告关键部分，其目的是承包人论述自己具有索赔权，这是索赔成立的基础。合同引证的主要内容是该工程项目的合同条件以及有关的法律规定，说明自己理应获得工期延长和费用补偿。这部分一般包括以下内容：

① 概述索赔事项的处理过程；

② 发出索赔通知书的时间；

③ 引证索赔要求的合同条款；

④ 指明索赔的证据资料。

（3）索赔论证部分　承包人在施工索赔报告中进行索赔论证的目的是获得工期延长和费用补偿。对于工期索赔部分，首先，为了获得施工工期的延长，以免承担误期损害赔偿费的经济损失；其次，可能在此基础上，探索获得费用补偿的可能性。承包人在工期索赔报告中，应该对工期延长、实际工期和理论工期等工期的长短进行详细的论述，说明自己要求工期延长的根据，并对其进行明确的划分。对于费用索赔部分，承包人要首先论证遇到了合同规定以外的额外任务或不利的合同实施条件，为了完成合同，承包人承担了额外的经济损失，并且这些经济损失应该由业主承担。最后，在论证费用索赔成立的前提下，承包人应根据合同执行的实际情况，选择适当的费用计算方式，计算承包人额外开支的人工费、材料费、机械费、管理费和损失利润，提出承包人对可索赔事件的费用索赔的数额。

（4）证据部分　证据部分包括该索赔事件所涉及的一切证据资料，以及对这些证据的说明。证据是索赔报告的重要组成部分，没有翔实可靠的证据，索赔是不能成功的。在引用证据时，要注意该证据的效力或可信程度。为此，对重要的证据资料最好附以文字证明或确认件。例如，对一个重要的电话内容，仅附上自己的记录本是不够的，最好附上经过双方签字确认的电话记录；或附上发给对方要求确认该电话记录的函件，即使对方未给复函，亦可说明责任在对方，因为对方未复函确认或修改，按惯例应理解为已默认。

7.3.3　工程师审核索赔报告

接到承包人的索赔意向通知后，工程师应建立自己的索赔档案，密切关注事件的影响。在接到正式索赔报告后，工程师应认真研究承包人报送的索赔资料。首先工程师应客观分析事件发生的原因，研究承包人的索赔证据，检查他的同期记录。然后对比合同的有关条款，划清责任界限，必要时还可以要求承包人进一步提供补充资料。最后再审查承包人提出的索赔补偿要求，剔除其中的不合理部分，拟定自己计算的合理索赔款额和工期顺延天数。

一般对索赔报告的审查内容如下：

（1）索赔事件发生的时间、持续时间、结束的时间。

（2）损害事件原因分析，包括直接原因和间接原因。即分析索赔事件是出于何种原因引起，进行责任分解，划分责任范围，按责任大小承担损失。

（3）分析索赔理由。主要依据合同文件判明是否在合同规定的赔偿范围之内。只有符合合同规定的索赔要求才有合法性、才能成立。例如，某合同规定，在工程总价5%范围内的工程变更属于承包人承担的风险，若发包人指令增加工程量在这个范围内，承包人不能提出索赔。

（4）实际损失分析。即分析索赔事件的影响，主要表现为工期的延长和费用的增加。对于工期的延长主要审查延误的工作是否位于网络计划的关键线路上，延误的时间是否超过该工作的总时差。对费用的增加主要审查分担比例是否合理，计算费用的原始数据来源是否正确，计算过程是否合理、准确。

7.3.4　施工索赔的解决

施工索赔的解决是多途径的。工程师核查后初步确定应予以补偿的额度有时与承包人没有分歧，但多数时候与承包人的索赔报告中要求的额度不一致，甚至差额较大。主要原因大多为对事件损害责任的界限划分不一致、索赔证据不充分、索赔计算的依据和方法分歧较大等，因此双方应就索赔的处理进行协商。

在经过认真分析研究，与承包人、发包人广泛讨论后，工程师应该向发包人和承包人提出自己的"索赔处理决定"。

当工程师确定的索赔额超过其权限范围时，必须报请发包人批准。工程师在"工期延误审批表"和"费用索赔审批表"中应该简明地叙述索赔事项、理由、建议给予补偿的金额及延长的工期，论述承包人索赔合理方面及不合理方面。

工程师收到承包人递交的索赔报告和有关资料后，如果在28天内既未予答复，也未对承包人做进一步要求，则视为承包人提出的该项索赔要求已经被认可。

索赔事件的解决通过协商未能达成共识时，发承包双方可以请有关部门调解，双方按调解方案履行。如果调解也不能解决，双方可按施工合同的专用条款的规定通过仲裁或诉讼来解决。

7.4　施工索赔的关键与技巧

工程索赔是一项综合性强的边缘学科，它不仅是一门科学，也是一门艺术，要想获得好的索赔成果，除了要掌握相关的技术、经济、法律知识，还要有正确的索赔战略和机动灵活的索赔技巧，这也是取得索赔成功的关键。

7.4.1　认真履行合同，遵守"诚信原则"

承包人认真履行合同，遵守"诚信原则"不仅反映了企业的管理水平，形成良好的信誉，而且是索赔的前提。这样能够获得发包人的信任，与发包人建立良好的合作关系，从而为将来的索赔打下基础。具体表现在：

（1）严格按合同约定施工，做到工程师在场与不在场一个样；

（2）主动配合发包人和工程师审查施工图，发现错误和遗漏及时提出修改及补充；

（3）当对工程有损害的事件发生后，无论是否为自己的责任，都应积极采取措施，控制事态发展，降低工程损失，切不可任其发展，甚至幸灾乐祸，希望从中获利；

（4）对于工程师和发包人的一些没有造成实际危害的违约行为，承包人一般应采取容忍、谅解的态度；

（5）处理问题实事求是，考虑双方利益，找出双方都能认可的公平合理的解决方案，使双方继续顺利合作下去。

7.4.2　组建强有力的、稳定的索赔班子

索赔是一项复杂细致而艰巨的工作，组建一个知识全面、有丰富索赔经验、稳定的索赔小组从事索赔工作，是索赔成功的重要条件，一般根据工程的规模及复杂程度、工期长短、技术难度、合同的严密性、发包方的管理能力等因素配备索赔小组。对于大型工程，索赔小组应由项目经理、合同法律专家、工程经济专家、技术专家、施工工程师等组成。工程规模较小、工期较短、技术难度不大、合同较严密的工程，可以由有经验的造价工程师或合同管理人员承担索赔任务。

索赔小组的人员一定要稳定，不仅各负其责，而且每个成员要积极配合，齐心协力，内部讨论的战略和对策要保守秘密。

7.4.3　着眼于重大、实际的损失

承包商的索赔目标是指承包商对索赔的基本要求，可对要达到的目标分难易程度进行排序，并大致分析它们实现的可能性，从而确定最低、最高目标。要集中精力抓对工程影响大、索赔额高的索赔，相对较小的索赔可灵活处理。有时可将小项作为谈判中的让步余地，以获得重大索赔的成功。

索赔时要实事求是，过高的要求会使对方感到被愚弄，认为承包人不诚实，结果不仅不能多获益，反而弄巧成拙，使索赔不能在友好的气氛下妥善处理，有时会使索赔报告束之高阁，长期得不到解决。另外还有可能让业主形成周密的反索赔计价，以高额的反索赔对付高额的索赔，使索赔工作更加复杂化，而且可能给以后的索赔带来不良影响。当然，索赔额的计算也不宜过于谨慎，该争的不争，会影响项目的正当利益。

7.4.4　注意索赔证据资料的收集

在索赔过程中，当工程师或发包人提出疑问时，必须要有充分的证据证明索赔的合理性，如果证据不完备，索赔很可能失败。因此，收集完整、详细的索赔证据资料是非常重要的工作。

索赔证据资料的收集贯穿于工程施工的整个过程及各个方面，工作量很大。为了做好索赔资料的收集工作，必须建立健全文档资料管理制度，建立一个专人管理、责任分工的组织体系。也就是说任何人都应具备索赔意识，都有责任收集相关证据，而专职管理人员应对所有资料及时整理、归档、保存，同时督促有关人员收集资料。对重大索赔事件要重点分析，相关资料要有意识地重点收集。

7.4.5　索赔的技巧

除了以上应注意的问题，成功的索赔少不了灵活机动的技巧。索赔技巧应因人、因客观

环境条件而异，现提出以下几项供参考。

（1）要在投标报价时就考虑索赔的可能　一个有经验的承包商，在投标报价时就应考虑将来可能要发生索赔的问题，要仔细研究招标文件中的合同条款和规范。仔细查勘施工现场，探索可能索赔的机会，在报价时要考虑索赔的需要，利用不平衡报价法，将未来可能会发生索赔的工作单价报高。还可在进行单价分析时列入生产效率，把工程成本与投入资源的效率结合起来。这样，在施工过程中讨论索赔时可引用效率降低来讨论索赔的根据。

（2）商签好合同协议　在商签合同过程中，特别要对业主推脱责任、转嫁风险的条款特别注意，如：合同中不列索赔条款；拖期付款无时限、无利息；没有调价公式；发包人认为对某部分工程不够满意，即有权决定扣减工程款；发包人对不可预见的工程施工条件不承担责任等。如果这些问题在签订合同协议时不谈判清楚，承包人就很难有机会索赔成功。

（3）对口头变更指令要有书面确认　监理工程师常常乐于用口头指令变更，但是一切口头承诺或口头协议都没有法律效力，只有书面文件才能作为索赔的证据。如果承包商不对口头指令予以书面确认，有的监理工程师可能会因为时间长、事情多而遗忘，有的甚至为了自身利益而故意否认当时的指令。没有证据造成承包人索赔失败、有苦难言。所以对口头变更一定要有书面确认。

（4）力争单项索赔，避免一揽子索赔　单项索赔事件简单，容易解决，而且能及时得到支付。一揽子索赔数额大，不易解决，往往到工程结束后还得不到付款。对于不能及时解决的一揽子索赔，要注意资料的积累和保存。

（5）余额追索　在索赔支付过程中，承包商和监理师对确定新单价和工程量方面经常存在不同意见。按合同规定，工程师有决定单价的权利，如果承包商认为工程师的决定不尽合理，而坚持自己的要求时，可先接受工程师决定的"临时价格"，确保拿到一部分索赔款，对其余不足部分，则应书面通知工程师和业主，作为索赔款的余额，保留自己的索赔权利。

（6）力争友好解决，防止对立情绪　索赔争端是难免的，如果遇到争端不能理智协商讨论问题，会使一些本来可以解决的问题因双方的对立情绪长期僵持，甚至激怒工程师使其故意刁难承包人。承包人在发生争端时要头脑冷静，可以以换位思考的方法来进行索赔谈判，以双方都能接受的方式来解决问题。承包人一方面要据理力争，另一方面要把握好分寸，适当让步、机动灵活，切不可对工程师个人恶言相向，力争友好解决索赔争端。

（7）搞好公共关系　成功的索赔和良好的公共关系是分不开的。首先要与工程师和发包人建立友好合作的关系，便于工作的开展。除此之外还要同监理工程师、设计单位、发包人的上级主管部门搞好关系，取得他们的同情和支持，在索赔遇到难以克服的阻力时，可以利用他们同工程师和发包人的微妙关系中斡旋调停，对其施加影响，这往往比同业主直接谈判有效，能使索赔达到十分理想的效果。

7.5　工程索赔的计算

7.5.1　工程索赔的处理原则

工程索赔的处理原则通常包括成本费用原则、风险共担原则和初始延误原则。这些基本原则是工程合同履行过程中，发承包双方及中介咨询机构处理工程索赔的共同准则。

（1）成本费用原则　一般索赔事件中，工程延误通常带来人员窝工和机械闲置。因此，在进行费用索赔时应计算出窝工人工费和机械闲置台班费。由于工程的延误并不会影响这部分工程的管理费及利润损失，索赔计算中一般只补偿直接费损失，而不计取管理费及利润，即按照成本费用原则处理合同内工程的窝工闲置。

（2）风险共担原则　风险共担原则主要是针对不可抗力而言的。当不可抗力发生后，必然给双方造成经济损失和人员伤亡。根据合同的一般原则，合同的缔约和履行过程中，应合理分摊从而转移风险。风险事件发生后，对于无法通过保险等手段转移的风险，双方应共同承担，这就是风险共担原则的基本内涵。

按照风险共担原则，不可抗力事件导致的费用增加及工期延误通常按下列方法分别承担：

① 工程本身的损害：当工程损害导致第三方人员伤亡和财产损失及用于施工的材料和待安装设备的损害，由业主承担；

② 业主和承包商双方的人员伤亡由各方自己负责并承担相应费用；

③ 工程所需修复及现场清理费用由业主承担；

④ 停工期间，承包商应监理工程师要求留在施工现场的必需的管理人员及保卫人员费用由业主承担；

⑤ 承包商机械设备损害及停工损失由承包商承担；

⑥ 延误的工期相应顺延。

（3）初始延误原则　施工索赔过程中，在同一个时间段可能发生两个或两个以上索赔事件，这些索赔事件的责任人可能是业主、承包商，也可能是承包合同之外的第三方或不可抗力。如何处理多起索赔事件共同作用下的索赔计算，是工程索赔事件中经常遇见的一类问题。初始延误原则是解决此类索赔问题的基本准则。

所谓初始延误原则，就是索赔事件发生在先者承担索赔责任的原则。如果业主是初始延误者，则在共同延误时间内，业主应承担工程延误责任，此时，承包商既可得到工期补偿，又可得到经济补偿。如果不可抗力是初始延误者，则在共同延误时间内，承包人只能得到工期补偿，而无法得到经济补偿。

7.5.2　索赔的计算

工程索赔报告最主要的两部分是：合同论证部分和索赔计算部分。合同论证部分的任务是解决索赔权是否成立的问题，而索赔计算部分则确定应得到多少索赔款额或工期补偿，前者是定性的，后者是定量的。索赔的计算是索赔管理的一个重要组成部分。

7.5.2.1　工期索赔

（1）工期延误的含义　工期延误是指工程实施过程中任何一项或多项工作实际完成日期迟于计划规定的完成日期，从而可能导致整个合同工期的延长。工程工期是施工合同中的重要条款之一，涉及业主和承包人多方面的权利及义务关系。工期延误对合同双方一般都会造成损失。业主因工期延误不能及时交付使用、投入生产，就不能按计划实现投资效果，失去盈利机会，损失市场利润；承包人因工期延误会增加工程成本，生产效率降低，企业信誉受到影响，最终还可能导致合同规定的误期损害赔偿费处罚。因此，工期延误的后果是形式上的时间损失，实质上的经济损失，无论是业主还是承包人，都不愿无缘无故地承担由工期延误给自己造成的经济损失。

（2）工期索赔的原因　　在施工过程中，由于各种因素的影响，使承包商不能在合同规定的工期内完成工程，造成工程拖期。造成拖期的一般原因如下。

① 非承包商的原因。由于下列非承包商原因造成的工程拖期，承包商有权获得工期延长：

a. 合同文件含义模糊或歧义；

b. 工程师未在合同规定的时间内颁发图纸和指示；

c. 承包商遇到一个有经验的承包商无法合理预见到的障碍或条件；

d. 处理现场发掘出的具有地质或考古价值的遗迹或物品；

e. 工程师指示进行未规定的检验；

f. 工程师指示暂时停工；

g. 业主未能按合同规定的时间提供施工所需的现场和道路；

h. 业主违约；

i. 工程变更；

j. 异常恶劣的气候条件。

上述的各种原因可归结为以下三大类：

第一类是业主的原因，如未按规定时间提供现场和道路占有权，增加额外工程等；第二类是工程师的原因，如设计变更、未及时提供施工图纸等；第三类是不可抗力，如地震、洪水等。

② 承包商原因。承包商在施工过程中可能由于下列原因，造成工程延误：

a. 对施工条件估计不充分，制定的进度计划过于乐观；

b. 施工组织不当；

c. 承包商自身的其他原因。

（3）工程拖期的种类及处理措施　　工程拖期可分为如下两种情况。

由于承包商的原因造成的工程拖期，定义为工程延误，承包商须向业主支付误期损害赔偿费。工程延误也称为不可原谅的工程拖期，如承包商内部施工组织不好，设备材料供应不及时等。这种情况下，承包商无权获得工期延长。

由于非承包商原因造成的工程拖期，定义为工程延期，则承包商有权要求业主给予工期延长。工程延期也称为可原谅的工程拖期。它是由于业主、监理工程师或其他客观因素造成的，承包商有权获得工期延长，但是否能获得经济补偿要视具体情况而定。

因此，可原谅的工程拖期又可分为：可原谅并给予补偿的拖期，是承包商有权同时要求延长工期和经济补偿的延误，拖期的责任者是业主或工程师；可原谅但不给予补偿的拖期，是指可给予工期延长，但不能对相应经济损失给予补偿的可原谅延误，这往往是由于客观因素造成的拖延。

上述两种情况下的工期索赔可按表 7.1 处理。

表7.1　工期索赔处理原则

索赔原因	是否可原谅	拖期原因	责任者	处理原则	索赔结果
工程进度拖延	可原谅拖期	修改设计、施工条件变化、业主原因拖期、工程师原因拖期	业主	可给予工期延长，可补偿经济损失	工期＋经济补偿
		异常恶劣气候、工人罢工、天灾	客观原因	可给予工期延长，不给予补偿经济	工期
	不可原谅拖期	工效不高、施工组织不好、设备材料供应不及时	承包商	不延长工期，不补偿损失，向业主支付误期损害赔偿费	索赔失败，无权索赔

（4）共同延误下工期索赔的处理方法　承包商、工程师或业主，或某些客观因素均可造成工程拖期。但在实际施工过程中，工程拖期经常是由上述两种以上的原因共同作用产生的，在这种情况下，称为共同延误。主要有两种情况：在同一项工作上同时发生两项或两项以上延误；在不同的工作上同时发生两项或两项以上延误。

第一种情况比较简单，共同延误主要有以下几种基本组合：

① 可补偿延误与不可原谅延误同时存在。在这种情况下，承包商不能要求工期延长及经济补偿，因为即便是没有可补偿延误，不可原谅延误也已经造成工程延误。

② 不可补偿延误与不可原谅延误同时存在。在这种情况下，承包商无权要求延长工期，因为即便是没有不可补偿延误，不可原谅延误也已经导致施工延误。

③ 不可补偿延误与可补偿延误同时存在。在这种情况下，承包商可以获得工期延长，但不能得到经济补偿，因为即便是没有可补偿延误，不可补偿延误也已经造成工程施工延误。

④ 两项可补偿延误同时存在。在这种情况下，承包商只能得到一项工期延长或经济补偿。

第二种情况比较复杂。由于各项工作在工程总进度表中所处的地位和重要性不同，同等时间的相应延误对工程进度所产生的影响也就不同。所以对这种共同延误的分析就不像第一种情况那样简单。比如，业主延误（可补偿延误）和承包商延误（不可原谅延误）同时存在，承包商能否获得工期延长及经济补偿？对此应通过具体分析才能回答。

关于业主延误与承包商延误同时存在的共同延误，一般认为应该用一定的方法按双方过错的大小及所造成影响的大小按比例分担。如果该延误无法分解开，不允许承包商获得经济补偿。

（5）工期补偿量的计算

① 计划工期，就是承包商在投标报价文件中申明的施工期，即从正式开工日起至建成工程所需的施工天数。一般即为业主在招标文件中所提出的施工期。

② 实际工期，就是在项目施工过程中，由于多方面干扰或工程变更，建成该项工程上所花费的施工天数。如果实际工期比计划工期长的原因不属于承包商的责任，则承包商有权获得相应的工期延长，即工期延长量等于实际工期减去计划工期。

③ 理论工期，是指较原计划拖延了的工期。如果在施工过程中受到工效降低和工程量增加等诸多因素的影响，仍按照原定的工作效率施工，而且未采取加速施工措施时，该工程

项目的施工期可能拖延甚久，这个被拖延了的工期，被称为"理论工期"，即在工程量变化、施工受干扰的条件下，仍按原定效率施工而不采取加速施工措施时，在理论上所需要的总施工时间。在这种情况下，理论工期即是实际工期。

各工期之间的关系如图 7.1 所示。

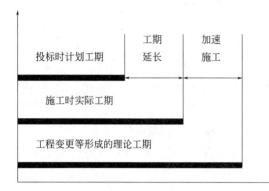

图7.1　各工期之间的关系

（6）工期补偿量的计算方法

① 网络图分析法。网络图分析法是利用进度计划的网络图，分析其关键线路。如果延误的工作为关键工作，则总延误的时间为批准顺延的工期；如果延误的工作为非关键工作，当该工作由于延误超过时差限制而成为关键工作时，可以批准延误时间与时差的差值；若该工作延误后仍为非关键工作，则不存在工期索赔问题。

② 比例类推法。前述的网络分析法是最科学的，也是最合理的。但它需要的前提是，对于较大的工程，它必须有计算机的网络分析程序，否则分析极为困难，甚至也不可能。

③ 直接法。有时干扰事件直接发生在关键线路上或一次性发生在一个项目上，造成总工期的延误，这时可以查看施工日志、变更指令等资料，直接将这些资料中记载的延误时间作为工期索赔值。如承包人按工程师的书面工程变更指令，完成变更工程所用的实际工时即为工期索赔值。

④ 工时分析法。某一工种的分项工程项目延误事件发生后，按实际施工的程序统计出所用的工时总量，然后按延误期间承担该分项工程工种的全部人员投入来计算要延长的工期。

7.5.2.2　费用索赔

（1）费用索赔的含义　费用索赔是指承包人在非自身因素影响下而遭受经济损失时，向业主提出补偿其额外费用损失的要求。因此费用索赔应是承包人根据合同条款的有关规定，向业主索取合同价款以外的费用。

索赔费用不应被视为承包人的意外收入，也不应被视为业主的不必要开支。实际上，索赔费用的存在是由于签订合同时还无法确定的某些应由业主承担的风险因素导致的结果。承包人的投标报价中一般不考虑应由业主承担的风险对报价的影响，因此一旦这类风险发生并影响承包人的工程成本时，承包人提出费用索赔是一种正常现象和合情合理的行为。

7.2　建设工程施工索赔计算

（2）费用索赔的种类

① 工期拖延的费用索赔。对由于业主责任造成的工期拖延，承包商在提出工期索赔的同时，还可以提出与工期有关的费用索赔。它包括人工费的损失（如现场工人的停工、窝工、低生产效率的损失）、材料费（如承包商订购的材料推迟交货、材料价格上涨）、机械费（台班费和租金）、工地管理费、由于物价上涨引起的费用调整索赔、总部管理费的索赔，以及非关键线路活动拖延的费用索赔。

② 工程变更的费用索赔。它包括工程量变更、附加工程、工程质量的变化、工程变更超过限额的处理。在索赔事件中，工程变更的比例很大，而且变更的形式较多。工程变更的费用索赔常常不仅仅有设计变更本身，而且还要考虑由于变更产生的影响，例如，所涉及的工期的顺延，由于变更所引起的停工、窝工、低效率损失等。

③ 加速施工的费用索赔。它包括人工费、材料费、机械费、管理费等。

④ 其他情况的费用索赔。如工程中断、合同终止、特殊服务、材料和劳务价格上涨的索赔，拖延工程款索赔，分包商索赔，由于设计变更及设计错误造成返工，工程未经验收，业主提前使用或擅自动用未经验收的工程等。引起费用索赔的原因是合同环境发生变化使承包商遭受了额外的经济损失。

（3）费用索赔的原因　　引起费用索赔的原因是合同环境发生变化使承包商遭受了额外的经济损失。归纳起来，费用索赔常常由以下原因引起。

① 业主违约；

② 工程变更；

③ 业主拖延支付工程款或预付款；

④ 工程加速；

⑤ 业主或工程师原因造成的可索赔费用的延误；

⑥ 非承包人原因的工程中断或终止；

⑦ 工程量增加（不含业主失误）；

⑧ 其他原因。如业主指定分包商违约、合同缺陷、国家政策及法律、法令变更等。

（4）索赔款的计价方法　　根据合同条件的规定有权利要求索赔时，采用正确的计价方法论证应获得的索赔款数额，对顺利地解决索赔要求有着决定性的意义。实践证明，如果采用不合理的计价方法，没有事实根据地扩大索赔款额，漫天要价，往往使本来可以顺利解决的索赔要求搁浅，甚至失败。因此，客观地分析索赔款的组成部分，并采取合理的计价方法，是取得索赔成功的重要环节。

在工程索赔中，索赔款额的计价方法甚多。每个工程项目的索赔款计价方法，也往往因索赔事项的不同而相异。

① 实际费用法。实际费用法亦称为实际成本法，是工程索赔计价时最常用的计价方法，它实质上就是额外费用法（或称额外成本法）。

实际费用法计算的原则是，以承包商为某项索赔工作所支付的实际开支为根据，向业主要求经济补偿。每一项工程索赔的费用，仅限于由于索赔事项引起的、超过原计划的费用，即额外费用，也就是在该项工程施工中所发生的额外人工费、材料费和设备费，以及相应的管理费。这些费用即是施工索赔所要求补偿的经济部分。

用实际费用法计价时，在直接费（人工费、材料费、设备费等）的额外费用部分的基础上，再加上应得的间接费和利润，即是承包商应得的索赔金额。因此，实际费用法（即额外费用法）客观地反映了承包商的额外开支或损失，为经济索赔提供了精确而合理的证据。

由于实际费用法所依据的是实际发生的成本记录或单据，所以，在施工过程中系统而准确地积累记录资料，是非常重要的。这些记录资料不仅是施工索赔所必不可少的，亦是工程项目施工总结的基础依据。

② 总费用法。总费用法即总成本法，就是当发生多次索赔事项以后，重新计算出该工程项目的实际总费用，再从这个实际总费用中减去投标报价时的估算总费用，即为要求补偿的索赔总款额，即：索赔款额 = 实际总费用 - 投标报价估算费用。

采用总成本法时，一般要有以下的条件：

a. 由于该项索赔在施工时的特殊性质，难以或不可能精准地计算出承包商损失的款额，即额外费用。

b. 承包商对工程项目的报价（即投标时的估算总费用）是比较合理的。

c. 已开支的实际总费用经过逐项审核，认为是比较合理的。

d. 承包商对已发生的费用增加没有责任。

e. 承包商有较丰富的工程施工管理经验和能力。

在施工索赔工作中，不少人对采用总费用法持批评态度。因为实际发生的总费用中，可能包括了由于承包商的原因（如施工组织不善，工效太低，浪费材料等）而增加了的费用；同时，投标报价时的估算费用却因想竞争中标而过低。因此，这种方法只有在实际费用难以计算时才使用。

③ 修正的总费用法。修正的总费用法是对总费用法的改进，即在总费用计算的原则上，对总费用法进行相应的修改和调整，去掉一些比较不确切的可能因素，使其更合理。

用修正的总费用法进行的修改和调整内容，主要如下：

a. 将计算索赔款的时段仅局限于受到外界影响的时间（如雨季），而不是整个施工期。

b. 只计算受影响时段内的某项工作所受影响的损失，而不是计算该时段内所有施工工作所受的损失。

c. 在受影响时段内受影响的某项工程施工中，使用的人工、设备、材料等资源均有可靠的记录资料，如工程师的施工日志、现场施工记录等。

d. 与该项工作无关的费用，不列入总费用中。

e. 对投标报价时的估算费用重新进行核算。按受影响时段内该项工作的实际单价进行计算，乘以实际完成的该项工作的工程量，得出调整后的报价费用。

经过上述各项调整修正后的总费用，已相当准确地反映出实际增加的费用，作为给承包商补偿的款额。

据此，按修正后的总费用法支付索赔款的公式是：索赔款额 = 某项工作调整后的实际总费用 - 该项工作的报价费用。

修正的总费用法，同未经修正的总费用法相比较，有了实质性的改进，使它的准确程度接近于"实际费用法"，容易被业主及工程师所接受。因为修正的总费用法仅考虑实际上已受到索赔事项影响的那一部分工作的实际费用，再从这一实际费用中减去投标报价书中的相应部分的估算费用。如果投标报价的费用是准确而合理的，则采用此修正的总费用法计算出来的索赔款额，很可能同采用实际费用法计算出来的索赔款额十分贴近。

④ 分项法。分项法按每个索赔事件所引起损失的费用项目分别分析计算索赔值的一种方法。在实际中，绝大多数工程的索赔都采用分项法计算。分项法计算法通常分三步：

a.分析每个或每类索赔事件所影响的费用项目，不得有遗漏。这些费用项目通常应与合同报价中的费用项目一致。

b.计算每个费用项目受索赔事件影响后的数值，通过与合同价中的费用值进行比较即可得到该项费用的索赔值。

c.将各费用项目的索赔值汇总，得到总费用索赔值。分项法中索赔费用主要包括该项工程施工过程中所发生的额外人工费、材料费、施工机械使用费、相应的管理费以及应得的间接费和利润等。由于分项法所依据的是实际发生的成本记录或单据，所以，施工过程中，对第一手资料的收集整理就显得非常重要。

基础考核

一、单选题

1.由于变更需要重新确定价格，而业主与承包商的意见又不能统一时，（　　）有权确定一个价格作为执行价格。

  A.监理工程师   B.业主

  C.承包商   D.定额站

2.某隐蔽工程施工部位，承包商未通知监理工程师进行检验就自行隐蔽。监理工程师指令承包商进行剥露检查后表明该部位的施工质量满足合同规定的要求，则这部分工程的剥露和复原费应由（　　）负担。

  A.业主   B.监理单位

  C.承包商   D.业主的项目经理部

3.承包商应在索赔事件发生后的（　　）内向工程师递交索赔意向通知，声明将对此索赔事件提出索赔。

  A.14天   B.28天

  C.56天   D.84天

4.进行施工中间验收后，监理工程师在24小时内既未在验收记录上签字，也未提出任何不合格的修改意见，则承包商（　　）。

  A.可继续施工

  B.应等待监理工程师进一步指示后再施工

  C.要求监理工程师再次检验

  D.向业主申请继续施工

5.在索赔事件发生后的28天内，承包商必须向监理工程师提出书面的（　　），否则就丧失了索赔权利。

  A.索赔事实   B.索赔意向通知

  C.索赔依据   D.索赔报告

二、多选题

1. 工程师索赔管理的任务包括（　　）。

  A.公正地处理和解决索赔

  B.进一步补充索赔资料

  C.预测和分析导致索赔的原因和可能性

  D.制止承包商提出索赔

  E.通过有效的合同管理减少索赔事件的发生

2. 按照索赔的目的不同，施工索赔可分为（　　）。

  A.质量索赔　　　　　　　　　　　　B.费用索赔

  C.管理索赔　　　　　　　　　　　　D.工期索赔

  E.单项索赔

3. 在施工过程中，导致暂停施工的情况主要有（　　）。

  A.甲方代表要求的暂停施工

  B.乙方代表要求的暂停施工

  C.由于甲方代表违约，承包方主动暂停施工

  D.由于乙方代表违约，发包方主动暂停施工

  E.意外情况导致的暂停施工

4. 施工合同履行中造成竣工日期延误，经甲方代表确认，工期相应顺延的情况有（　　）。

  A.工程量变化　　　　　　　　　　　B.工程设计变更

  C.不可抗力　　　　　　　　　　　　D.乙方实际进度与进度计划不相符

  E.一周内，非乙方原因停水、停电、停气造成停工累计超过8小时

5. 工期索赔（　　）。

  A.在形式上是对权利的要求

  B.最终反映在经济收益上

  C.实质上是对权利的要求

  D.是按索赔目的来划分的

  E.是按索赔依据来划分的

三、判断题

1. 总包商和分包商之间不能进行索赔。（　　　）

2. 一个索赔成功率高的公司往往是一个管理水平高的公司。（　　　）

3. 进行反索赔的一方只需要反驳对方的证据，而他本身不需要再收集证据。（　　　）

4. 在索赔解决过程中承包商应该将自己对索赔的期望明确告知业主。（　　　）

5. 为了避免被对方提出反索赔，当可能的反索赔值大于索赔值时，承包商就不应该提出索赔。（　　　）

6. 在索赔中，承包商既要防止只讲关系义气，忽视索赔，又要防止好大喜功，只注重索赔的做法。（　　　）

7. 位于关键线路上的工作如果被拖延，但总工期不一定会被延误。（　　）

8. 承包商在计算索赔费用时，通常要扩大索赔值的计算，包括承包商所受的实际损失、业主的反索赔和在最终解决中可能做出的让步三部分。（　　）

四、简答题

1. 常见的索赔证据有哪些？

2. 索赔依据指的是什么？承包商可以从哪些方面寻找索赔依据？

3. 承包商可以运用哪些索赔策略和技巧？

五、案例分析题

某建筑公司（乙方）于4月20日与某厂（甲方）签订了修建建筑面积为3000m² 工业厂房（带地下室）的施工合同。乙方编制的施工方案和进度计划已获监理工程师批准。该工程的基坑开挖土方为4500m³，假设直接费单价为4.2元/m²，综合费率为直接费的20%。该基坑施工方案规定：土方工程采用租赁一台斗容量为1m³ 的反铲挖掘机施工（租赁费450元/台班）。甲、乙双方合同约定5月11日开工，5月20日完工。在实际施工中发生了如下几项事件：

（1）因租赁的挖掘机大修，晚开工2天，造成人员窝工10个工日；

（2）施工过程中，因遇软土层，接到监理工程师5月15日停工的指令，进行地质复查，配合用工15个工日；

（3）5月19日接到监理工程师于5月20日复工令，同时提出基坑开挖深度加深2m的设计变更通知单，由此增加土方开挖量900m³；

（4）5月20日～5月22日，因下大雨迫使基坑开挖暂停，造成人员窝工10个工日；

（5）5月23日用30个工日修复冲坏的永久道路，5月24日恢复挖掘工作，最终基坑于5月30日挖坑完毕。

问题：

1. 建筑公司对上述哪些事件可以向厂方要求索赔，哪些事件不可以要求索赔？并说明原因。

2. 每项事件工期索赔各是多少天？总计工期索赔是多少天？

3. 假设人工费单价为23元/工日，因增加用工所需的管理费为增加人工费的30%，则合理的费用索赔总额是多少？

4. 建筑公司应向厂方提供的索赔文件有哪些？

政府采购

学习目标

知识要点	能力目标	驱动问题	权重
1.了解《中华人民共和国政府采购法》《中华人民共和国政府采购法实施条例》等法律法规； 2.掌握政府采购相关理论知识； 3.掌握政府采购方式类型	1.能够编制政府采购预算确定采购需求； 2.能够运用相关法律法规处理实际问题	1.政府采购范围和方式有哪些? 2.我国政府采购制度与国外的区别是什么?	100%

思政元素

内容引导	思考问题	课程思政元素
中华人民共和国财政部败诉案	1.政府采购法适用范围什么? 2.对此案的感触如何?	法治意识、经济发展、公平正义
格力空调起诉广州财政局案	1.对此案，你有什么感触? 2.你认为哪里需要改进?	法治意识、科技发展、产业报国

导入案例

　　某省举办大型扶贫物资采购，总金额 500 万元。因为时间紧急，若采用公开招标的方式无法满足采购需求，因此采购中心接到任务后，考虑到该批货物规格、标准统一，且现货货源充足，经中心领导研究，决定采用询价采购的方式，并迅速成立了项目小组。经过采购中心办同志的努力，他们在核实了项目需求后，以最快的速度发出了询价单，询价单中明确规定最低价成交。5 天后，采购大会如约举行，除了有关部门领导到场外，纪检、监察以及采购办均派人参加了大会，并进行全程监督。在采购过程中，根据会场领导要求，采购中心组织的专家组先与每位供应商进行了谈判，同时还要求他们对自己在询价单上的报价做出了相应的调整。报价结束后，根据各供应商二次报价的情况及各单位的资质情况，专家组进行了综合评分，并根据得分的高低向领导小组推举本次采购各个分包的项目中标候选人，圆满完成了采购任务。

　　请思考：该采购中心的采购做法是否规范、合法?

8.1 政府采购概述

8.1.1 政府采购的概念和特点

政府采购，是指各级国家机关、事业单位和团体组织，使用财政性资金采购依法制定的集中采购目录以内的或者采购限额标准以上的货物、工程和服务的行为。政府采购不仅是指具体的采购过程，而且是采购政策、采购程序、采购过程及采购管理的总称，是一种对公共采购管理的制度，是一种政府行为。

> **知识拓展**
>
> 财政性资金，包括财政预算资金和纳入财政管理的其他资金。采购，是指以合同方式有偿取得货物、工程和服务的行为，包括购买、租赁、委托、雇用等。使用财政性资金采购，是指全部或部分使用财政性资金，以及使用需要财政性资金偿还的借款、贷款等的采购行为。
>
> 货物，是指各种形态和种类的物品，包括原材料、燃料、设备、产品等。工程，是指建设工程，包括构筑物和建筑物新建、改建、扩建、装修、拆除、修缮，以及与建设工程相关的勘察、设计、施工、监理等。服务，是指除货物和工程以外的其他政府采购对象，包括各类专业服务、信息网络开发服务、金融保险服务、运输服务，以及维修与维护服务等。
>
> 采购项目中含不同采购对象的，以占项目资金比例最高的采购对象确定其项目属性。

相对于私人采购而言，政府采购具有如下特点：

（1）资金来源的公共性　政府采购的资金为财政性资金时才属于政府采购的范畴，因此政府采购是以资金性质来界定的。资金来源为财政拨款和需要由财政偿还的公共借款，其最终来源为纳税人的税收和政府公共服务收费。

（2）采购主体的特定性　我国政府采购的主体是依靠国家财政资金运作的政府机关、事业单位和社会团体等。

（3）采购活动的非商业性　政府采购不以营利为目的，也不是为卖而买，而是通过买为政府部门提供消费品或向社会提供公共利益。

（4）采购目标的政策性　政府采购不同于商业性采购，不是为卖而买，而是通过买为政府部门提供消费品或向社会提供公共利益。政府采购必须符合国家经济和社会的要求，因此，政府采购在节约能源、保护环境、扶持不发达地区和少数民族地区、促进中小企业发展，以及采购本土货物、工程和服务等方面做出了明确规定。使用财政性资金的政府采购的主体在采购时不能体现个人偏好，必须遵循国家政策的要求，包括最大限度地节约支出、购买本国产品等。

（5）采购过程的规范性、法制性　政府采购要按照有关政府采购的法规，根据不同的采购规模、采购对象及采购时间要求等，采用不同的采购方式和采购程序，每项活动都要规范运作，体现公开、竞争的原则，接受社会监督。

8.1.2　政府采购当事人及对象

8.1.2.1　政府采购当事人

政府采购当事人，是指在政府采购活动中享有权利和承担义务的各类主体，包括采购人、供应商、政府集中采购机构和采购代理机构等。

采购人，是指依法进行政府采购的国家机关、事业单位、团体组织。

供应商，是指向采购人提供货物、工程或者服务的法人、其他组织或者自然人。

政府集中采购机构，是指设区的市、自治州以上人民政府根据同级政府采购项目组织集中采购的需要设立的采购机构。政府集中采购机构是非营利事业法人，根据采购人的委托办理采购事宜。

采购代理机构，是指经财政部门认定资格的，依法接受采购人委托，从事政府采购货物、工程和服务的招标、竞争性谈判、询价等采购代理业务，以及政府采购咨询、培训等相关专业服务的社会中介机构。采购人有权自行选择采购代理机构，任何单位和个人不得以任何方式为采购人指定采购代理机构。采购人依法委托采购代理机构办理采购事宜的，应当由采购人与采购代理机构签订委托代理采购协议，依法确定委托代理的事项，约定双方的权利义务。

8.1.2.2　政府采购对象

政府采购对象是政府机构所需要的各种物资的采购。这些物资包括办公物资，例如计算机、复印机、打印机等办公设备，纸张、笔墨等办公材料，也包括基建物资、生活物资等各种原材料、设备、能源、工具等。按照国际惯例可以将政府采购的对象按其性质分为三大类：货物、工程和服务。货物，是指各种形态和种类的物品，包括原材料、燃料、设备、产品等。工程是指建设工程，包括建筑物和构筑物的新建、改建、扩建、装修、拆除、修缮等。服务是指除货物和工程以外的其他政府采购对象，如金融保险、证券、电信、律师、会计师等专业服务。政府采购也和企业采购一样，属于集团采购，但是它的持续性、均衡性、规律性、严格性、科学性上都没有企业采购那么强。政府采购最基本的特点，是一种公款购买活动，都是由政府拨款进行购买。

政府采购的本质是政府在购买商品和劳务的过程中，引入竞争性的招投标机制。完善、合理的政府采购对社会资源的有效利用、提高财政资金的利用效果起到很大的作用，因而是财政支出管理的一个重要环节。

8.1.3　政府采购模式

政府采购一般有三种模式：集中采购模式，即由一个专门的政府采购机构负责本级政府的全部采购任务；分散采购模式，即由各支出采购单位自行采购；半集中半分散采购模式，即由专门的政府采购机构负责部分项目的采购，而其他的则由各单位自行采购。中国的政府采购中集中采购占了很大的比例，列入集中采购目录和达到一定采购金额以上的项目必须进行集中采购。

8.1.4 政府采购方式

8.1.4.1 公开招标

公开招标是政府采购主要采购方式，公开招标与其他采购方式不是并行的关系。 公开招标的具体数额标准，属于中央预算的政府采购项目，由国务院规定；属于地方预算的政府采购项目，由省、自治区、直辖市人民政府规定；因特殊情况需要采用公开招标以外的采购方式的，应当在采购活动开始前获得设区的市、自治州以上人民政府采购监督管理部门的批准。采购人不得将应当以公开招标方式采购的货物或者服务化整为零或以其他任何方式规避公开招标采购。在一个财务年度内，采购人将一个预算项目下的同一品目或者类别的货物、服务采用公开招标以外的方式多次采购，累计资金数额超过公开招标数额标准的，属于化整为零方式规避公开招标，但是项目预算调整或者经批准采用公开招标以外方式采购的除外。

8.1.4.2 邀请招标

邀请招标也称选择性招标，由采购人根据供应商或承包商的资信和业绩，选择一定数目的法人或其他组织（不能少于三家），向其发出招标邀请书，邀请他们参加投标竞争，从中选定中标的供应商。

符合下列情形之一的货物或者服务，可以依照《政府采购法》采用邀请招标方式采购：

（1）具有特殊性，只能从有限范围的供应商处采购的；

（2）采用公开招标方式的费用占政府采购项目总价值的比例过大的。

8.1.4.3 竞争性谈判

竞争性谈判指采购人或代理机构与符合资格条件的供应商就采购货物、工程和服务事宜进行谈判，供应商按照谈判文件的要求提交响应性文件和最后的报价，采购人从谈判小组提出的成交候选人中确定中标供应商的采购方式。

符合下列情形之一的货物或者服务，可以依照《政府采购法》采用竞争性谈判方式采购：

（1）招标后没有供应商投标或者没有合格标的或者重新招标未能成立的；

（2）技术复杂或者性质特殊，不能确定详细规格或者具体要求的；

（3）采用招标所需时间不能满足用户紧急需要的；

（4）不能事先计算出价格总额的。

8.1.4.4 单一来源采购

单一来源采购也称直接采购，是指达到了限额标准和公开招标数额标准，但所购商品的来源渠道单一，或属专利、首次制造、合同追加、原有采购项目的后续扩充和发生了不可预见紧急情况不能从其他供应商处采购等情况。该采购方式的最主要特点是没有竞争性。

符合下列情形之一的货物或者服务，可以依照《政府采购法》采用单一来源采购：

（1）只能从唯一供应商处采购的；

（2）发生了不可预见的紧急情况，不能从其他供应商处采购的；

（3）必须保证原有采购项目一致性或者服务配套的要求，需要继续从原供应商处添购，且添购资金总额不超过原合同采购金额百分之十的。

8.1.4.5　询价

询价是指采购人向有关供应商发出询价单让其报价，在报价基础上进行比较并确定最优供应商的一种采购方式，适用于采购的货物规格、标准统一、现货货源充足且价格变化幅度小的政府采购项目。采取询价方式采购的，应当遵循下列程序：

（1）成立询价小组。询价小组由采购人的代表和有关专家共三人以上的单数组成，其中专家人数不得少于成员总数的三分之二。

（2）确定被询价的供应商名单。询价小组根据采购需求，从符合相应资格条件的供应商名单中确定不少于三家的供应商，并向其发出询价通知书让其报价。

（3）询价。询价小组要求被询价的供应商一次报出不得更改的价格。

（4）确定成交供应商。采购人根据符合采购需求、质量和服务相等且报价最低的原则确定成交供应商，并将结果通知所有被询价的未成交的供应商。

8.2　政府采购文件及信息

8.2.1　政府采购文件

采用公开招标、邀请招标采购方式的，采购人或其委托的采购代理机构制定的采购文件称为招标文件；投标供应商提供的文件称为投标文件；由采购人或其委托的采购代理机构向中标供应商发出的文件称为中标通知书。

采用竞争性谈判、单一来源采购、询价采购方式的，采购人或其委托的采购代理机构制定的采购文件分别称为竞争性谈判文件、单一来源采购文件、询价文件；响应供应商提供的文件均称为响应文件；采购人或其委托的采购代理机构向成交供应商发出的文件称为成交通知书。

上述文件统称采购文件，采购文件还包括采购项目公告、资格预审文件，以及采购文件的补充、变更和澄清文件等。

8.2.2　政府采购信息

政府采购信息，是指规范政府采购活动的法律、法规、规章和其他规范性文件，以及反映政府采购活动状况的数据和资料的总称。

政府采购信息公告，是指将《政府采购信息公告管理办法》规定应当公开的政府采购信息在财政部门指定的政府采购信息发布媒体上向社会公开发布。

政府采购信息公告应当遵循信息发布及时、内容规范统一、渠道相对集中，便于获得查找的原则。

中国政府采购网是财政部依法指定的、向世界贸易组织秘书处备案的唯一全国性政府采购信息发布网络媒体，中国政府采购网地方分网是其有机组成部分。

8.3 政府采购的主要工作

不同的采购方式有不同的采购程序，但总体而言，任何一项政府采购都要经历以下几个步骤。

8.3.1 制订采购需求计划，公开采购需求

8.3.1.1 制定采购需求计划

采购机构按政府采购法规和政府经济政策的需要，在既定的采购原则下，制定合适的采购目标。采购计划要明确采购的政策、采购要达到的目标、采购进行的程序、组成人员、选用的采购方式、采购的各项规则，甚至合同的主要内容都要在计划中确定下来。因此，政府采购的计划必须有细致、周全的考虑。

8.3.1.2 公开采购需求

在确定了政府的采购计划后，采购机构应向社会公开自己所需要的商品和劳务的相关信息。这些信息主要涉及所要采购的商品或劳务的品种及性能。政府一般采用两种方式提出其需求：一种方式是"功能说明"，即政府向供应商较详细地说明所需采购的各商品的功能情况，并要求供应商在提议中向政府表明其产品或劳务满足这些功能所要求的方式；另一种方式是"设计说明"，即政府在采购之前说明其如何进行采购。另外，政府还需要对其采购的产品和劳务总量、商品交货期以及劳务有效期等要求进行明确说明。这一步的主要目的是拟定政府采购的总计划以及对供应商的具体要求。

政府向供应商用书面的形式详细地说明有关的技术要求在购买过程中具有特殊的重要意义。第一，因为技术要求需向销售商表明购买方期望在销售方的投标书中获得哪些参数。那些范围过于狭窄或烦冗的技术要求会导致投标成本上升，甚至没有什么人来投标。第二，要注意的是说明书规定的技术要求范围不能过于狭窄，也不能过大或过于模糊，否则有可能导致答复的不一致和非标准化，进而混乱了销售商的符合条件并使供应商或承包商的范围太大，从而增加采购成本。第三，一个好的技术规格书最重要的一点就是标准化。这一点不仅

有助于促进应标者对采购招标的理解，而且更重要的是有助于公共机构更有效地比较各个投标方案。招标过程中没有什么比在没有可比性的情况下对各种投标方案进行评价更使人感到困扰的了。如果公共机构允许应标者采用他们自己的标准或自己的术语，那么要选择成本最低和质量最高的投标方案几乎是不可能的。在某些情况下，采购要求不可能完全的标准化，尤其是在采用协商出价或非竞争性协商采购时更是如此，但在可能的情况下还是应该多采用标准化的计划书。

最后，由于公共机构经验有限、需求特殊，制定技术要求书可能有些困难。因而，机构管理者尤其有必要寻找那些已经进行过类似项目或计划的其他组织，吸收他们的经验。这不仅可以节省大量时间和精力，而且可以避免产生与其他组织已经遇到过的种种预期外情况类似的问题。

8.3.2　选择采购方式

上面已介绍过，政府采购的方式多种多样，政府选择哪种方式进行采购，主要取决于政府采购能否通过竞争方式和效率最大化方式予以实现。一般而言，在采购数额达到一定数额以上时，实行竞争性招标采购方式；当涉及紧急情况下的采购或涉及高科技应用产品和服务的采购，可采用竞争性谈判采购方式；在垄断行业或保密行业，可采用单一来源采购方式或征求建议采购方式。总之，各国一般都对本国政府适用的采购方式及条件制定了详细规定，必须根据采购的性质、数量、时间要求等因素，以有助于推动公开和有效竞争等政府采购目标的实现为遵循原则。

8.3.3　采购合同的签订

这个阶段是政府采购部门通过考察认定各供应商后的政府采购法律合同的签署。政府部门应在收集了各方报价的基础上进行择优签订政府采购合同。被授予合同的供应商必须是合格的，即具有政府供货资格的供应商，要按照事先公布的评审标准对其进行资格审查。供应商签订合同时必须按照标准缴纳一定数额的履约保证金，作为对履行合同规定义务的必要保证。

8.3.4　采购合同的执行

这个阶段的目的是保证供应商按合同规定提供所需要的商品或劳务。提供的商品和劳务必须满足政府对质量、性能和数量上的要求，并保证按期交货。因此，采购机构还必须监督供应商履行合同，包括考察供应商生产、交货等情况，保持与所需商品的政府部门的密切联系，一旦发现有违反合同或合同不明确的地方，及时做出反应，向供应商指出问题或协商解决。甚至在供应商合同已履行完毕，采购机构仍需不断接受政府部门的反馈信息。此外，还包括验收、结算和效益评估等过程。

8.4 政府采购不同阶段具体要求

8.4.1 招标阶段

招标文件的提供期限自招标文件开始发出之日起不得少于 5 个工作日。采购人或者采购代理机构可以对已发出的招标文件进行必要的澄清或者修改。澄清或者修改的内容可能影响投标文件编制的，采购人或者采购代理机构应当在投标截止时间至少 15 日前，以书面形式通知所有获取招标文件的潜在投标人；不足 15 日的，采购人或者采购代理机构应当顺延提交投标文件的截止时间。

采购人或者采购代理机构应当按照国务院财政部门制定的招标文件标准文本编制招标文件。招标文件应当包括采购项目的商务条件、采购需求、投标人的资格条件、投标报价要求、评标方法、评标标准以及拟签订的合同文本等。

8.4.2 投标阶段

招标文件要求投标人提交投标保证金的，投标保证金不得超过采购项目预算金额的 2%。投标保证金应当以支票、汇票、本票或者金融机构、担保机构出具的保函等非现金形式提交。投标人未按照招标文件要求提交投标保证金的，投标无效。

采购人或者采购代理机构应当自中标通知书发出之日起 5 个工作日内退还未中标供应商的投标保证金，自政府采购合同签订之日起 5 个工作日内退还中标供应商的投标保证金。

竞争性谈判或者询价采购中要求参加谈判或者询价的供应商提交保证金的，参照《政府采购法》第三十三条的规定执行。

8.4.3 评标阶段

（1）政府采购招标评标方法分为最低评标价法和综合评分法。

最低评标价法，是指投标文件满足招标文件全部实质性要求且投标报价最低的供应商为中标候选人的评标方法。综合评分法，是指投标文件满足招标文件全部实质性要求且按照评审因素的量化指标评审得分最高的供应商为中标候选人的评标方法。

技术、服务等标准统一的货物和服务项目，应当采用最低评标价法。采用综合评分法的，评审标准中的分值设置应当与评审因素的量化指标相对应。招标文件中没有规定的评审标准不得作为评审的依据。

（2）谈判文件不能完整、明确列明采购需求，需要由供应商提供最终设计方案或者解决方案的，在谈判结束后，谈判小组应当按照少数服从多数的原则投票推荐 3 家以上供应商的设计方案或者解决方案，并要求其在规定时间内提交最后报价。

（3）除国务院财政部门规定的情形外，采购人或者采购代理机构应当从政府采购评审专家库中随机抽取评审专家。

（4）政府采购评审专家应当遵守评审工作纪律，不得泄露评审文件、评审情况和评审中获悉的商业秘密。评标委员会、竞争性谈判小组或者询价小组在评审过程中发现供应商有行贿、提供虚假材料或者串通等违法行为的，应当及时向财政部门报告。政府采购评审专家在评审过程中受到非法干预的，应当及时向财政、监察等部门举报。

（5）评标委员会、竞争性谈判小组或者询价小组成员应当按照客观、公正、审慎的原则，根据采购文件规定的评审程序、评审方法和评审标准进行独立评审。采购文件内容违反国家有关强制性规定的，评标委员会、竞争性谈判小组或者询价小组应当停止评审，并向采购人或者采购代理机构说明情况。

评标委员会、竞争性谈判小组或者询价小组成员应当在评审报告上签字，对自己的评审意见承担法律责任。对评审报告有异议的，应当在评审报告上签署不同意见，并说明理由，否则视为同意评审报告。

（6）采购人、采购代理机构不得向评标委员会、竞争性谈判小组或者询价小组的评审专家作倾向性、误导性的解释或者说明。

8.4.4　定标阶段

（1）采购代理机构应当自评审结束之日起2个工作日内将评审报告送交采购人。采购人应当自收到评审报告之日起5个工作日内在评审报告推荐的中标或者成交候选人中按顺序确定中标或者成交供应商。

采购人或者采购代理机构应当自中标、成交供应商确定之日起2个工作日内，发出中标、成交通知书，并在省级以上人民政府财政部门指定的媒体上公告中标、成交结果，招标文件、竞争性谈判文件、询价通知书随中标、成交结果同时公告。

中标、成交结果公告内容应当包括采购人和采购代理机构的名称、地址、联系方式，项目名称和项目编号，中标或者成交供应商名称、地址和中标或者成交金额，主要中标或者成交标的的名称、规格型号、数量、单价、服务要求以及评审专家名单。

（2）除国务院财政部门规定的情形外，采购人、采购代理机构不得以任何理由组织重新评审。采购人、采购代理机构按照国务院财政部门的规定组织重新评审的，应当书面报告本级人民政府财政部门。采购人或者采购代理机构不得通过对样品进行检测、对供应商进行考察等方式改变评审结果。

（3）采购人或者采购代理机构应当按照政府采购合同规定的技术、服务、安全标准组织对供应商履约情况进行验收，并出具验收书。验收书应当包括每一项技术、服务、安全标准的履约情况。

政府向社会公众提供的公共服务项目，验收时应当邀请服务对象参与并出具意见，验收结果应当向社会公告。

8.5 政府采购法律责任

8.5.1 采购人的法律责任

采购人有下列情形之一的，由财政部门责令限期改正，给予警告，对直接负责的主管人员和其他直接责任人员依法给予处分，并予以通报：

（1）未按照规定编制政府采购实施计划或者未按照规定将政府采购实施计划报本级人民政府财政部门备案；

（2）将应当进行公开招标的项目化整为零或者以其他任何方式规避公开招标；

（3）未按照规定在评标委员会、竞争性谈判小组或者询价小组推荐的中标或者成交候选人中确定中标或者成交供应商；

（4）未按照采购文件确定的事项签订政府采购合同；

（5）政府采购合同履行中追加与合同标的相同的货物、工程或者服务的采购金额超过原合同采购金额 10%；

（6）擅自变更、中止或者终止政府采购合同；

（7）未按照规定公告政府采购合同；

（8）未按照规定时间将政府采购合同副本报本级人民政府财政部门和有关部门备案。

8.5.2 采购代理机构的法律责任

集中采购机构有下列情形之一的，由财政部门责令限期改正，给予警告，有违法所得的并处没收违法所得，对直接负责的主管人员和其他直接责任人员依法给予处分，并予以通报：

（1）内部监督管理制度不健全，对依法应当分设、分离的岗位、人员未分设、分离；

（2）将集中采购项目委托其他采购代理机构采购；

（3）从事营利活动。

8.5.3 供应商的法律责任

采购人员与供应商有利害关系而不依法回避的，由财政部门给予警告，并处 2000 元以上 2 万元以下的罚款。

（1）《政府采购法》第七十一条、第七十二条规定的违法行为之一，影响或者可能影响中标、成交结果的，依照下列规定处理：

① 未确定中标或者成交供应商的，终止本次政府采购活动，重新开展政府采购活动。

② 已确定中标或者成交供应商但尚未签订政府采购合同的，中标或者成交结果无效，从合格的中标或者成交候选人中另行确定中标或者成交供应商；没有合格的中标或者成交候选人的，重新开展政府采购活动。

③ 政府采购合同已签订但尚未履行的，撤销合同，从合格的中标或者成交候选人中另

行确定中标或者成交供应商；没有合格的中标或者成交候选人的，重新开展政府采购活动。

④ 政府采购合同已经履行，给采购人、供应商造成损失的，由责任人承担赔偿责任。

政府采购当事人有其他违反《政府采购法》或者《中华人民共和国政府采购法实施条例》规定的行为，经改正后仍然影响或者可能影响中标、成交结果或者依法被认定为中标、成交无效的，依照①～④规定处理。

（2）供应商有下列情形之一的，依照《政府采购法》第七十七条第一款的规定追究法律责任：

① 向评标委员会、竞争性谈判小组或者询价小组成员行贿或者提供其他不正当利益；

② 中标或者成交后无正当理由拒不与采购人签订政府采购合同；

③ 未按照采购文件确定的事项签订政府采购合同；

④ 将政府采购合同转包；

⑤ 提供假冒伪劣产品；

⑥ 擅自变更、中止或者终止政府采购合同。

供应商有《政府采购法》第七十二条第一款第一项规定情形的，中标、成交无效。评审阶段资格发生变化，供应商未依照《中华人民共和国政府采购法实施条例》第二十一条的规定通知采购人和采购代理机构的，处以采购金额 0.5% 的罚款，列入不良行为记录名单，中标、成交无效。

（3）供应商捏造事实、提供虚假材料或者以非法手段取得证明材料进行投诉的，由财政部门列入不良行为记录名单，禁止其 1～3 年内参加政府采购活动。

（4）有下列情形之一的，属于恶意串通，对供应商依照《政府采购法》第七十七条第一款的规定追究法律责任，对采购人、采购代理机构及其工作人员依照《政府采购法》第七十二条的规定追究法律责任：

① 供应商直接或者间接从采购人或者采购代理机构处获得其他供应商的相关情况并修改其投标文件或者响应文件；

② 供应商按照采购人或者采购代理机构的授意撤换、修改投标文件或者响应文件；

③ 供应商之间协商报价、技术方案等投标文件或者响应文件的实质性内容；

④ 属于同一集团、协会、商会等组织成员的供应商按照该组织要求协同参加政府采购活动；

⑤ 供应商之间事先约定由某一特定供应商中标、成交；

⑥ 供应商之间商定部分供应商放弃参加政府采购活动或者放弃中标、成交；

⑦ 供应商与采购人或者采购代理机构之间、供应商相互之间，为谋求特定供应商中标、成交或者排斥其他供应商的其他串通行为。

8.5.4　评审专家的法律责任

政府采购评审专家未按照采购文件规定的评审程序、评审方法和评审标准进行独立评审或者泄露评审文件、评审情况的，由财政部门给予警告，并处 2000 元以上 2 万元以下的罚款；影响中标、成交结果的，处 2 万元以上 5 万元以下的罚款，禁止其参加政府采购评审活动。

政府采购评审专家与供应商存在利害关系未回避的，处 2 万元以上 5 万元以下的罚款，禁止其参加政府采购评审活动。

政府采购评审专家收受采购人、采购代理机构、供应商贿赂或者获取其他不正当利益，构成犯罪的，依法追究刑事责任；尚不构成犯罪的，处2万元以上5万元以下的罚款，禁止其参加政府采购评审活动。

政府采购评审专家有上述违法行为的，其评审意见无效，不得获取评审费；有违法所得的，没收违法所得；给他人造成损失的，依法承担民事责任。

8.5.5　监督管理部门的法律责任

财政部门在履行政府采购监督管理职责中违反《政府采购法》和《中华人民共和国政府采购法实施条例》规定，滥用职权、玩忽职守、徇私舞弊的，对直接负责的主管人员和其他直接责任人员依法给予处分；直接负责的主管人员和其他直接责任人员构成犯罪的，依法追究刑事责任。

基础考核

一、填空题

1.政府采购，是指各级_____、_____和_____，使用财政性资金采购依法制定的集中采购目录以内的或者采购限额标准以上的_____、_____和_____的行为。

2.政府采购应当遵循_____、_____、_____和_____。

3.招标后没有供应商投标或者没有合格标的或者重新招标未能成立的，可以采用_____。

4.采购的货物规格、标准统一、现货货源充足且价格变化幅度小的政府采购项目，可以依照《政府采购法》采用_____采购。

5.采购人、采购代理机构应当根据政府_____、_____、_____编制采购文件。

二、单选题

1.以下可以采用邀请招标方式采购的是（　　）。
A.具有特殊性，只能从有限范围的供应商处采购的
B.只能从唯一供应商处采购的
C.发生了不可预见的紧急情况不能从其他供应商处采购的
D.必须保证原有采购项目一致性或者服务配套的要求，需要继续从原供应商处添购

2.在招标采购中，投标人的报价均超过采购预算，采购人不能支付的，应当（　　）。
A.变更采购方式　　　　　　　　　　B.要求投标人重新报价
C.废标　　　　　　　　　　　　　　D.采购人自行增加预算

3. 采取询价方式采购的应当遵循（　　　　）程序。

    A. 成立询价小组→询价→确定被询价的供应商名单→确定成交供应商

    B. 确定被询价的供应商名单→成立询价小组→制定询价方案→询价→确定成交供应商

    C. 成立询价小组→确定被询价的供应商名单→询价→确定成交供应商

    D. 成立询价小组→制定询价方案→询价→确定成交供应商

4. 政府采购评审专家与供应商存在利害关系未回避的，处（　　　　）的罚款，禁止其参加政府采购评审活动。

    A. 2000元以上2万元以下   B. 2万元以上5万元以下

    C. 1000元以上1万元以下   D. 3000元以上2万元以下

5. 政府采购合同自签订之日起（　　　　）内到同级政府采购相关部门备案。

    A. 7个工作日   B. 5个工作日

    C. 3个工作日   D. 2个工作日

三、判断题

1. 政府采购限额标准由省级以上人民政府确定并公布。（　　　）

2. 政府采购监督管理部门在处理投诉事项期间，可以视具体情况书面通知采购人暂停采购活动，但暂停时间最长不得超过30日。（　　　）

3. 采购人可以根据采购项目的特殊要求规定供应商的特定条件，即可以对供应商实行差别待遇或者歧视待遇。（　　　）

4. 供应商认为采购文件、采购过程和中标、成交结果使自己的权益受到损害的，可以在知道或者应知其权益受到损害之日起7个工作日内，以书面形式向采购人提出疑问。（　　　）

5. 供应商捏造事实、提供虚假材料或者以非法手段取得证明材料进行投诉的，由财政部门列入不良行为记录名单，禁止其3年内参加政府采购活动。（　　　）

四、简答题

1. 在政府采购活动中，采购人员及相关人员与供应商有利害关系的，应当回避，《中华人民共和国政府采购法实施条例》中所述的利害关系主要包括哪些内容？

2. 政府采购活动记录至少应当包括哪些内容？

五、案例分析题

某竞争性谈判采购，共有3家供应商参加。谈判过程中，谈判采购小组经过仔细研究发现，原先采购文件中提出的技术要求有较大的偏差，为此经与采购人代表现场商议，谈判采购小组当场将技术要求做了相应的调整。随后，谈判小组经过比较，觉得3个参加谈判的供应商中，A和B的第一次报价较合理，C的价格偏高，因此认定C的成交希望不大，决定将其排除。于是，谈判小组口头通知了A、B两家供应商关于技术要求的调整，并请他们重新报价，最终根据在满足配置、服务的前提下价格最低的原则，确定B供应商成交，并当场宣布了采购结果。

请问：该采购中心的采购做法有无不妥？若C认为自己的合法权益受到损害，应采取怎样的做法？

参考文献

[1] 王平.工程招投标与合同管理[M].北京：清华大学出版社，2015.

[2] 林密.工程项目招投标与合同管理（土建类专业适用）[M].3版.北京：中国建筑工业出版社，2013.

[3] 杨益民，公晋芳.工程项目招投标与合同管理[M].北京：中国建材工业出版社，2012.

[4] 杨平，丁晓欣，赖芨宇，等.工程合同管理[M].北京：人民交通出版社，2007.

[5] 宋春岩.建设工程招投标与合同管理[M].北京：北京大学出版社，2014.

[6] 贾彦芳.建设工程招投标与合同管理[M].北京：中国建筑工业出版社，2011.

[7] 王艳玉，王霞.工程招投标与合同管理[M].北京：中国计量出版社，2010.

[8] 常青，段利飞.工程招投标与合同管理[M].2版.哈尔滨：哈尔滨工业大学出版社，2017.

[9] 国际咨询工程师联合会，中国工程咨询协会.施工合同条件[M].北京：机械工业出版社，2018.

[10] 中国建设监理协会.建设工程合同管理[M].北京：中国建筑工业出版社，2021.

[11] 全国一级建造师执业资格考试用书编写委员会.建设工程法规及相关知识[M].北京：中国建筑工业出版社，2021.

[12] GB 50500—2013.

[13] 全国造价工程师执业资格考试培训教材编审委员会.建设工程计价[M].北京：中国计划出版社，2021.